“十三五”国家重点出版物出版规划项目

能源化学与材料丛书　总主编　包信和

氢化物：载氢载能体

陈　萍　何　腾　郭建平　曹湖军　著

科学出版社

北　京

内 容 简 介

氢是一种奇妙的物质。它是宇宙中诞生最早的元素，在宇宙演变和人类对物质世界的认识中起到了至关重要的作用。氢又是反应性最为多样的元素之一，可形成种类繁多、性能各异的氢化物。氢化物具有高能量、强还原性、高活性等特征，既可作为氢之载体，为氢能利用中亟待攻克的技术难题——储氢与运氢——提供解决方案；又可作为电子/质子载体，在燃料小分子（如 NH_3）的合成与转化中发挥特殊作用。本书将结合国内外学者和笔者团队在相关领域的研究成果和认识，就上述两个方面进行阐述，希望能够为读者提供有益的研究素材和资料。

本书可为从事储氢、催化、新能源存储转化和利用等相关领域的科研人员和学生提供参考。

图书在版编目（CIP）数据

氢化物：载氢载能体/陈萍等著. —北京：科学出版社，2021.5

（能源化学与材料丛书 / 包信和总主编）

“十三五”国家重点出版物出版规划项目

ISBN 978-7-03-068724-1

Ⅰ. ①氢…　Ⅱ. ①陈…　Ⅲ. ①氢化物 Ⅳ. ①O613.2

中国版本图书馆 CIP 数据核字（2021）第 081526 号

丛书策划：杨　震

责任编辑：李明楠　高　微 / 责任校对：杜子昂

责任印制：肖　兴 / 封面设计：蓝正设计

科学出版社出版

北京东黄城根北街 16 号

邮政编码：100717

http://www.sciencep.com

天津市新科印刷有限公司印刷

科学出版社发行　各地新华书店经销

*

2021 年 5 月第　一　版　开本：720 × 1000　1/16

2021 年 5 月第一次印刷　印张：12 1/2

字数：252 000

定价：138.00 元

（如有印装质量问题，我社负责调换）

丛书编委会

丛书序

能源是人类赖以生存的物质基础，在全球经济发展中具有特别重要的地位。能源科学技术的每一次重大突破都显著推动了生产力的发展和人类文明的进步。随着能源资源的逐渐枯竭和环境污染等问题日趋严重，人类的生存与发展受到了严重威胁与挑战。中国人口众多，当前正处于快速工业化和城市化的重要发展时期，能源和材料消费增长较快，能源问题也越来越突显。构建稳定、经济、洁净、安全和可持续发展的能源体系已成为我国迫在眉睫的艰巨任务。

能源化学是在世界能源需求日益突出的背景下正处于快速发展阶段的新兴交叉学科。提高能源利用效率和实现能源结构多元化是解决能源问题的关键，这些都离不开化学的理论与方法，以及以化学为核心的多学科交叉和基于化学基础的新型能源材料及能源支撑材料的设计合成和应用。作为能源学科中最主要的研究领域之一，能源化学是在融合物理化学、材料化学和化学工程等学科知识的基础上提升形成，兼具理学、工学相融合大格局的鲜明特色，是促进能源高效利用和新能源开发的关键科学方向。

中国是发展中大国，是世界能源消费大国。进入 21 世纪以来，我国化学和材料科学领域相关科学家厚积薄发，科研队伍整体实力强劲，科技发展处于世界先进水平，已逐步迈进世界能源科学研究大国行列。近年来，在催化化学、电化学、材料化学、光化学、燃烧化学、理论化学、环境化学和化学工程等领域均涌现出一批优秀的科技创新成果，其中不乏颠覆性的、引领世界科技变革的重大科技成就。为了更系统、全面、完整地展示中国科学家的优秀研究成果，彰显我国科学家的整体科研实力，提升我国能源科技领域的国际影响力，并使更多的年轻科学家和研究人员获取系统完整的知识，科学出版社于 2016 年 3 月正式启动了“能源化学与材料丛书”编研项目，得到领域众多优秀科学家的积极响应和鼎力支持。编撰该丛书的初衷是“凝炼精华，打造精品”。一方面要系统展示国内能源化学和材料资深专家的代表性研究成果，以及重要学术思想和学术成就，强调原创性和系统性及基础研究、应用研究与技术研发的完整性；另一方面，希望各分册针对特定的主题深入阐述，避免宽泛和冗余，尽量将篇幅控制在 30 万字内。

本套丛书于 2018 年获“十三五”国家重点出版物出版规划项目支持。希望它的付梓能为我国建设现代能源体系、深入推进能源革命、广泛培养能源科技人才贡献一份力量！同时，衷心希望越来越多的同仁积极参与到丛书的编写中，让本套丛书成为吸纳我国能源化学与新材料创新科技发展成就的思想宝库！

包信和

2018 年 11 月

前　言

人类社会进入21世纪后，以可再生能源和安全先进核能等为代表的新兴能源已经崛起，能源结构正在进行变革。而氢具有来源广、储量大、热值高、无碳排放、利用形式多样等特点，被认为是理想的能源载体，有望在21世纪的能源结构中发挥巨大的作用。作为洁净高效的能源载体，氢气的制备、存储和转化利用与新材料的设计开发密切相关。碱（土）金属的氢化物、（亚）氨基化合物、氨基硼烷、有机氢化物等具有较为独特的物理化学性质，在氢气的存储和利用等方面展现出丰富的潜能。在对上述物质的合成与物理化学性质简要介绍的基础上，本书将着重阐述材料体系的设计、表征及其储氢性能的优化等方面取得的进展。而近期关于碱（土）金属氢化物和（亚）氨基化合物在载氢体（氨）的合成与分解中的特殊作用的研究结果也为本书阐述的重点内容。

本书共分为5章：第1章为引言，对氢、氢能及氢化物进行简述，由陈萍主笔；第2章主要阐述碱（土）金属（亚）氨基化合物-氢化物复合储氢材料体系的研究进展，由曹湖军博士主笔；第3章和第4章涵盖碱（土）金属硼氮基储氢和碱（土）金属有机氢化物储氢体系的相关研究，由何腾博士主笔；第5章则主要探讨碱（土）金属（亚）氨基化合物和氢化物在氨的合成与分解中的作用，由郭建平博士主笔。上述三位学者已在各自领域进行了十余年的悉心研究。陈萍制定了本书全文框架结构，并对每部分内容进行了调整与修改。

本书是由包信和院士推荐，在科学出版社李明楠编辑的协助下完成的。熊智涛博士对本书的相关内容进行了修改，鞠晓花女士对通篇书稿进行了文字修订，在此表示感谢。

受作者的知识面和认识理解水平的限制，本书内容难免存在不完善之处，希望得到读者的谅解和批评指正。

陈　萍

2021年2月

目　　录

第1章 引　　言

人类社会是自然界的组成部分，在人类利用和改造自然的活动过程中形成。人类社会的发展与能源的使用密切相关。能源是人类社会赖以生存和发展的物质基础，人类文明的每一次重大进步都伴随着能源结构的变革。在原始社会、奴隶社会和封建社会，生产力水平较低，人类对能源的需求量也较少，主要使用柴薪取能；而随着人类认识自然、改造自然能力的提升，尤其是进入第一次工业革命后，地球人口剧增，对能量的需求也大幅度上涨，呈现出煤炭逐渐取代柴薪、石油天然气逐渐取代煤炭的演变过程。进入 21 世纪后，能源格局进一步调整，以可再生能源和安全先进核能等为代表的新兴能源正在崛起，标志着人类对能源、环境、资源合理利用的重视与追求。

可再生能源丰富、洁净、分布广，但其供能不连续、能量密度低、受地域环境影响大，需要借助能源载体将其进行存储和输运。而氢具有储量大、热值高、燃烧性能好、无排放、无毒、利用形式多样等优异性能，被称为理想的能源载体，有望在 21 世纪的能源结构中发挥巨大的作用[1, 2]。

1.1 氢与人类

氢在宇宙的形成、地球大气的演变、生物有机体的产生、人类对物质世界的认识及社会的发展等方面起到了至关重要的作用[3]。

氢是质量最轻、宇宙中含量最大的元素。根据宇宙爆炸理论推测，氢和氦产生于宇宙大爆炸初期，它们不断聚集形成原始星云，再经演化发展为原始星体直至星系。地球上原始大气的组成也很可能是氢和氦，后经次生大气（氨、水和甲烷等）在亿万年的演化中逐渐形成了有机体。

氢及其同位素占到了太阳总质量的 84%，而支撑太阳系的能量即源于氢的聚变，即两个氢核聚变产生氘，再由氘和氢核等粒子经由一系列的聚变产生氦。在太阳上大约每秒钟有 4×10^{38} 个氢核聚变为氦，放出巨大的能量。该能量以电磁波的形式向四周辐射，其中约二十二亿分之一的能量通过直达日射和漫射日射被地球捕捉到，是地球表层能量的主要来源，供养了地球上生命体的繁衍与进化。

人类对氢的认识源自 16 世纪。Paracelsius 将氢气描述为“像风一样突然爆发的空气”。17 世纪 Robert Boyle 将铁放到稀酸中发现了气泡。而英国科学家 Henry Cavendish 仔细地研究了酸与金属的反应，但未能对其气体产物进行命名。法国化学家 Antoine-Laurent de Lavoisier 重复了 Cavendish 的实验，认为该气体组成为一新元素，并于 1787 年将其命名为“氢”。

氢对现代物理的发展起到了至关重要的作用。氢原子曾被认为是构成物质世界的基本粒子。而在 19 世纪末～20 世纪初，物理学家在探索原子结构时观察到的现象催生了著名的玻尔氢原子结构模型，即原子的核外电子在固定轨道上运行，能够稳定地存在于具有分立的、固定能量的状态中。原子的能量变化只能在两个定态之间以跃迁的方式进行。而处于定态的原子能量是量子化的。玻尔的氢原子结构理论将量子观念引入原子结构领域，可以成功解释氢原子光谱（即 Balmer 线系）不连续的特点，为原子结构的量子理论奠定了基础[4]。

氢是宇宙中诞生最早的元素，而后是氦。元素周期表中其他元素的形成与氢和氦的聚变有关（图 1.1）。氢可以同元素周期表中几乎所有的元素化合，伴以化学能的吸收或释放。这一特性已经被广泛地应用于当今社会的生产与生活领域。例如，氢气作为工业原料在合成氨、甲醇合成、石油炼制、精细化工、电子与冶金、食品与医疗等方面发挥着巨大的作用。同时氢具有能量高、易燃性强的特点，可作为高效燃料用于火箭推进。

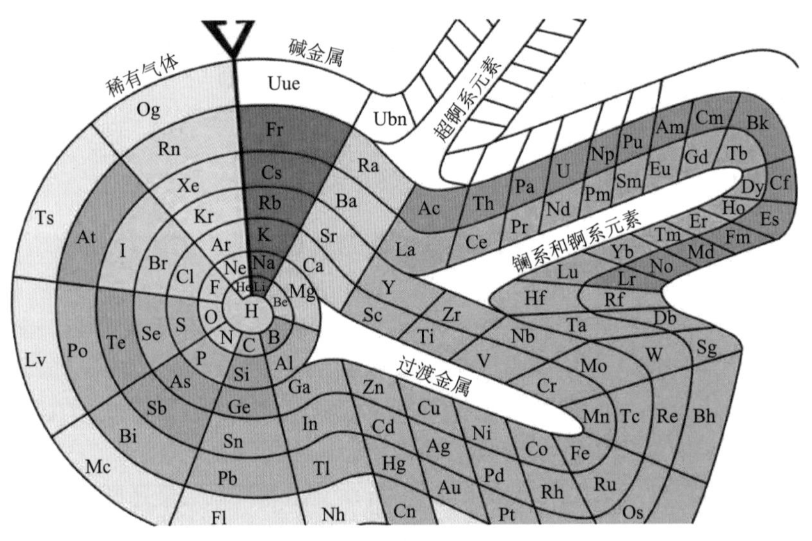

图 1.1 以 H 为中心的螺旋元素周期表（Theodor Benfey，1964）[5]

1.2 氢　　能

人类对氢的探索利用从未停止。与人类能源利用息息相关、以氢为主体的系统研发则为以氢同位素为反应物的核聚变工程和以氢气为能源载体的氢能工程。

核聚变是模拟太阳上氢核聚变产生能量的过程，旨在为人类社会输送巨大的洁净能量，因此也被称为“人造太阳”。从不可控制的惯性约束热核反应（氢弹）到磁约束的可控核聚变（托卡马克工程为代表），已历经了80多年的研究努力。而由欧盟、印度、日本、韩国、俄罗斯、美国和中国等共同承担的“国际热核聚变实验堆（ITER）计划”是全球规模最大的科研合作项目之一，体现了全人类对这一终极能量的追求[6, 7]。

在还未能完全掌握核能的今天，人类主要依赖于化学能进行生产生活。随着社会的进步和人口的增长，人类对能源的需求与日俱增。然而化石资源储量有限，终会枯竭。同时，化石资源的过度使用也产生了严重的环境污染和温室效应等问题，这就迫使人类开发一种不依赖化石燃料、储量丰富、洁净高效的新能源。我国经过改革开放40多年的发展，在社会和经济两方面均取得了巨大的成就，然而能源短缺和环境污染的问题日益突出。化石能源危机和环境问题为可再生能源的开发利用提供了发展契机。如前所述，作为理想的可再生能源载体，氢有望在21世纪的能源结构中发挥巨大的作用。

氢作为能源载体的主要优点有：①能量密度高，每千克氢燃烧放出的热量约为汽油的3倍、焦炭的4.5倍；②燃烧的产物是水，清洁无污染；③来源丰富，氢气可以由水制取，而水是地球上最为丰富的资源之一；④应用广泛，可取代化石能源为人类社会提供热、光、电。氢气与氧气反应的唯一产物是水，而生成的水量与可再生能源驱动的水解制氢所消耗的水量一样，因此可以认为氢是取之不尽、用之不竭的洁净能源载体[8, 9]。

人们对氢作为能源载体的关注始于20世纪70年代[10]。1974年在美国迈阿密举行了第一届迈阿密氢能会议“The Hydrogen Economy Miami Energy Conference”，后更名为“World Hydrogen Energy Conference”（世界氢能会议，WHEC）。这个两年一度的会议延续至今已举办了22届。经过近半个世纪的发展，氢能已经逐步被大众接受。尤其在过去30年，大多数发达国家和部分发展中国家在燃料电池、氢气的洁净制取和存储等方面投入了大量的人力和物力，并取得了显著的进展[11]。

氢能能否在世界能源舞台上占据举足轻重的地位依赖于其关键技术（即大规模氢的制备、输运、存储和转化等）的先进性和可行性。目前，虽然大规模、低排放、低成本制氢仍存在挑战，但依赖于化石资源的制氢技术（如煤制氢、天然气制氢和工业副产氢等）每年可为我国提供约700亿m^3的高纯度氢气；基于可再生能源的电解水制氢技术发展迅速[12]。同时，燃料电池技术经过多年的研发也进入商业化阶段。然而将气态或液态的单质氢进行存储和输运的技术尚不能满足实用的要求。以氢化物为载氢体则可能为上述难题提供解决方案[13, 14]。

1.3 氢　化　物

本书探讨的重点内容为氢化物在氢气储运和转化中的应用。

目前文献中对氢化物的定义并不统一。传统的氢化物是指氢与正电性的元素或基团形成的化合物，如 NaH 和 CaH_2 等。而根据国际纯粹化学与应用化学联合会（IUPAC）的命名法则，CH_4 与 NH_3 等被称为母体氢化物（parent hydrides），并不符合传统的定义。《大英百科全书》对氢化物的定义则更为广泛，即氢化物泛指由氢和其他元素形成的化合物（Hydride is any of a class of chemical compounds in which hydrogen is combined with another element）。根据氢与另一个元素成键的性质可将氢化物划分为离子型（如 NaH、KH）、共价型（如 H_2O、NH_3）和金属型（如 TiH_x、LaH_x）三类[15]。近期的一些综述中也使用类似的定义[16]。

H（$1s^1$）的电负性（$\chi = 2.2$）适中，这意味着它既可以失去电子形成 H^+（$1s^0$），又可以结合一个电子形成 H^-（$1s^2$）。H^-是典型的三体系统，可作为研究耦合、非微扰、强关联电子系统的模型[17]。H^-的外围电子松散，易于极化。因此 H^-是软而强的路易斯碱，这与 H^0 和 H^+明显不同。以分子、团簇、表面物种或者体相材料等形式存在的氢化物是由一个或多个 H^-与正电性更强的元素或者基团相连而成。这些氢化物保持了 H^-的高能量、强还原性、高活性等特征，在能源存储与利用（如储氢、储热、储电、超导等，见表 1.1），以及化学转化（尤其是载氢载能小分子的合成，见图 1.2）中显示出异乎寻常的性能[18]。此处先对除储氢和合成氨外的氢化物的部分性能进行概述。

表 1.1　氢化物在能量存储和转化中的应用[18]

储氢	储热	储电		超导
		Li^+/Na^+导体	H^-导体	
$LaNi_5H_6$ $NaAlH_4$ Na La Al Ni H	TiH_2 Mg_2FeH_6 Mg Ti Fe H	$LiBH_4$ $Na_2B_{12}H_{12}$ Na Li B H	o-La_2LiHO_3 La Li O H	LaH_{10} La H
• 储氢体积密度高 • 操作压力低 • 材料多样性、性质可调	• 工作温度区间较宽 • 储热容量较高	• 离子电导率较高 • 电化学窗口较宽 • 材料密度低	• H^-离子半径小、电荷密度低 • 标准氧化还原电势高 • 中等操作温度区间	• 化学压缩 • 高频声子模 • 强电子声子相互作用
• 储氢质量密度较低 • 可逆、可循环性较差 • 吸放氢速度较慢	• 热导率较低 • 腐蚀性 • 成本较高	• 化学稳定性较差 • 与电极的兼容性须考察	• 混合电子/离子导体 • H^-电导率的准确测量 • H^-易电荷分离	• 材料合成难度大 • 高压操作条件

注：表中以浅橙色和浅蓝色为背底的两行分别表示这些应用的优势和挑战。

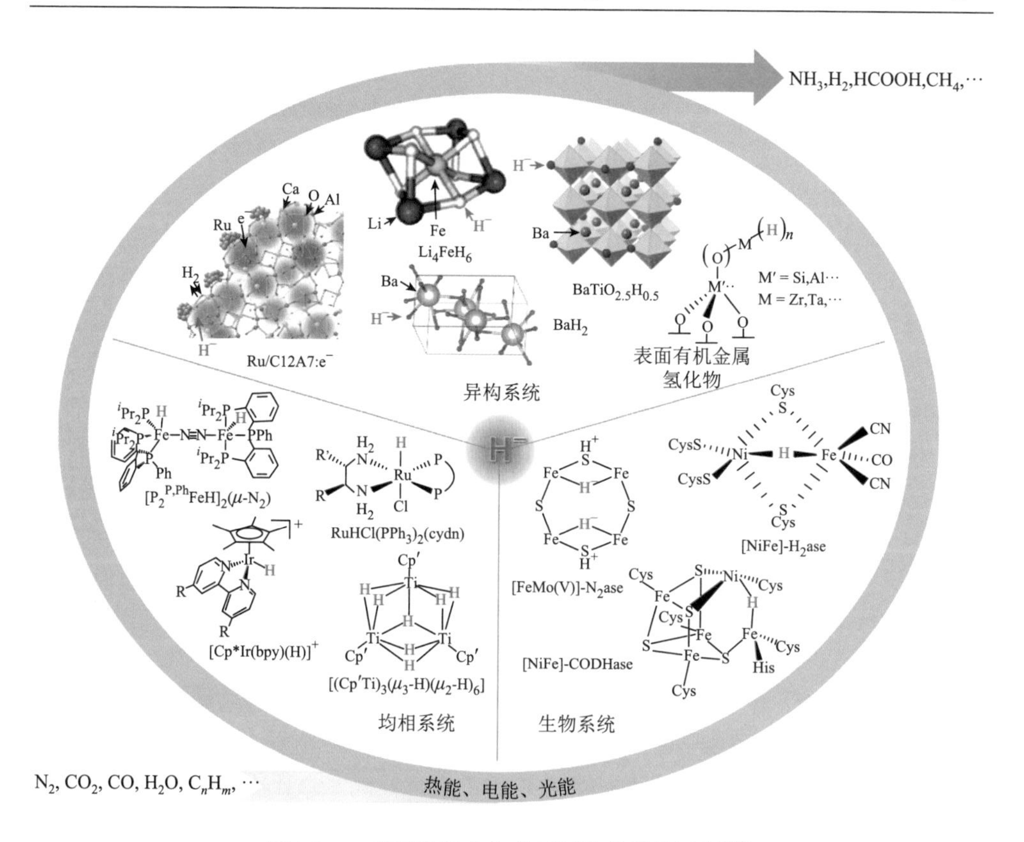

图 1.2 一些氢化物参与的重要化学转化过程[18]

氢化物在氢气的吸脱附过程中伴随着热量的释放或吸收，这意味着氢化物可以用于储热。氢化物储热的基本原理是基于两种不同类型氢化物（分别称为高焓值氢化物和低焓值氢化物）脱氢焓变的差异。白天的时候太阳能聚热所产生的能量使得高焓值氢化物（如 TiH_2、MgH_2、Mg_2FeH_6 等）脱氢，这些氢气被低焓值氢化物吸收。夜晚或者阴天的时候低焓值氢化物（如 Na_3AlH_6、$LaNi_5H_6$）释放氢气，而高焓值氢化物将这些氢气吸收并放出热量。一般来说，储热材料需要导热性好、抗腐蚀、成本低的氢化物[19]。

氢化物还可以用于电能的储存。镍氢电池就是一个很好的例子，其负极活性物质为金属氢化物。近期，研究者发现多种金属硼氢化物（$LiBH_4$、$Na_2B_{12}H_{12}$ 等）具有较高的阳离子电导率，有望成为锂或钠离子电池的优质固态电解质[19]；硼氢化镁及其衍生物也显示了作为镁离子电池液态电解质的潜力[19]。同样引起研究者兴趣的是氢负离子电池。H^-/H_2 的标准氧化还原电势（–2.3V）接近于 Mg/Mg^{2+} 的氧化还原电势（–2.4V），重要的是 H^- 的尺寸和 O^{2-} 相接近，但其电荷密度较低，更容易极化。因此，对 H^- 离子导体的研发将有助于下一代氢负离子电池的构筑。

近期，研究者们发现一些碱土金属氢化物和氧氢化物（如 BaH_2 和 La_2LiHO_3）可传导 H^-离子[20]。同时，研究表明在氢化物结构中制造缺陷有助于 H^-离子的迁移。然而，在传导过程中，H^-离子易发生电荷分离，导致电子传导而非 H^-离子传导。因此，寻找硬度较高、正电性较强的抗衡阳离子体系可能会解决这一问题。

常温超导是人类的梦想和孜孜追求的目标。20 世纪 60 年代末，Ashcroft 和 Ginzburg 预测金属态的氢可能是一种室温超导体[21]。然而，氢需要在高于 400GPa 的极端压力下才能呈现金属态。富氢材料中的氢由于受到"化学预压缩作用"，有可能在目前实验所达到的压力范围内表现出金属化特性，从而成为潜在的高温超导体候选材料[21]。氢化物作为富氢材料，近年来成为逐梦超导的科学家们的目标新材料。其中，2019 年报道的具有立方晶体结构的 LaH_{10} 可以在 250K 下具备超导特性，刷新了高温超导的记录[22]。然而，该氢化物也需要在 170GPa 的高压下才能实现超导。因此，制备出常压下稳定存在的高温超导体仍面临着巨大挑战。

氢化物是一类化学性质非常活泼的物质，这使其在化学转化尤其是燃料的合成中起到了特殊的作用。氢气或者含氢化合物可在催化剂表面上裂解生成活泼的表面氢物种，这些物种关乎催化循环中的电子/物质转移。例如，结构明确、单分散的表面金属氢化物，如$[(\equiv Si—O—)_{4-x}Zr(H)_x]$($x$ = 1, 2)，对烷烃氢解、烷烃复分解、甲烷无氧偶联及 CO_2 活化与转化等均表现出优异的催化性能[23]。在不饱和底物的加氢反应中，金属有机氢化物则是常见的均相催化剂。值得一提的是，超过 100 种钌基氢化物[如 $RuHCl(PPh_3)_2(cydn)$]已经被开发用作酮或亚胺类反应物不对称加氢的催化剂或者催化剂前驱体[24]。这些反应在精细化工和生物合成中非常重要。

借助于热、电、光等能量的注入，将热力学或动力学稳定的小分子（如 H_2O、CO_2 和 N_2）有效地转化为能源载体（如 H_2、CH_3OH、HCOOH、CH_4 和 NH_3 等）是洁净能源可持续发展的关键。一些生产燃料的重要反应，如析氢反应（HER）、氮气还原反应（NRR）以及 CO_2 还原反应（CO_2RR），通常需要电子、质子和能量的输入。而氢化物正好可以通过 H^-、H^0 和 H^+的相互转化满足上述要求，进而拥有更多的机会参与到这些极具挑战性的重要反应中（图 1.2）。

由此可见，氢化物已经在众多与洁净能源利用相关的领域展现出独特的性质和强大的功能。除此之外，氢化物还在中子屏蔽、光捕获以及颇有争议的冷核聚变等方面已初显前景。人们对氢化物的探索和利用还在继续，未来可期。

本书将着重探讨氢化物在氢气储存和合成氨中的作用。

1.3.1 储氢材料

氢气的存储主要对应于固定式和移动式两种应用场景，尤其是作为氢燃料电池汽车车载的移动式储氢系统，须具备体积小、储氢容量大、吸放氢条件温和、加氢速度快、循环性好和成本低等特征。目前用于示范的氢燃料电池汽车主要采用高压气瓶存储氢气。当瓶内充入 70MPa 的氢气时，可达到较为合适的储氢容量。为了增加瓶体的强度和减小气瓶的质量，需采用高强度碳纤维对瓶胆进行缠绕。这种较为直接的储氢方式具有加氢/放氢速度快和操作过程简单等优点。但是由于使用高压，压缩气体能耗较大。同时，这种技术存在安全隐患，不适于室内或高密度的停车区域。液化氢也是一种方案，但是从能耗、成本及安全角度综合分析，其在车载使用上并不比高压氢气瓶有更多的优势。而将氢在较低压力下以化学吸收或物理吸附的方法存储于固/液态材料中则安全性更高。自 1995 年始，高效储氢材料的研发成为能源化学与材料科学的研究热点，众多新型氢化物[25]和多孔吸附材料先后被开发出来[26, 27]。物理吸附储氢材料主要是通过范德瓦耳斯力将氢气分子吸附于材料表面，通常需要在液氮温度下进行操作。吸氢量与材料的表面积和孔结构有对应关系。这部分内容不在本书讨论的范围内，有兴趣的读者可以参考相关的文献[28, 29]。

用于化学吸收的储氢材料包括无机氢化物和有机氢化物。无机氢化物根据其组成和性质可大致分为四类，①金属氢化物：H 一般储存于由金属原子构成的晶格的四面体或八面体空隙中，如 $LaNi_5H_6$；②络合氢化物：由 H 与 Al/B/过渡金属等化合成阴离子基团后再与碱（土）金属阳离子络合而成，如 $NaAlH_4$ 和 $LiBH_4$ 等；③复合氢化物：由一种氢化物与另一种或多种氢化物/单质混合而成，如 $LiNH_2$-LiH 和 $LiBH_4$-MgH_2 等；④化学氢化物：一般特指放氢不可逆的氢化物，如 NH_3BH_3。金属氢化物储氢始于 20 世纪 60 年代末。美国 Brookhaven 国家实验室发现镁镍合金具有吸氢特性[30]。荷兰飞利浦研究院在研究磁性材料时，也发现 $LaNi_5$ 能大量可逆吸、放氢[31]。1974 年日本松下电器公司发现钛锰合金具有吸氢能力[32]。国际能源署（IEA）制定的车载储氢系统的指标为质量储氢容量 5%和体积储氢容量 40kg/m^3。而传统的金属氢化物如 $LaNi_5H_6$ 和 $FeTiH_x$ 等虽然可在较低的温度和压力下进行氢的吸/脱附并具有较高的体积储氢容量，但是质量储氢容量偏低，这就使得储氢材料的研究需从轻质元素入手。1997 年，Bogdanović 和 Schwickardi 报道了 Ti 修饰的 $NaAlH_4$ 可以进行氢气的可逆存储，拉开了络合氢化物储氢的序幕[25]。2002 年，Chen 等开创了 $LiNH_2$-LiH 这一可逆储氢材料，引发了后续多个复合氢化物材料体系的建立[33]。2005 年，Autrey 等通过将 NH_3BH_3 限域于 SBA-15 孔道中实现了高选择性放氢，也触发了化学氢化物的研究热潮[34]。这些氢化物体系的研发为攻克车载储氢这一难题提供了多个方案（图 1.3）。

2001 年，Schlapbach 和 Züttel 对可能用于车载储氢的氢化物材料进行了总结。那时材料研发的重点是较传统的金属或合金氢化物、$NaAlH_4$、有机氢化物和纳米

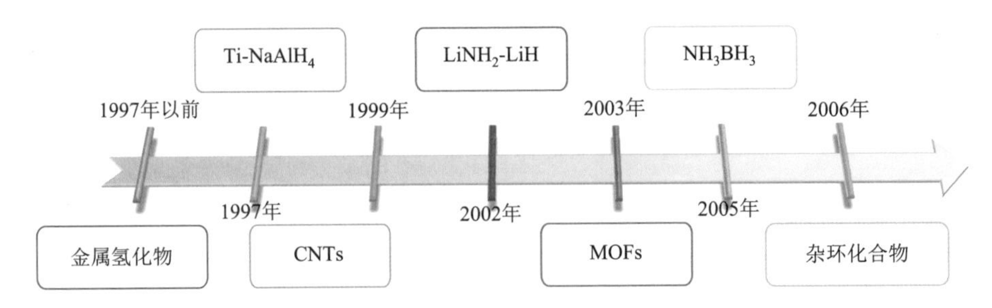

图 1.3　储氢材料研发进展

碳材料等，材料体系较少[35]。而从 21 世纪初到 2010 年，储氢材料的研究十分活跃，在新的储氢材料体系的研发上取得了重要进展，图 1.4 是由 G. Thomas 和 G. Sandrack 为美国能源部（DOE）氢与燃料电池 2008 年度总结研讨会所做的储氢材料汇总图[36]。由图可见大量轻质元素 B、N、Li、Mg 等组成的氢化物被研发出来。近年来，研究力量更多地集中于氢化物材料的性能优化及系统化方面，中国科研人员完成了大量兼具原创与开发的工作，成为世界范围内研究力量最强、人数最多的科研力量。然而储氢系统的技术指标很高，研发难度很大，若要取得实质性的突破仍需进一步向提高储氢量、加快脱氢反应速率、保证吸/放氢可逆性及降低材料成本等方向努力。这就必须对已有的、有前景的储

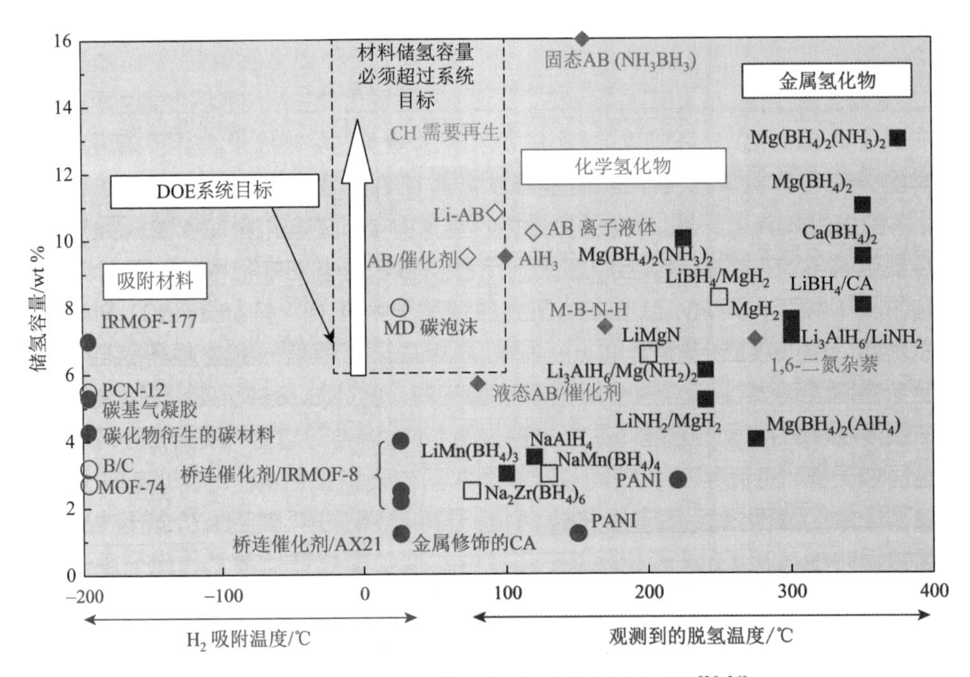

图 1.4　总结于 2008 年的储氢材料性能比较图[35, 36]

空心符号表示 2008 年开发的新材料

氢材料进行优化；而更为重要的是开拓思维，在新材料的设计、研发方面打开局面。本书的第 2 章和第 3 章将着重探讨和总结轻质元素尤其是作者团队首创的含有氮元素的无机氢化物的基本性质及其储氢性能。金属氢化物（如 MgH_2）和硼/铝氢化物（如 $LiBH_4$、$NaAlH_4$）的研究进展很多，已有不少书籍和综述[37]，本书不再做探讨。

纵观近 18 年的材料研发不难发现，绝大多数储氢材料是金属或其合金、铝基、硼基、氮基等无机氢化物，而在有机氢化物方面的研发力度较弱。早期有少量的关于芳香类化合物加氢/脱氢的研究，但其研究主题是催化剂及催化过程[14, 38, 39]。相对于体量较小的无机轻质元素氢化物，碳氢化物的种类繁多，可调变性大，在研究内容的广度及表征手段的多样性上具有明显优势。加之目前美国能源部正积极推动“液体载体（liquid carriers）”，以有机物为储氢介质的研究亟需开展。而有机碳氢化物存在的问题则是反应的复杂性和多样性。由于 C—C、C—H、C—O 和 C—N 等化学键在受热时可发生解离、重组、异构等过程，反应选择性的控制是难题。因此，如何设计合适的有机底物及相应的催化剂使其可高选择性地实施脱氢/加氢反应是需解决的首要问题。本书将在第 4 章探讨以金属有机氢化物为代表的新型储氢体系的研发进展。这方面的内容主要源于作者团队近期的研究结果。

1.3.2 氢化物用于载氢体的合成

由化石资源重整或可再生能源驱动而产生的氢气需运输至用氢点进行转化或储存，这使得人们开始重视与氢气大规模输运相关的技术开发。氢气输运过程的能量效率和成本与运输方式、运输量和运输距离有关。目前较为成熟的运输方法有：①适用于距离短、运量低的压缩氢长管拖车运输。由于气态氢密度小，储氢容器自重大，氢压不易过高（多为 20MPa），由该方式运输氢气的质量只占总运输质量的 1%～2%。②适用于中、远途的液氢罐车运输。由于液氢的体积能量密度为 8.5MJ/L，液氢槽罐车的运量远大于压缩氢拖车，运输效率较高。但其缺点是液化氢过程较为耗能，并且液氢在储存、输送过程中有自蒸发损耗。同时，液氢对储罐的材料和工艺有很高的要求，成本较高。③低压管道运氢。目前正处于研讨阶段。该方式适合大规模、长距离的运氢。为防止氢脆，需选用含碳量低的材料为运氢管道，造价较高。上述氢气输运方法各有适用场景及优缺点，而以大宗液态化学品如氨、苯、甲苯、甲酸、甲醇等氢化物为载氢体进行大规模氢的输运则在输运效率、安全性和成本等方面具有优势（表 1.2）。其中，氨又因具有产量大、易液化、便于储存运输、含氢密度高（储氢容量 17.7wt%）和能量密度大（3kW·h/kg）等优点而成为极具潜力的载氢体，正在能源和化工领域引起关注[40-44]。

表 1.2　适用于输运大规模氢的化学品[13]

化学品	年产量/t	含氢量/wt%	优点	缺点
$CH_3OH + H_2O$	4.1×10^7	12.0	技术较为成熟 反应条件温和	CO_2 排放 少量 CO 杂质
HCOOH	7.2×10^5	4.4	反应条件温和	贵金属催化剂 含氢量较低
NH_3	$>1.2\times10^8$	17.6	技术较为成熟 无 CO_x 杂质	产氢耗能 腐蚀性和毒性
C_6H_{11}—CH_3	1×10^7	6.1	可重复利用 H_2 纯度较高 无 CO_x 杂质	脱氢耗能 脱氢有积碳 贵金属催化剂

氨是氮肥的主要原料，滋养了全世界约 50%的人口；氨也是人工合成几乎所有重要含氮化学品的氮源。据统计，2017 年全球氨产量为 1.5 亿吨，预计 2050 年将达到 2.7 亿吨。我国是合成氨大国，约占全球氨产量的 30%。目前工业合成氨过程主要采用 Haber-Bosch（H-B）工艺（图 1.5），需在高温高压条件下实施，消耗全球能源供应总量的 1%～2%[45]；同时由于该过程需要使用大量的化石资源用于产氢和供能，每年排放二氧化碳大约 6.7 亿吨。在节能减排和可持续发展为首要任务的今天，以可再生能源供能、温和条件下进行的“绿色”合成氨新技术的研发极为重要和迫切。

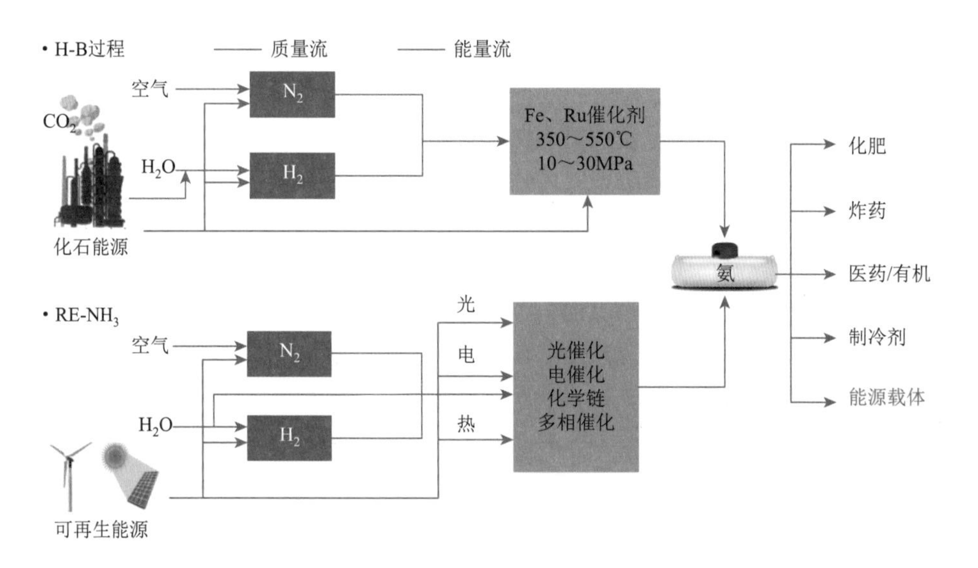

图 1.5　以化石资源供氢（能）的 H-B 过程和可再生能源驱动的绿色合成氨过程（RE-NH_3）

当前可再生能源的利用面临着因间歇性、波动性、并网发电难而造成的大量弃风、弃光、弃水等问题。例如，2018 年我国弃风、弃光电量分别为 277 亿 kW·h 和 55 亿 kW·h。而将可再生能源用于氨的生产，则有利于可再生能源的充分转化利用和氨的“绿色”合成，并彰显了氨为载氢体的属性，这对以氢为能源载体构建清洁、低碳的能源体系具有非常重要的意义。

绿色合成氨技术与传统的大规模、高度集成的 H-B 过程相比，其对低压和中低温反应条件要求更高、产物分离纯化更倾向于吸附而非液化分离。这就要求研究者开发更加高效的合成氨催化剂和反应工艺。合成氨这一发展需求源于能源战略学家和化学家们对氨的基础属性的深入分析与认识，重新激发了科研工作者挑战“温和条件下氨的高效合成”这一世纪难题的热情。近期，尤其是近 3 年，合成氨相关研究再次成为催化、材料、能源等领域的前沿与热点；新材料、新策略、新过程不断产生，在学术界形成了竞相发展的局面。

对绿色合成氨技术的研究主要聚焦于以下四个方向，即热催化、电催化、光催化和化学链合成氨（图 1.5）。电或光催化氮气和水直接反应生成氨（$N_2 + 3H_2O \longrightarrow 2NH_3 + 1.5O_2$），可跳过电/光解水制氢的过程，有利于减少中间环节以提高能效，因此在近期受到了极大的关注。但从目前报道的研究结果看，光、电催化合成氨的效率有高有低，处于研究的初级阶段，有很强的挑战性和很大的研发空间。而以可再生能源发电→电解水制氢→H_2 和 N_2 通过热催化或化学链过程合成氨则为一条可行的储能（氢）路径。

N_2 和 H_2 反应生成 NH_3 是一个放热熵减反应，从热力学平衡的角度来看，低温和高压有利于氨的生成。然而这一反应动力学阻力很大，在实际工业生产中（即 H-B 过程）需实施高温高压的反应条件和循环转化的工艺以达到较快的反应速率及合适的氨收率，致使能耗很高。催化剂的研发是关键。20 世纪初，Haber、Bosch 和 Mittasch 等成功开发了第一代铁基合成氨催化剂。之后在 20 世纪 90 年代，英国石油公司和美国 Kellogg 公司联合开发了第二代钌基合成氨催化剂及其生产工艺（Kellogg advanced ammonia process，KAAP）。铁基催化剂的优点是成本较低，但是生产条件较为苛刻（温度：400～450℃，压力：100～300bar①），能耗高，且产物氨对催化剂有较强的抑制作用。钌基催化剂则具有反应条件相对温和（温度：370～400℃，压力：50～100bar）、耐毒性强等优点，其缺点是贵金属钌的成本较高，所用的碳基载体易与氢气发生甲烷化反应，氢气在金属钌表面有较强的竞争吸附等问题。研究者主要针对钌的尺寸效应、形貌效应、载体的选择、助剂的添加等方面开展优化工作[46-50]。而 Co(Fe)-Mo-N 三元金属氮化物催化剂的开发则为非贵金属基合成氨催化剂的设计研发提供了新的思路[51, 52]。虽然经过一个世纪的研究积累，但绝大部分催化剂只有在较高的温度下（如 300℃以上）才能显示较

① 1bar = 100kPa。

好的活性，低温高活性催化剂仍不可及。因此，低温、高效催化剂的开发是降低合成氨能耗的关键，也是科研工作者近百年来从未停止追求的目标[43]。N_2 分子的催化活化是合成氨反应中的关键步骤。传统催化剂的作用机制主要是通过 N_2 分子在过渡金属表面解离吸附，达到活化 N_2 分子的目的。理论研究也揭示了在过渡金属催化剂上难以同时达到 N_2 分子的强活化与中间产物 NH_x 物种的弱吸附状态[53]。温和条件下氨的高效催化合成似乎是一个无法破解的难题。

氮气分子的活化动力学阻力大，这是因为断开非极性的 N≡N 三键需要非常高的能量。促进氮气分子活化的主要策略是向其反键轨道输送电子，然后提供质子与活化的 N 物种键合。氢化物可作为质子和电子的共同来源，其在热化学、电化学、光化学、生物以及均相固氮过程中发挥着不可替代的作用。作者团队近期研究显示，含有负氢的一些氢化物，如 LiH、CaH_2、BaH_2、KH 等在氨的低温合成上显示了异乎寻常的作用，为温和条件下氨的高效合成带来了契机。这方面的内容将在第 5 章中探讨。

氢化物既可用作载氢体在车载储氢和规模运氢等方面发挥重要作用，也可作为电子载体在氢气转化和利用（尤其是合成氨）中体现出特殊的性质。氢化物本身的物理化学性质是关键。本书将结合国内外学者在相关领域的研究成果和笔者团队的工作积累与认识，就上述两个方面进行阐述，希望能够为读者提供有益的研究素材和资料。

参考文献

[1] 毛宗强. 氢能——21 世纪的绿色能源. 北京：化学工业出版社，2005.

[2] 李星国. 氢与氢能. 北京：机械工业出版社，2012.

[3] John S R. Hydrogen：The Essential Element. Cambridge：Harvard University Press，2003.

[4] Bohr N. On the series spectrum of hydrogen and the structure of the atom. Philosophical Magazine，1915，29：332-335.

[5] Masumian E，Hashemianzadeh S M，Nowroozi A. Hydrogen adsorption on sic nanotube under transverse electric field. Phys Lett A，2014，378：2549-2552.

[6] https://commons.wikimedia.org/wiki/File：Periodic_system_Benfey_format.svg. 2020-03-06.

[7] Holtkamp N. An overview of the iter project. Fusion Eng Des，2007，82：427-434.

[8] Ogden J M. Prospects for building a hydrogen energy infrastructure. Annu Rev Energ Env，1999，24：227-279.

[9] Winter C J. Hydrogen energy—Abundant，efficient，clean：A debate over the energy-system-of-change. Int J Hydrogen Energy，2009，34：S1-S52.

[10] Bockris J O M. The hydrogen economy：Its history. Int J Hydrogen Energy，2013，38：2579-2588.

[11] Elam C C，Padró C E G，Sandrock G，et al. Realizing the hydrogen future：The international energy agency's efforts to advance hydrogen energy technologies. Int J Hydrogen Energy，2003，28：601-607.

[12] Carmo M，Fritz D L，Mergel J，et al. A comprehensive review on pem water electrolysis. Int J Hydrogen Energy，2013，38：4901-4934.

[13] He T，Pachfule P，Wu H，et al. Hydrogen carriers. Nat Rev Mater，2016，1：16059.

[14] Preuster P，Papp C，Wasserscheid P. Liquid organic hydrogen carriers（LOHCs）：Toward a hydrogen-free hydrogen economy. Acc Chem Res，2017，50：74-85.

[15] Zumdahl S S. Hydride，https://www.britannica.com/science/hydride[2020-03-06].

[16] Milanese C，Jensen T R，Hauback B C，et al. Complex hydrides for energy storage. Int J Hydrogen Energy，2019，44：7860-7874.

[17] Rau A R P. The negative ion of hydrogen. J Astrophys Astron，1996，17：113-146.

[18] Wang Q，Guo J，Chen P. The power of hydrides. Joule，2020，4：705-709.

[19] Mohtadi R，Orimo S I. The renaissance of hydrides as energy materials. Nat Rev Mater，2017，2：16091.

[20] Yamaguchi S. Large，soft，and polarizable hydride ions sneak around in an oxyhydride. Science，2016，351：1263-1264.

[21] Flores-Livas J A，Boeri L，Sanna A，et al. A perspective on conventional high-temperature superconductors at high pressure：Methods and materials. Phys Rep，2020，856：1-78.

[22] Drozdov A P，Kong P P，Minkov V S，et al. Superconductivity at 250 K in lanthanum hydride under high pressures. Nature，2019，569：528-531.

[23] Samantaray M K，Pump E，Bendjeriou-Sedjerari A，et al. Surface organometallic chemistry in heterogeneous catalysis. Chem Soc Rev，2018，47：8403-8437.

[24] Appel A M，Bercaw J E，Bocarsly A B，et al. Frontiers，opportunities，and challenges in biochemical and chemical catalysis of CO_2 fixation. Chem Rev，2013，113：6621-6658.

[25] Bogdanović B，Schwickardi M. Ti-doped alkali metal aluminium hydrides as potential novel reversible hydrogen storage materials. J Alloys Compd，1997，253-254：1-9.

[26] Rosi N L，Eckert J，Eddaoudi M，et al. Hydrogen storage in microporous metal-organic frameworks. Science，2003，300：1127-1129.

[27] Ding S Y，Wang W. Covalent organic frameworks（COFs）：From design to applications. Chem Soc Rev，2013，42：548-568.

[28] Zhou H C，Long J R，Yaghi O M. Introduction to metal-organic frameworks. Chem Rev，2012，112：673-674.

[29] Kitagawa S，Uemura K. Dynamic porous properties of coordination polymers inspired by hydrogen bonds. Chem Soc Rev，2005，34：109-119.

[30] Reilly J J，Wiswall R H. Reaction of hydrogen with alloys of magnesium and nickel and the formation of Mg_2NiH_4. Inorg Chem，1968，7：2254-2256.

[31] van Vucht J H N，Kuijpers F A，Bruning H C A M. Reversible room-temperature absorption of large quantities of hydrogen by intermetallic compounds. Philips Res Rep，1970，25：133-140.

[32] Gamo T，Moriwaki Y，Fukuda M. Synopses of the 1976 Autumn Meeting of Japan Institute of Metals，1976.

[33] Chen P，Xiong Z，Luo J，et al. Interaction of hydrogen with metal nitrides and imides. Nature，2002，420：302-304.

[34] Gutowska A，Li L，Shin Y，et al. Nanoscaffold mediates hydrogen release and the reactivity of ammonia borane. Angew Chem Int Ed，2005，44：3578-3582.

[35] Schlapbach L，Züttel A. Hydrogen-storage materials for mobile applications. Nature，2001，414：353-358.

[36] Guo Y，Cao J，Xu B，et al. Electric field modulated dispersion and aggregation of Ti atoms on graphene for hydrogen storage. Comp Mater Sci，2013，68：61-65.

[37] 朱敏. 先进储氢材料导论. 北京：科学出版社，2015.

[38] Shukla A，Karmakar S，Biniwale R B. Hydrogen delivery through liquid organic hydrides：Considerations for a

potential technology. Int J Hydrogen Energy，2012，37：3719-3726.

[39] He T，Pei Q，Chen P. Liquid organic hydrogen carriers. J Energy Chem，2015，24：587-594.

[40] Klerke A，Christensen C H，Norskov J K，et al. Ammonia for hydrogen storage：Challenges and opportunities. J Mater Chem，2008，18：2304-2310.

[41] Guo J，Chen P. Catalyst：NH_3 as an energy carrier. Chem，2017，3：709-712.

[42] Wang Q，Guo J，Chen P. Recent progress towards mild-condition ammonia synthesis. J Energy Chem，2019，36：25-36.

[43] Schlögl R. Catalytic synthesis of ammonia—A “never-ending story”？Angew Chem Int Ed，2003，42：2004-2008.

[44] Boudart M. Ammonia synthesis：The bellwether reaction in heterogeneous catalysis. Topics in Catal，1994，1：405-414.

[45] Erisman J W，Sutton M A，Galloway J，et al. How a century of ammonia synthesis changed the world. Nat Geosci，2008，1：636-639.

[46] Lin B Y，Wang R，Lin J X，et al. Progress in catalysts for ammonia synthesis. Prog Chem，2007，19：1662-1670.

[47] Bielawa H，Hinrichsen O，Birkner A，et al. The ammonia-synthesis catalyst of the next generation：Barium-promoted oxide-supported ruthenium. Angew Chem Int Ed，2001，40：1061-1063.

[48] Gao W J，Guo S J，Zhang H B，et al. Enhanced ammonia synthesis activity of Ru supported on nitrogen-doped carbon nanotubes. Chin J Catal，2011，32：1418-1423.

[49] Kitano M，Inoue Y，Yamazaki Y，et al. Ammonia synthesis using a stable electride as an electron donor and reversible hydrogen store. Nat Chem，2012，4：934-940.

[50] Liu H. Ammonia synthesis catalyst 100 years：Practice，enlightenment and challenge. Chin J Catal，2014，35：1619-1640.

[51] Kojima R，Aika K. Cobalt molybdenum bimetallic nitride catalysts for ammonia synthesis. Chem Lett，2000，29：514-515.

[52] Jacobsen C J H. Novel class of ammonia synthesis catalysts. Chem Commun，2000，12：1057-1058.

[53] Logadottir A，Rod T H，Nørskov J K，et al. The Brønsted-Evans-Polanyi relation and the volcano plot for ammonia synthesis over transition metal catalysts. J Catal，2001，197：229-231.

第 2 章　用于氢气存储的金属（亚）氨基化合物

复合金属氢化物因阴阳离子之间丰富多样的化学作用、电子结构和成分组成等而具有多元化的化学和物理特性，广泛应用于能源存储、转化和利用等多个领域。目前研究较为深入的材料包括金属（亚）氨基化合物-金属（硼）氢化物复合体系、金属硼氢化物-金属氢化物复合体系、金属硼氢化物-单质元素复合体系、金属氢化物-单质元素复合体系等。其中金属（亚）氨基化合物-金属（硼）氢化物储氢体系是储氢领域的重要分支，也是本章关注的重点。通过改变金属（亚）氨基化合物或金属（硼）氢化物中金属元素的种类即可形成一系列新型储氢材料。同时，由于金属（亚）氨基化合物-金属（硼）氢化物储氢材料在吸脱氢过程中涉及氢气在其表面的吸附、解离、分解等步骤，因此该类材料可应用于一些加氢催化反应中；另外，一些由金属氮化物或金属（亚）氨基化合物组成的材料还表现出良好的离子迁移特性，可作为电极材料或固体电解质应用于电化学领域。金属（亚）氨基化合物的这些性能与其结构、组成、功能化设计等密切相关。因而本章将分别介绍金属（亚）氨基化合物的制备方法、结构特性、基本物理与化学性能以及储氢性能。

2.1　金属（亚）氨基化合物的合成

金属（亚）氨基化合物是一类由氨基离子（NH_2^-）或亚氨基离子（NH^{2-}）与金属阳离子形成的化合物。按照金属的种类或特性可分为碱金属（亚）氨基化合物、碱土金属（亚）氨基化合物、过渡金属（亚）氨基化合物、镧系金属（亚）氨基化合物、三元（亚）氨基化合物等[1-4]。

2.1.1　金属氨基化合物的合成

早在 1933 年，碱金属氨基化合物就已被发现并合成出来[2]。金属氨基化合物一般是通过金属、金属氢化物或金属氮化物与氨气在一定条件下（压力、温度、催化剂或添加剂）反应获得，反应通式为式（2.1）～式（2.3）；此外，复分解反应式（2.4）也可用于合成一些金属氨基化合物，如 $Cd(NH_2)_2$、$Cd(NH_2)_3$ 和 $Be(NH_2)_2$ 等。

$$M + xNH_3 \longrightarrow M(NH_2)_x + x/2H_2 \quad (2.1)$$

$$MH_x + xNH_3 \longrightarrow M(NH_2)_x + xH_2 \quad (2.2)$$

$$M_3N_x + 2xNH_3 \longrightarrow 3M(NH_2)_x \quad (2.3)$$

$$MB + M'(NH_2)_x \longrightarrow M(NH_2)_x + M'B \quad (2.4)$$

1891 年，Joannis 等发现碱金属可溶于液氨，从此液氨常被用于氨基化合物的合成。碱金属都能溶于液氨，其溶解能力随原子序数的增大而增加，室温下静置碱金属的液氨溶液一定时间后，即可获得相应的碱金属氨基化合物。碱金属氨基化合物的合成难度如下：Cs＜Rb＜K＜Na＜Li。碱金属氨基化合物在液氨中的溶解能力与其形成氨基化合物难易程度的规律一致。241K 时 100g 液氨中可溶解数百克 $RbNH_2$，而相同条件下 $LiNH_2$ 几乎不溶于液氨[5]。碱金属与氨气在高温下可快速反应生成金属氨基化合物，如熔融的 Li 和 Na 分别在 400℃和 300℃下与氨气快速反应生成 $LiNH_2$ 和 $NaNH_2$。

Be、Mg、Ca、Sr、Ba 的氨基化合物同样可以用液氨静置或氨热反应制备[式（2.1）]。相比于碱金属，碱土金属与液氨的反应较为缓慢，生成碱土金属氨基化合物所需的时间更长。如室温下液氨与镁反应生成 $Mg(NH_2)_2$ 需耗时 1.5～2 年[5, 6]。增加氨分压、提高反应温度、添加催化剂或添加剂可显著加快金属氨基化合物的生成速率。氨热反应过程中，当氨压和反应温度分别增加到 10MPa 和 653K 时，合成 $Mg(NH_2)_2$ 的时间可缩短至 2 天。类似于碱金属与液氨的反应特性，碱土金属与液氨的反应活性也随原子序数的增大而增加。还有一些主族元素也可形成相应的氨基化合物，如 $Al(NH_2)_3$、$Ga(NH_2)_3$、$Si(NH_2)_4$ 等[7-9]。

部分过渡金属也能直接与液氨或氨气在一定条件下生成氨基化合物，如 $Zn(NH_2)_2$[10]。一些过渡金属则不能直接从金属单质出发与氨反应生成相应的氨基化合物，如 Cd。但是 $Cd(SCN)_2$ 和 KNH_2 在液氨环境下，可发生置换反应生成 $Cd(NH_2)_2$[10]。

镧系二元金属氨基化合物主要有 $Yb(NH_2)_2$、$Yb(NH_2)_3$、$Eu(NH_2)_2$、$Sm(NH_2)_3$ 和 $La(NH_2)_3$[11-13]。镧系金属氨基化合物合成过程中通常需加入添加剂如 KNH_2、K 等，其添加量需严格控制，否则容易形成三元氨基化合物如 $KEu(NH_2)_3$、$K_3Eu(NH_2)_5$ 等[12]。镧系与碱金属组成的三元氨基化合物远比镧系二元氨基化合物的种类多。除了镧系外，一些过渡和主族金属同样可以与碱金属组成三元氨基化合物，如 $K_2Zn(NH_2)_4$、$K_2Mn(NH_2)_4$、$Na_2Mn(NH_2)_4$、$K_2Li(NH_2)_3$、$K_2Mg(NH_2)_4$、$RbAl(NH_2)_4$ 等[14-16]。

与金属单质相比，金属氢化物或金属氮化物更易与氨气反应生成相应的氨基化合物[式（2.2）]和[式（2.3）]。如 LiH、NaH、KH、MgH_2 和 CaH_2 等在氨气中球磨即可生成相应的氨基化合物：$LiNH_2$、$NaNH_2$、KNH_2、$Mg(NH_2)_2$ 和 $Ca(NH_2)_2$[17]。

Mg_3N_2 在 10bar 氨压下加热至 350℃即可快速生成 $Mg(NH_2)_2$，无需像金属 Mg 与液氨在室温下反应那样耗时 1.5～2 年。这些方法除适用于单金属氨基化合物外，也可用于合成多元金属氨基化合物。

此外，同种氨基化合物的合成方法可多样化。如 $K_2Mn(NH_2)_4$ 的合成可采用以下三种方法：①将摩尔比为 1∶2 的金属锰和钾在室温和 8bar 氨气气氛下机械球磨 12h 即可获得三元 $K_2Mn(NH_2)_4$[18]；②将 KNH_2 和金属 Mn 通过氨热反应也可制备 $K_2Mn(NH_2)_4$；③将 KNH_2 和 $Mn(NH_2)_2$ 在氨气气氛下进行机械化学反应也可制备 $K_2Mn(NH_2)_4$。另外，复分解反应式（2.4）可制备一些非常规的氨基化合物，如 $AgNH_2$、$Mn(NH_2)_2$ 和 $Ni(NH_2)_2$ 等。部分金属氨基化合物的合成方法总结于表 2.1。

表 2.1　部分金属氨基化合物的合成方法

名称	原料	合成方法
$LiNH_2$	$Li + NH_3$	液氨静置/机械球磨
	$LiH + NH_3$	氨热反应/机械球磨
	$Li_3N + NH_3$	氨热反应/机械球磨
	$Li_2NH + NH_3$	氨热反应/机械球磨
$Mg(NH_2)_2$	$Mg + NH_3$	液氨静置/氨热反应
	MgH_2+NH_3	氨热反应/机械球磨
	$MgNH + NH_3$	氨热反应/机械球磨
	$Mg_3N_2+NH_3$	氨热反应/机械球磨
$Mn(NH_2)_2$	$Mn + Na_2Mn(NH_2)_4+NH_3$	氨热反应
$Eu(NH_2)_2$	$Eu + K + NH_3$	氨热反应
$K_2Li(NH_2)_3$	$2K + Li + NH_3$	液氨静置/氨热反应
$RbAl(NH_2)_4$	$Rb + Al + NH_3$	液氨静置/氨热反应
$CsBa(NH_2)_3$	$Cs + Ba + NH_3$	液氨静置/氨热反应
$KLa_2(NH_2)_7$	$K + 2La + NH_3$	氨热反应
$NaY(NH_2)_4$	$Na + Y + NH_3$	氨热反应
$K_2Zn(NH_2)_4$	$2K + Zn + NH_3$	氨热反应/机械球磨
	$Zn + 2KNH_2+NH_3$	氨热反应
$Rb_2Mn(NH_2)_4$	$2Rb + Mn + NH_3$	机械球磨
$Cr(NH_2)_2$	$Cr(SCN)_2 + 2KNH_2$	复分解反应
$Cr(NH_2)_3$	$CrCl_3 + 3LiNH_2+NH_3$	机械球磨

2.1.2　金属亚氨基化合物的合成

金属亚氨基化合物包含二元（如 Li_2NH、MgNH、CaNH、BaNH 等）、三元[$Li_2Mg(NH)_2$、$Li_2Mg_2(NH)_3$、$Li_2Ca(NH)_2$ 等]和多元金属亚氨基化合物。常用于制备二元金属亚氨基化合物的方法有三种：①加热分解金属氨基化合物[式（2.5）]。部分金属氨基化合物的热分解由两步反应组成：首先生成金属亚氨基化合物，然后金属亚氨基化合物进一步分解生成金属氮化物或氮氢化物。因此由热分解方法制备亚氨基化合物需控制好分解程度。此法可用于制备 Li_2NH、MgNH 和 CaNH 等[19-21]。②金属氢化物与金属氨基化合物的混合物加热脱氢[式（2.6）]。如加热混合物 $LiNH_2$-LiH 或 $Mg(NH_2)_2$-MgH_2 可制备 Li_2NH 或 MgNH。③金属氨基化合物与金属氮化物的热反应[式（2.7）]。如 Hu 和 Ruckenstein[22]通过加热 Li_3N-$LiNH_2$ 混合物，可在 210℃反应 10min 即获得 Li_2NH。合理控制合成条件，一些金属、金属氢化物、金属氮化物和含氮金属盐均能与氨气反应生成相应的亚氨基化合物。

$$6M(NH_2)_x \longrightarrow 3M_2(NH)_x + 3xNH_3 \longrightarrow 2M_3N_x + 4xNH_3 \tag{2.5}$$

$$MH_x + M(NH_2)_x \longrightarrow M_2(NH)_x + xH_2 \tag{2.6}$$

$$M_3N_x + M(NH_2)_x \longrightarrow 2M_2(NH)_x \tag{2.7}$$

三元金属亚氨基化合物的制备方法一般分三种：①热分解不同金属的氨基化合物与氢化物的混合物，如热分解 $Mg(NH_2)_2$-2LiH 或 $Ca(NH_2)_2$-2LiH 的混合物用来合成 $Li_2Mg(NH)_2$ 或 $Li_2Ca(NH)_2$[23]；②热处理两种金属亚氨基化合物的混合物，如 300℃热处理 Li_2NH-CaNH 即可获得 $Li_2Ca(NH)_2$[24]；③热分解两种金属氨基化合物的混合物等。

2.1.3　金属氮化物的合成

金属氮化物可通过金属与氮气直接反应制得[式（2.8）]，或由金属氧化物与氨气在高温下发生氮化反应制备[式（2.9）]，式（2.8）和式（2.9）的方法可统称为程序升温法。金属氮化物也可通过式（2.5），即金属氨基化合物或金属亚氨基化合物热分解获得。同样金属氨基化合物和金属氢化物的混合物高温分解脱氢也可形成金属氮化物[式（2.10）]，利用此方法已成功合成 Li_3N、Mg_3N_2、Ca_3N_2 和 LiMgN 等[25-27]，式（2.5）和式（2.10）的方法可统称为热分解法。除此之外，电化学方法、固态还原法、机械球磨法等也可制备相关氮化物。上述方法合成氮化物的特点迥异：程序升温法最为普遍，但反应温度过高、合成条件较为苛刻、反应时间较长、能耗较大；热分解法制备金属氮化物简化了制备过程，热分解温度相对较低，但其前驱体一般难以合成，应用上存在一定局限性；电化学方法相对环保节能，可通过调节电势和电解时间来控制氮化物的生成，但该方法不宜规模化生产，且无法制备大比表面积和负载型的氮化物；固态还原法是以金属粉末、金属氧化物或金属盐为金属源，以叠氮化物、氨基化合物或 Li_3N 等为氮源，通过固相反应制备金属氮化物，该方法相对来说反应温度和压力均比较高，且氮源材料较为昂贵，难以进行大规模制备；机械球磨法的优点是工艺简单、成本低廉、能在室温下进行反应，但一般反应时间较长，转化程度偏低。

$$6M + xN_2 \longrightarrow 2M_3N_x \tag{2.8}$$

$$3MO_x + 2xNH_3 \longrightarrow M_3N_{2x} + 3xH_2O \tag{2.9}$$

$$2MH_x + M(NH_2)_x \longrightarrow M_3N_x + 2xH_2 \tag{2.10}$$

2.2　金属（亚）氨基化合物的结构与物理性质

物质的结构和组成决定其物理与化学性质。掌握反应前后及中间产物的结构和组成等相关信息，对于深入理解化学反应尤其是固体化学反应过程和机制尤为重要。碱（土）金属均有相关的氨基化合物，部分过渡金属和稀土金属也能形成相应的氨基化合物。按照金属元素的多少又可分为二元或多元氨基化合物。早期已有不少金属（亚）氨基化合物的结构被报道，但报道的数量和关注程度有限。自 2002 年以来，金属（亚）氨基化合物由于在储氢、催化、离子导体和储热等洁净能源领域展现出优良的特性而成为研究热点。其结构信息也受到越来越多的关注和重视，一些已知的重要化合物的晶体结构得以重新测定，新开发的化合物的结构和组成也不断被解析和确定。这也得益于先进的表征技术和理论计算方法，它们大幅度提高了结构解析的处理能力和精确性。

2.2.1　锂（亚）氨基化合物和氮化物的晶体结构

$LiNH_2$ 为灰白色粉末，离子晶体，于 1894 年被首次报道。一般通过加热熔融的金属锂与流动的 NH_3 反应获得（如 2.1.1 节合成方法所示）。1951 年 Juza 和 Opp[28]通过 X 射线衍射（XRD）和中子衍射实验数据解析了 $LiNH_2$ 的晶体结构。$LiNH_2$ 属于四面体晶体结构，空间群为 $I\bar{4}$，$a = b = 5.016Å$①，$c = 10.22Å$。近期，高分辨率的粉末衍射表征结果得出 $LiNH_2$ 的晶胞参数为[29]：$a = b = 5.03442(24)Å$，

① $1Å = 10^{-10}m$。

$c = 10.25558(52)$Å，其中 Li^+与 4 个—NH_2 基团构成一个四面体，氢原子占据 8g 位置，两个 N—H 键长分别为 0.986Å 和 0.942Å，H—N—H 键角为 99.97°[晶体结构示于图（2.1）]。$LiND_2$ 的空间群与 $LiNH_2$ 一样[30]，在 $LiND_2$ 中两个 N—D 键的距离分别是 0.967(5)Å 和 0.978(6)Å，D—N—D 之间的键角约为 104.0(7)°。另外，第一性原理计算表明，$LiNH_2$ 为典型的离子型化合物[31]，Li^+的平均价态为 + 0.86，能带为 3.48eV，N—H 键为共价键，同时—NH_2 基团中的两个 N—H 键的键长不同，即 N 与两个 H 的相互作用力不一样，因而 $LiNH_2$ 易解离成 $Li^+ + [NH_2]^-$ 和$[LiNH]^- + H^+$。Chellappa 等[32]发现 $LiNH_2$ 的结构容易在压力的诱导下发生相变。实验结果显示，在约 12GPa 的压力下 $LiNH_2$ 由常压的 α-$LiNH_2$ 相（四面体 $I\bar{4}$）逐渐转变为高压 β-$LiNH_2$ 相，并在压力为 14GPa 时转变完成。随后第一性原理计算表明 $LiNH_2$ 在高压下可存在两个稳定的晶体结构：β-$LiNH_2$ 相（正交 $NaNH_2$ 型，*Fddd*）和 γ-$LiNH_2$（正交，$P2_12_12$）[33]。$LiNH_2$ 中的 N—H 键存在对称和非对称的伸缩振动（$3312cm^{-1}/3258cm^{-1}$）和弯曲振动（$1561cm^{-1}/1539cm^{-1}$）。

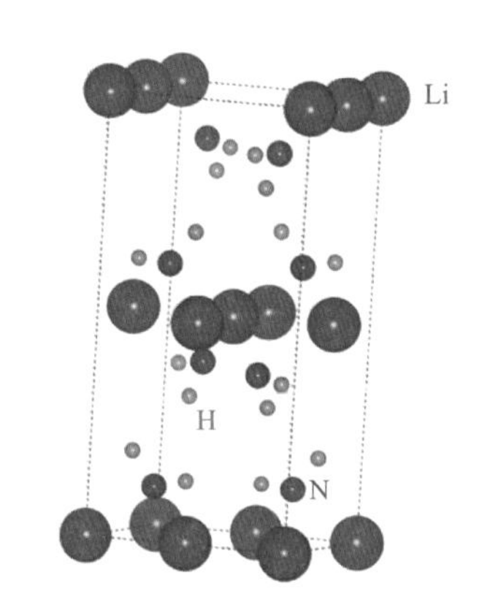

图 2.1　$LiNH_2$ 的晶体结构示意图[29]

如 2.1.2 节所述，真空加热 $LiNH_2$ 到 350～450℃时，样品分解释放 36.9wt% 的氨气后即可获得 Li_2NH 样品。早在 1951 年，Juza 和 Opp[34]就用 X 射线衍射法测定了 Li_2NH 的结构，得出 Li_2NH 具有 CaF_2 型反萤石的晶体结构，$a = 5.04$Å，拥有 $Fm\bar{3}m$ 的对称性，但在此结构模型中并没有给出 H 原子的具体占位信息。随后，多个研究者对 Li_2NH 的晶体结构进行了研究，但其精确的晶体结构还是存在一定争议。Ohoyama 等[35]结合中子衍射的数据，提出 Li_2NH 具有两种不同的晶体模型，虽然晶胞参数 a 都等于 5.0769Å，都是 $Fm\bar{3}m$ 对称的立方晶型，但氢原子的占位分别是 48h 和 16e 的位置。Noritake 等[36]结合原位 X 射线衍射和密度泛函理论计算分析结果，提出了类似 Ohoyama 等的结果，氢原子同样是围绕氮原子随机占位，NH^{2-}离子的电子密度分布基本呈球形。另外，Li^+和 NH^{2-}离子球面上的电荷分布不均匀，证实了 Li_2NH 是离子晶体。结合粉末 X 射线衍射和中子衍射的表征结果，Balogh 等[37]研究了 Li_2ND 的相转变过程，发现 Li_2ND 在 87℃左右存在有序-无序的相转变过程。他们认为低于此温度，Li_2ND 是一个部分 Li 占据 32e 点位的无序立方型 $Fd\bar{3}m$ 结构，或为全部占据的有序正交相（*Ima*2 或 *Imm*2），D 和 N 原子完全占据 32e 位置，晶胞参数 $a \approx 10.0$Å；高于此温度，Li_2ND 是无序立方反萤石结构（$Fm\bar{3}m$），D 原子随机占据 192I 位置，晶胞参数 $a = 5.0919$Å。在高温相中，Li^+具有较好的迁移能力，NH^{2-}可自由旋转；而低温相中的 Li^+不能移动，N—H 键的方向指向反萤石晶胞的面对角线上。图 2.2 为低温相 Li_2ND 的晶体结构示意图[37]。密度泛函理论计算发现，Li_2NH 中存在多个对称性较低的正交结构，这些结构比上述结构具有更低的能量，因此认为在室温观察到的结构极有可能是其亚稳定相[38]。

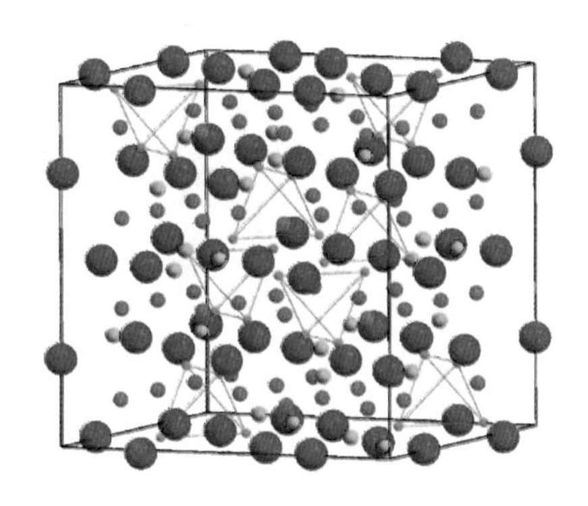

图 2.2　低温相 Li_2ND 的晶体结构示意图[37]

蓝球为 N；粉球为四面体配位的 Li；黄球为非四面体配位 Li；绿球为 D

继续加热分解 $LiNH_2$ 或 Li_2NH 即可获得 Li_3N，示于式（2.5）。Li_3N 存在三种不同形式的晶体结构，分别为 α-Li_3N、β-Li_3N 和 γ-Li_3N，研究较多的是具有六方晶体结构的 α-Li_3N。α-Li_3N 在垂直于 c 轴方向呈现出[Li_2N]与[Li]交互的层状结构（图 2.3）[39]。结合 X 射线衍射和中子衍射表征结果可分析计算出[Li_2N]层中存在 1%～2%的阳离子空位[39]，这一特点赋予 α-Li_3N 优良的 Li^+传导能力。另外，^{7}Li 固体核磁结果证实少量的 H^+可进入[Li_2N]层中的阳离子空位中，与此同时增强锂离子和氢离子的迁移能力，因而 α-Li_3N 被认为是一种良好的锂离子固体导体[40]。

2.2.2　镁（亚）氨基化合物和氮化物的晶体结构

早在 1969 年，Jacobs 和 Juza[6]用金属 Mg 与 NH_3 直接在 300℃下反应制取了 $Mg(NH_2)_2$。$Mg(NH_2)_2$ 属正方晶型结构[空间群 $I4_1/acd$，$a = b = 10.3758(6)$Å，$c = 20.062$（1）Å]，Mg^{2+}与 4 个 NH_2^- 进行配位，如图 2.4 所示[41, 42]。$3327cm^{-1}$、$3274cm^{-1}$ 和 $1572cm^{-1}$ 处的红外信息分别属于 $Mg(NH_2)_2$ 中 N—H 键的伸缩振动和弯曲振动峰[43]。相对 $LiNH_2$ 来说，$Mg(NH_2)_2$ 的稳定性略差，这是因为 Mg 的电负性比 Li 的高。$Mg(NH_2)_2$ 在 350℃左右热分解成 MgNH，MgNH 是一个六方晶型（$P6_322$）结构[6]，MgNH 不稳定，易进一步分解成 Mg_3N_2[式（2.11）]。

$$6Mg(NH_2)_2 \longrightarrow 6MgNH + 6NH_3 \longrightarrow 2Mg_3N_2 + 8NH_3 \qquad (2.11)$$

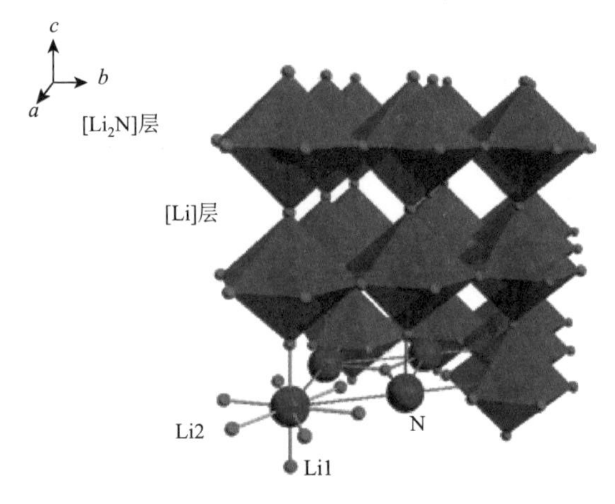

图 2.3 α-Li_3N 的晶体结构示意图[39]

蓝球为 N；红球为 Li

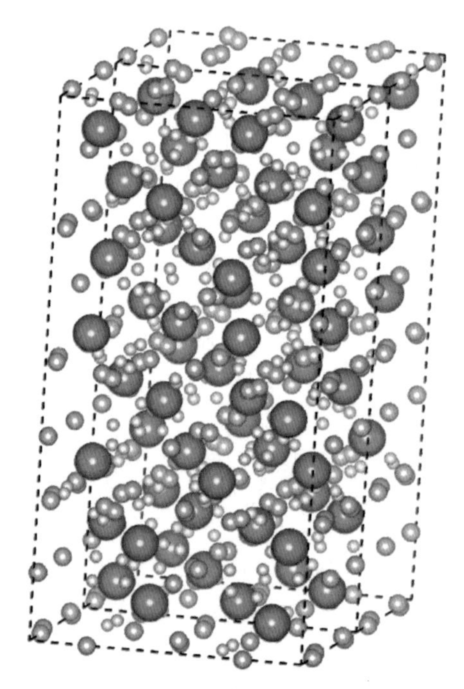

图 2.4 $Mg(NH_2)_2$ 的晶体结构示意图[41]

黄球为 Mg；深灰球为 N；粉球为 H

1969 年，Jacobs 和 Juza[6]研究 $Mg(NH_2)_2$ 的晶体结构时，曾报道了 MgNH

的晶胞参数，但晶胞中原子的具体占位信息未得到明确解析。2011 年，Dolci 等[44]采用原位中子衍射技术分析了 $Mg(NH_2)_2$ 的热分解过程。与 $Mg(NH_2)_2$ 相比，MgNH 的晶体结构发生了明显的变化，属于 $P6/m$ 空间群，$a = 11.5796(3)$Å，$c = 3.6811(1)$Å；它是一个类似于环状硅酸盐结构的多孔材料，通过共享面连接而成，如图 2.5 所示[44]。

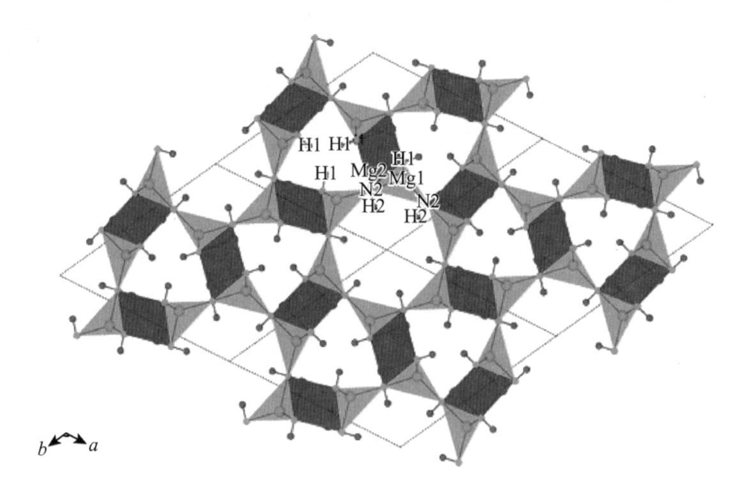

图 2.5 MgNH 晶体结构示意图（001 面）[44]

四面体为 MgN_4；黄球和蓝球（两个不对称的镁位点）为 Mg；绿球为 N；红球为 H

Mg_3N_2 的晶体结构早在 1930 年就曾被研究[45]，鉴于当时 XRD 分辨率低的原因，只报道了简单的晶胞参数。直到 1997 年，Partin 等[46]利用中子衍射技术详细研究了 Mg_3N_2 的晶体结构，发现它是反方铁锰矿结构，空间群是 $Ia\overline{3}$ 型，$a = 9.9528(1)$Å，Mg 占据 48e 位置，N 分别占据 8b 和 24d 位置。Hao 等[47]详细研究了压力对 Mg_3N_2 晶体结构的影响，如图 2.6 所示，随着压力的增加，它由常压的立方相 $Ia\overline{3}$[图 2.6（a）]逐渐转变为单斜的 $C2/m$ 相[图 2.6（b）]，进一步增加压力到 67GPa 时，Mg_3N_2 进一步发生相变，由 $C2/m$ 相转变为 $P\overline{3}m1$ 相[图 2.6（c）]。

2.2.3 锂镁亚氨基化合物和氮化物的晶体结构

除二元亚氨基化合物外，部分金属还可以与其他金属形成三元或多元亚氨基化合物，如 Li 和 Mg 就可以形成 $Li_2Mg(NH)_2$。Rijssenbeek 等[48]曾利用同步辐射 X 射线衍射结合中子衍射的方法系统研究了 $Li_2Mg(NH)_2$ 的晶体结构。结果显示 $Li_2Mg(NH)_2$ 在升温过程中存在两次相的转化。温度升至 350℃时，$Li_2Mg(NH)_2$ 由

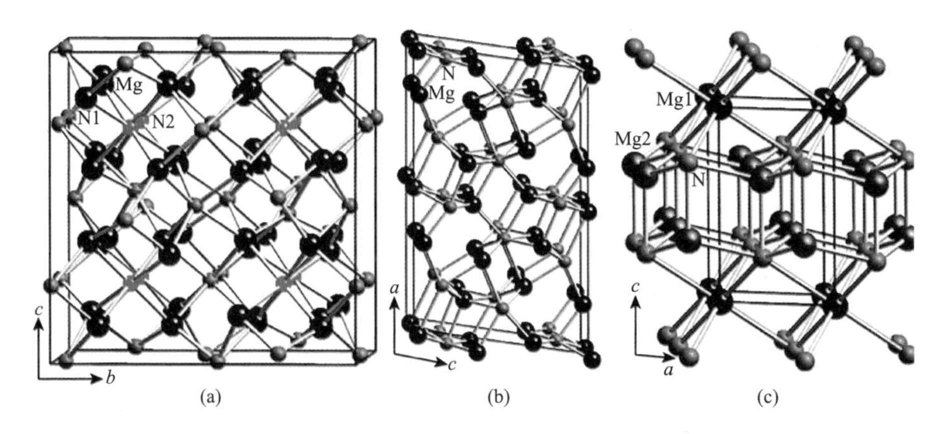

图 2.6　Mg_3N_2 在不同压力下的晶体结构示意图[47]

（a）常压，$Ia\bar{3}$ 型；（b）32.5GPa，$C2/m$ 相；（c）67GPa，$P\bar{3}m1$ 相

正交结构[$Iba2$，图 2.7（a）]转变为简单立方结构[$P\bar{4}3m$，图 2.7（b）]，继续升温至 500℃时，则转变为面心立方结构[$Fm\bar{3}m$，图 2.7（c）]。$Li_2Mg(NH)_2$ 的结构与 Li_2NH 相似。理论计算进一步确定正交相 $Li_2Mg(NH)_2$ 为基态稳定结构，表明局域阳离子空位有序排列有利于结构的稳定[49, 50]。$Li_2Mg(NH)_2$ 自发现以来，因优异的储氢性能受到了储氢界的广泛关注，其详细储氢性能见 2.4.2 节。

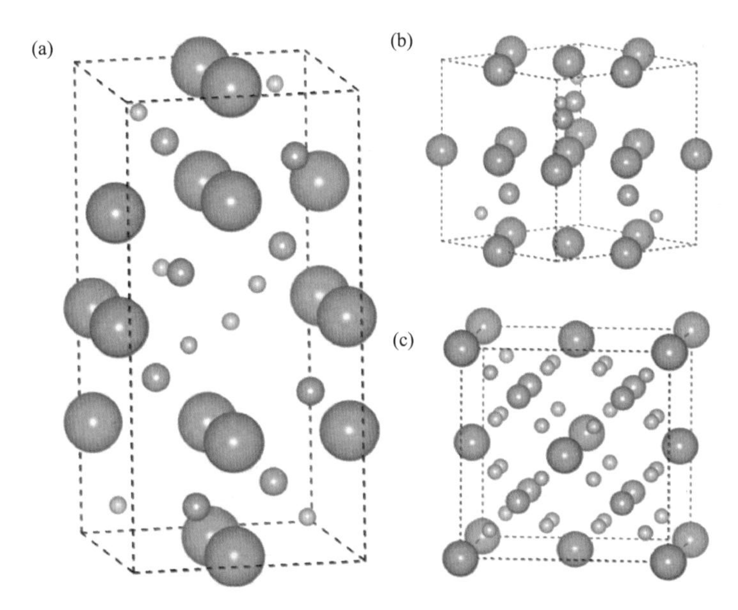

图 2.7　$Li_2Mg(NH)_2$ 三种不同晶体结构示意图[48]

（a）正交，$Iba2$；（b）简单立方，$P\bar{4}3m$；（c）面心立方，$Fm\bar{3}m$。淡蓝色球为 N；粉球为 H；绿球为混合占位的 Li 与 Mg

Juza 和 Hund[51]在 1948 年就曾发现了 LiMgN 是反萤石结构的 $Fm\overline{3}m$ 立方晶体，晶胞参数 $a = 4.970$Å，并且阳离子 Li^+和 Mg^{2+}是无序占位的，示于图 2.8。LiMgN 可由加热 $Li_2Mg(NH)_2$、$Mg(NH_2)_2$-LiH 或 MgH_2-$LiNH_2$ 到高温制得，也可在 730℃左右热处理 Li_3N-Mg_3N_2 的混合物获得[52]。LiMgN 还可以通过在氢气下热处理 Mg-$LiNH_2$ 的混合物获得[53]，其本质是一个吸脱氢反应，即 Mg 在氢气下先氢化为 MgH_2，随后 MgH_2 和 $LiNH_2$ 反应释放 8.1wt%的氢[式（2.12）]并生成 LiMgN[53, 54]。

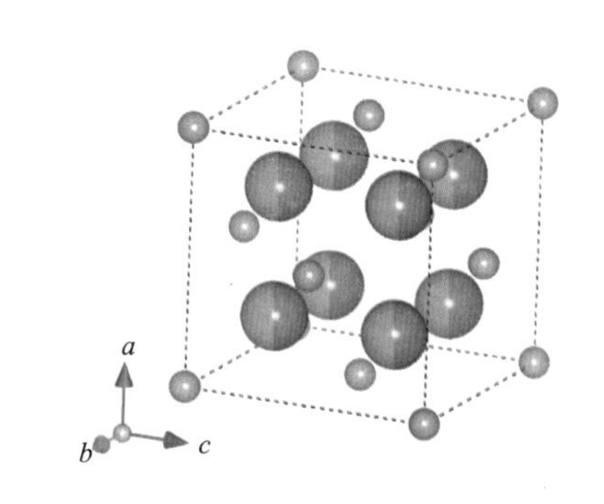

图 2.8　LiMgN 的晶体结构示意图[51]

淡蓝色球为 N；黄绿色球为混合占位的 Li 与 Mg

$$LiNH_2 + MgH_2 \rightleftharpoons LiMgN + 2H_2 \tag{2.12}$$

2.2.4　其他（亚）氨基化合物的晶体结构

金属氮基化合物的结构并不局限于上面所讨论的几种类型，还有很多其他类型，如 Ca 的（亚）氨基化合物、Ca 的氮氢化物、Ca 的氮化物以及 Ca 和 Li 组成的 $Li_2Ca(NH)_2$ 亚氨基化合物等。Wu 等[55]首次表征了 $Li_2Ca(NH)_2$ 的结构，XRD 测试结果表明，$Li_2Ca(NH)_2$ 为反三角 Li_2O_3 的结构（$P\overline{3}m1$），与 Li_2NH 不同，Ca、Li、N 原子分别占据 1b（0，0，1/2）、2d（1/3，2/3，0.8841）、2d（1/3，2/3，0.2565）的位置。此结构随后被进一步验证[56]。三元氨基化合物，如 $LiAl(NH_2)_4$ 可通过 $LiAlH_4$ 室温静置在液氨中制得，XRD 表征结果显示，它是一个单斜晶体（$P2_1/n$）。部分常见的金属氨基化合物的结构信息罗列于表 2.2。

表 2.2　常见的碱（土）金属及部分其他金属氨基化合物的晶体结构参数

化合物名称	晶系	空间群	晶胞参数/Å	参考文献
$LiNH_2$	四方晶系	$I\overline{4}$	$a = 5.03442$；$c = 10.25558$	[29]
$NaNH_2$	正交晶系	$Fddd$	$a = 8.964$；$b = 10.456$；$c = 8.073$	[57]
KNH_2	立方晶系	$Fm\overline{3}m$	$a = 6.129$	[58]
	四方晶系	$P4/nmm$	$a = 4.282$；$c = 6.182$	[59]
	单斜晶系	$P2_1/m$	$a = 4.586$；$b = 3.904$；$c = 6.223$	[60]
$RbNH_2$	单斜晶系	$P2_1/m$	$a = 4.850$；$b = 4.148$；$c = 6.402$	[60]

续表

化合物名称	晶系	空间群	晶胞参数/Å	参考文献
$CsNH_2$	四方晶系	*P4/nmm*	$a = 5.641$；$c = 4.194$	[61]
$Be(NH_2)_2$	四方晶系	$I4_1/acd$	$a = 10.170$；$c = 16.137$	[62]
$Mg(NH_2)_2$	四方晶系	$I4_1/acd$	$a = 10.445$；$c = 20.312$	[63]
$Ca(NH_2)_2$	单斜晶系	$P2_1/c$	$a = 7.257$；$b = 7.2434$；$c = 6.300$	[64]
$Sr(NH_2)_2$	单斜晶系	$P2_1/c$	$a = 7.6950$；$b = 7.68374$；$c = 6.6324$	[64]
$Ba(NH_2)_2$	单斜晶系	*Cc*	$a = 8.951$；$b = 12.67$；$c = 7.037$	[65]
$Mn(NH_2)_2$	四方晶系	$I4_1/acd$	$a = 10.185$；$c = 20.349$	[66]
$Zn(NH_2)_2$	四方晶系	$I4_1/acd$	$a = 9.973$；$c = 19.644$	[66]
$Eu(NH_2)_2$	四方晶系	$I4_1/amd$	$a = 5.450$；$c = 10.861$	[67]
$Yb(NH_2)_2$	四方晶系	$I4_1/amd$	$a = 5.193$；$c = 10.419$	[67]
$LiAl(NH_2)_4$	单斜晶系	$P2_1/n$	$a = 9.478$；$b = 7.351$；$c = 7.398$	[68]
$K_2Zn(NH_2)_4$	单斜晶系	$P2_1/c$	$a = 7.4654$；$b = 7.0068$；$c = 13.2759$	[14]
$Rb_2Mn(NH_2)_4$	正交晶系	*Pbca*	$a = 7.2183$；$b = 10.7474$；$c = 18.3155$	[69]
	单斜晶系	$P2_1/c$	$a = 7.8536$；$b = 6.9449$；$c = 13.8411$	[69]

2.3　金属（亚）氨基化合物的化学性质

2.3.1　金属（亚）氨基化合物热分解及水解反应

如2.1.2节合成方法所述，金属氨基化合物受热后一般可分解为金属亚氨基化合物、金属氮化物或金属单质。例如，$LiNH_2$ 随热处理温度的升高，先后分解生成亚氨基锂、氮化锂和氨气等，如式（2.13）所示。而 $NaNH_2$ 在过渡金属催化下直接热分解得到金属 Na、N_2 和 H_2[式（2.14）]。

$$6LiNH_2 \longrightarrow 3Li_2NH + 3NH_3 \longrightarrow 2Li_3N + 4NH_3 \tag{2.13}$$

$$2NaNH_2 \longrightarrow 2Na + N_2 + 2H_2 \tag{2.14}$$

近期，Niewa 等[1, 8]开展了一系列以氨热反应合成的氨基化合物为原料制备金属氮化物的工作。如 Ga 和 $LiNH_2$、$NaNH_2$、KNH_2 等通过氨热反应生成相应的三元氨基化合物 $LiGa(NH_2)_4$、$NaGa(NH_2)_4$、$KGa(NH_2)_4$ 等。随后热分解这些碱金属（A）三元氨基化合物即可制备高质量的 *h*-GaN，分解通式示于式（2.15）。

$$AGa(NH_2)_4 \longrightarrow GaN + ANH_2 + 2NH_3 \tag{2.15}$$

金属氨基化合物的水解反应最初用来检验碱金属氨基化合物的合成纯度，如

水解 $NaNH_2$ 时有氢气生成，则证明 $NaNH_2$ 不纯。理论上纯 $NaNH_2$ 水解只释放氨气[式（2.16）]，但在制备 $NaNH_2$ 中不可避免会有微量 NaH 的生成，如式（2.17）所示，这是因为用金属 Na 合成 $NaNH_2$ 的过程中产生了 H_2[式（2.1）]，H_2 随后与金属 Na 反应生成 NaH。$NaNH_2$ 水解释放的氢气来源于 $NaNH_2$ 样品中未完全反应的金属 Na 或是原位生成的 NaH 的水解反应，如式（2.18）和式（2.19）所示。式（2.18）显示 Na 与水反应取代水中一个 H 生成了强碱 NaOH，而式（2.1）则显示了 Na 与氨气反应取代氨中的一个 H 生成了 $NaNH_2$，故碱金属氨基化合物是一类强碱性化合物，具有碱的通性。其他氨基化合物也有类似 $NaNH_2$ 的水解特性，与水剧烈反应释放氨气，该特性可应用于某些特定反应以除去体系中的水，如水合肼中加入 $NaNH_2$ 可制备高纯无水肼。

$$NaNH_2 + H_2O \longrightarrow NaOH + NH_3 \tag{2.16}$$

$$NaNH_2 + H_2 \longrightarrow NaH + NH_3 \tag{2.17}$$

$$2Na + 2H_2O \longrightarrow 2NaOH + H_2 \tag{2.18}$$

$$NaH + H_2O \longrightarrow NaOH + H_2 \tag{2.19}$$

2.3.2　金属（亚）氨基化合物与氧、氢等气体的反应

金属氨基化合物制备及存储时，除了要隔绝水外，还要避免空气组分如 O_2、CO_2、SO_2 等的影响。氨基化合物与氧的反应虽不及其与水反应剧烈，但长时间接触后，即使在室温下，氨基化合物也会被氧化成相应的盐。如 $NaNH_2$ 在室温下缓慢氧化生成 $NaNO_2$，$NaNO_2$ 还可继续与 $NaNH_2$ 反应生成 NaOH[式（2.20）]。$NaNH_2$ 在空气中存放则会逐渐生成 $NaNO_2$、NaOH 和 Na_2CO_3 等的混合物，Na_2CO_3 是空气中 CO_2 和 $NaNH_2$ 相互作用的产物。在 100℃左右 $NaNH_2$ 进行较为剧烈的氧化反应时，极有可能生成过氧化物，过氧化物的生成易导致体系自发爆炸。即使在液氨的保护下，金属氨基化合物也不可避免地与 O_2 发生反应[式（2.21）]，如 KNH_2($CsNH_2$)等在液氨中也会转变为 KOH(CsOH)和 KNO_2($CsNO_2$)。其他金属氨基化合物在空气中也同样会被转化并生成相应的氧化物、碳酸盐和（或）氮氧化物等。另外，金属氨基化合物还可以与 SO_2、H_2S、HX（X = F、Cl、Br 和 I）等反应生成相应的硫化物和卤化物。

$$NaNO_2 + NaNH_2 \longrightarrow 2NaOH + N_2 \tag{2.20}$$

$$4KNH_2 + 3O_2 \longrightarrow 2KOH + 2KNO_2 + 2NH_3 \tag{2.21}$$

此外，在高温或流动态下氢气也可与部分金属氨基化合物反应生成相关的氢化物和氨，如 $NaNH_2$ 与 H_2 相互作用生成 NaH[式（2.17）]。多数碱（土）金属氨

基化合物可氢化为相应的碱（土）金属氢化物，利用这一特性碱（土）金属氨基化合物可用于合成氨，详见第 5 章。

2.3.3 金属（亚）氨基化合物的其他反应

金属氨基化合物尤其是碱金属氨基化合物（如 $NaNH_2$）是有机合成中常见的一种试剂。这是因为它们能广泛应用于缩合反应、氨基化反应、除水的反应、除卤化氢的反应等；此外，还可广泛应用于合成靛蓝类化合物与氰化物等。碱金属氨基化合物在高温熔融下还可与部分单质反应。如 $NaNH_2$ 在熔融（约 350℃）下可与第四主族碳、硅、锗、锡，第五主族磷、砷、锑、铋[式（2.22）]，第六主族氧、硫、硒、碲[式（2.23）]等反应；此外它还可以与过渡金属钨、铌、钼等缓慢反应。因此，应用于合成碱（土）金属氨基化合物的反应器需耐温、耐压、耐腐蚀等。

$$2Bi + 6NaNH_2 \longrightarrow 2Na_3Bi + N_2 + 4NH_3 \tag{2.22}$$

$$3Te + 6NaNH_2 \longrightarrow 3Na_2Te + N_2 + 4NH_3 \tag{2.23}$$

金属氨基化合物还可以用来制备叠氮化物，如 $NaNH_2$ 与 N_2O（笑气）反应生成叠氮化钠示于式（2.24）。

$$2NaNH_2 + N_2O \longrightarrow NaN_3 + NaOH + NH_3 \tag{2.24}$$

金属氨基化合物还有其他多种化学反应特性，鉴于篇幅，在此不逐一介绍。值得一提的是，金属氨基化合物与金属氢化物的反应是本章的重点考察对象，故在 2.4 节中单独讨论。

2.4 金属氨基化合物-氢化物储氢体系

$LiNH_2$-LiH 体系的循环储氢性能在 2002 年由 Chen 等率先报道[70]。其研究发现 Li_3N 历经两步吸氢反应后转变为富氢产物 $LiNH_2$ 和 LiH；在高温低压下这两种富氢产物相互作用可脱氢至 Li_3N，因而 Li_3N 具有高达 10.4wt%的可逆储氢容量。Dafter 和 Miklauz 等在 20 世纪初对 Li_3N 与氢气的作用进行过研究，然而受限于当时的表征手段及认识，未能明确该加氢反应的产物及该过程的可逆性。$LiNH_2$-LiH 储氢材料的发现基于 Chen 等前期对碱金属掺杂碳纳米管储氢性能的研究。20 世纪末，以碳纳米管为代表的多种碳材料相继应用于储氢研究，掀起了碳储氢的热潮。其中 Chen 等在 1999 年报道了 Li 和 K 掺杂碳纳米管具有可观的储氢性能[71]，然而该实验结果却遭到质疑。之后三年 Chen 等通过不断优化材料制备工艺，尤其明确了材料焙烧气氛控制中的偶发因素，最终确定在氮气气氛下焙烧 Li 掺杂碳纳米管样品的过程中，因为碳材料加速了 Li 的氮化，极易生成 Li_3N，而 Li_3N 才是吸附氢气的载体。Chen 等对 Li_3N 的研究不仅开创了氨基化合物-氢化物储氢体系的建立，也催生了其他复合氢化物储氢材料体系的建立[72-74]，为新型储氢材料的设计提供了思路。

经过近 20 年的不懈研究，氨基化合物-氢化物储氢体系已发展成为涵盖二元体系、三元体系和多元体系的大家族。其中只含有一种金属的称为二元体系（如 $LiNH_2$-LiH）；含有两种或两种以上金属的称为三元或多元体系。组成成分调变、催化效应、添加效应、纳米限域效应和多组分协同效应等都是改善氨基化合物-氢化物体系储氢性能的有效方法。本章将按主要金属组成元素来划分相关体系，储氢性能的调变方法和研究进展在相关体系中一并介绍。

2.4.1　锂-氮-氢（Li-N-H）体系

$LiNH_2$-LiH 是首个被报道的、研究较为深入的二元金属氨基化合物-金属氢化物复合材料体系。除了 Li-N-H 体系外，$Mg(NH_2)_2$-MgH_2、CaNH-CaH_2 等也具有类似的储放氢行为。但 $LiNH_2$-LiH 具有较高的储氢容量和循环可行性，具有代表性，故在本节中进行详细论述。

1. 锂-氮-氢体系的基本储氢性能

如图 2.9 所示，Li_3N 吸脱氢是一个两步反应，反应式（2.25）可定性描述其吸脱氢过程。Li_3N 先吸收一分子 H_2 转化成亚氨基锂（Li_2NH）和氢化锂（LiH），随后 Li_2NH 继续吸氢生成氨基锂（$LiNH_2$）和 LiH。

$$Li_3N + 2H_2 \rightleftharpoons Li_2NH + LiH + H_2 \rightleftharpoons LiNH_2 + 2LiH \qquad (2.25)$$

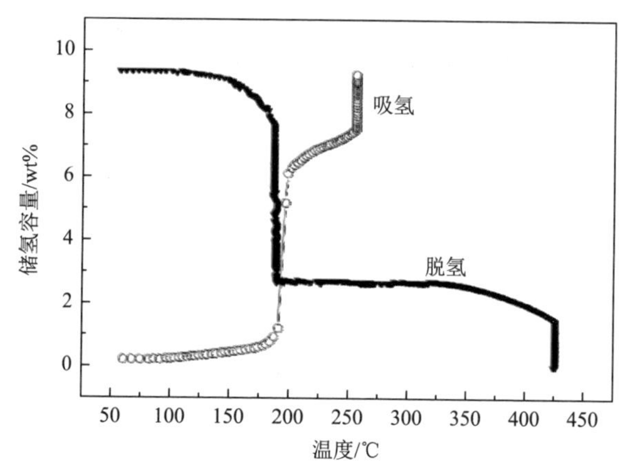

图 2.9　Li_3N 吸脱氢过程中的质量变化曲线[70]

式（2.25）的理论可逆储氢容量高达 10.4wt%，然而其总反应的吸脱氢焓值过高；温和操作条件下只有第二步吸脱氢反应可以进行，其可逆储氢容量为 6.5wt%，见式（2.26）。

$$Li_2NH + H_2 \rightleftharpoons LiNH_2 + LiH \tag{2.26}$$

Li_3N 和 Li_2NH 在不同温度下的吸脱氢 PCI（压力-组成-等温）曲线如图 2.10 所示，而由已报道的热力学数据计算得出的吸氢反应焓值（ΔH）分别为 $-161kJ/mol_{H_2}$ 和 $-45kJ/mol_{H_2}$ [70]。因 Li_2NH 的热力学性能较好，获得了更多关注。随后科研人员用多种实验手段测试 Li_2NH 实际吸脱氢过程中的反应焓值。Kojima 和 Kawai[75]结合 PCI 曲线和范托夫方程计算出反应式（2.26）的脱氢焓值为 $66.6kJ/mol_{H_2}$。Isobe 等[76]用热重-差示扫描量热法（TG-DSC）联用的方法测试式（2.26）的脱氢焓值 $\Delta H \approx 67kJ/mol_{H_2}$。实验[75]测得 Li_2NH 的脱氢反应熵变 $\Delta S \approx 120J/(mol_{H_2} \cdot K)$，因此热力学上推算其释放 1bar 平衡氢压所需的温度为 280℃，这与实验值十分吻合（图 2.10）。

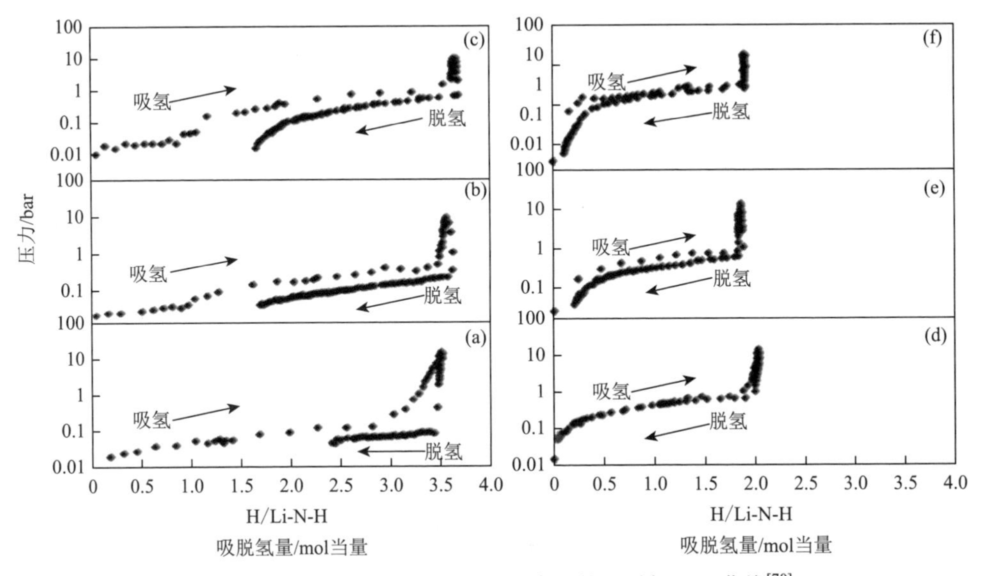

图 2.10　Li_3N 和 Li_2NH 在不同温度下的吸脱氢 PCI 曲线[70]

（a）195℃；（b）230℃；（c）255℃；（d）Li_3N 在 255℃下的第二次吸脱氢 PCI 曲线；（e）Li_2NH 在 255℃下的 PCI 曲线；（f）Li_2NH 在 285℃下的 PCI 曲线

2. 锂-氮-氢体系储氢性能的优化改性

$LiNH_2$-LiH 体系具有高达 6.5wt%的可逆储氢容量，但它的热力学性能较差，限制了其车载应用。很多科研工作者试图改善 $LiNH_2$-LiH 体系的储氢性能。根据材料的结构解析发现 $LiNH_2$ 中的两个 N—H 键存在着明显的差异，故 $LiNH_2$ 可分解为 $Li^+[NH_2]^-$和$[LiNH]^-H^+$。实验和计算研究结果一并表明，在 $LiNH_2$-LiH 体系中，减小颗粒尺寸、增强表面活性和添加催化剂等均能改善体系放氢动力学性能、循环稳定性和气体产物纯度等。Ichikawa 等发现在 $LiNH_2$-LiH 体系中添加少量的过渡金属或其卤化物，如 V、Fe、VCl_3 和 $TiCl_3$ 等，可显著增强该体系的反应动力学性能，其中添加 $TiCl_3$ 的效果最好。掺杂 1mol% $TiCl_3$ 的体系在 150～250℃内即可放出 5.5wt%的氢气，脱氢峰温降低了近 30℃，并且整个脱氢过程中几乎检测不到副产物氨气[77, 78]。掺杂纳米 Ti 和 TiO_2 也具有类似的效果，循环测试显示该样品在 3 个循环内仍能保持 5wt%的容量。不过掺杂微米级 Ti 和 TiO_2 却未产生明显作用。他们认为，均匀分散的纳米 Ti 颗粒对体系的吸脱氢动力学有着重要的催化作用[78]。Matsumoto 等使用 Kissinger 和 Arrhenius 两种方法测量了掺杂和未掺杂 $TiCl_3$ 的 $LiNH_2$-LiH 体系的脱氢反应活化能，结果表明掺杂体系的活化能反而显著大于原始体系，同时发现球磨过程中 $TiCl_3$ 可有效降低氢化物的颗粒尺寸，因此他们认为 $TiCl_3$ 并不是 $LiNH_2$-LiH 体系的催化剂，而是降低了颗粒尺寸、减小了传质距离和增加了界面接触，从而导致体系吸脱氢性能的提高[79]。

也有观点认为 Ti 基添加剂的催化作用来源于现场生成的 Ti 基化合物，如 Zhang 等[80]表示添加 $TiCl_3$ 的 $LiNH_2$-LiH 体系中，真正起催化作用的可能是 $LiTi_2O_4$ 物种，因为 $LiTi_2O_4$ 能有效提高质子的迁移能力，从而改善其储氢性能，如图 2.11 所示[81]。此外，Aguey-Zinsou 等[82]也不认同纳米尺寸是过渡金属催化 $LiNH_2$-LiH 体系的必要条件。他们发现 BN 也可有效提高 $LiNH_2$-LiH 体系的 Li^+和 H^-的扩散能力，从而显著增强该体系的脱氢反应动力学性能，即添加 BN 的 $LiNH_2$-LiH 体系可在 200℃下 7h 内完全脱氢，而不含 BN 的原始体系在相同条件下经过 20h 其脱氢程度不到一半。此外，Ma 等[83]研究发现 Co-Fe 合金可协同增强 $LiNH_2$-LiH

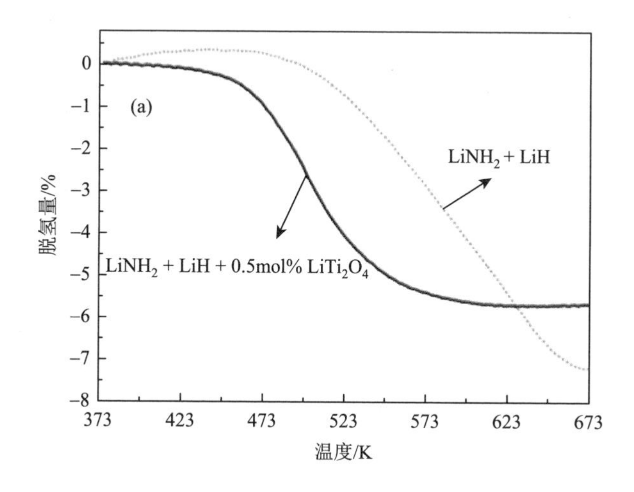

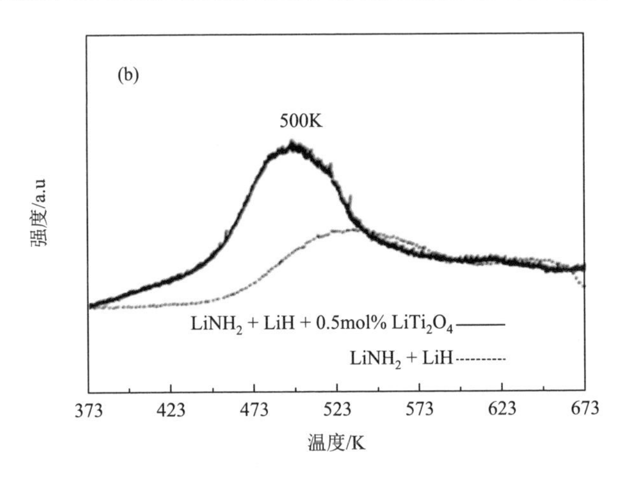

图 2.11　掺杂和未掺杂 $LiTi_2O_4$ 的 $LiNH_2$-LiH 样品的脱氢曲线[81]（a）和程序升温脱附（TPD）曲线（b）

体系的离子迁移能力，从而提高其放氢速率；但在吸氢过程中，Co-Fe 合金会逐渐发生相分离，从而导致添加剂效应消失。

除添加过渡金属外，Shaw 等[84]还发现高能球磨可有效提高 $LiNH_2$-LiH 体系的吸放氢动力学性能，这是因为高能球磨显著减小了反应物的颗粒尺寸，产生了纳米结构，增加了反应物的混合均匀程度，提高了界面接触和传质速率。Osborn 等[85]研究了纳米化对 $LiNH_2$-LiH 体系的吸脱氢循环稳定性的影响，发现 60 次吸脱氢循环后，动力学性能下降造成脱氢容量下降的幅度达 10%。在首次 10 个吸脱氢循环后，材料的比表面积降低 75%，但晶粒尺寸仍比较稳定，接近 20nm。Xia 等[86]采用静电纺丝技术制备了碳包覆的多孔纳米纤维状的 Li_3N。该纤维复合物显示出明显优于体相材料的吸脱氢性能，其在 250℃下经过 10 次吸脱氢循环后仍可保持 8.4wt%的可逆储氢容量；而在相同条件下颗粒状的 Li_3N 在 5 次循环后其储氢容量就减至 1.7wt%。类似的纳米限域工作还被 Wood 等所报道[87]。不同于体相 $LiNH_2$-2LiH 体系，限域在纳米孔碳中的 $LiNH_2$-2LiH 样品（[$LiNH_2$- 2LiH]@npC）展示出不同的吸脱氢反应过程，即 Li_2NH 中间相在纳米化的样品中得以明显抑制，这意味着式(2.25)中的两步反应合并成了一步反应，并且该体系还表现出优异的吸脱氢循环稳定性。

在 $LiNH_2$-LiH 体系中，除上面提及的添加催化剂、纳米限域效应等方法能改善其循环稳定性外，氢源中的成分也对其循环稳定性有重要影响。Chandra 等[88]考察了 H_2-N_2 混合气对 $LiNH_2$-2LiH 体系吸脱氢循环稳定性的影响，发现使用含有 100ppm 氮气的氢气可以明显改善体系的循环稳定性，即在 853 次循环后体系的循环可逆储氢容量可维持在 6.8wt%左右，而使用纯氢的样品经过 501 次循环后只剩约 3wt%的可逆储氢容量。进一步提高氮含量到 20mol%时，经 516 次的循环测试体系的可逆储氢容量几乎没有衰减，维持在 10wt%（图 2.12）。另外，Chandra 等[89]还通过相结构分析确定了在纯氢中循环稳定性衰减的原因是体系中氮源的流失；1100 次循环后体系中 Li_2NH 的含量由 79%降低到约 13%，LiH 的含量则由 8%上升到了 54%。在高温（250℃左右）循环过程中氢源中的氮气将与部分 Li 的化合物相互作用“固定氮”，从而补充氮源，维持体系的可逆循环储氢容量。

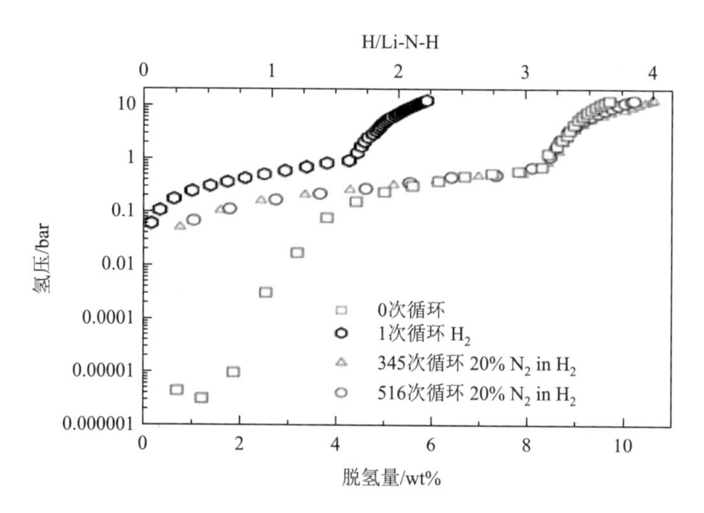

图 2.12　$LiNH_2$-2LiH 恒温 255℃在 20mol%的氮氢混合气体（20% N_2 in H_2）为氢源时多次循环（1 次、345 次和 516 次）后的 PCI 脱氢曲线

3. 锂-氮-氢体系吸脱氢反应机制

从氨基锂与氢化锂的反应可知，金属氨基化合物除可进行自分解反应释放氨气外[式（2.13）]，还可与金属氢化物相互作用释放氢气。金属氨基化合物-金属氢化物脱氢的具体反应过程还存在不少争议。主要有以下三种不同观点：第一种是 Chen 等[19, 90]提出的固-固反应机制[图 2.13（a）]。该机制认为金属氢化物中带负电荷的氢（H^-）与金属氨基化合物中带正电荷的氢（H^+）之间存在很强的结合能，有利于生成氢分子。这种正负氢间的相互作用力被认为是金属氨基化合物-金属氢化物固-固反应脱氢的主要驱动力[式（2.27）][19, 82, 90, 91]。相关的实验证据包括：金属氨基化合物-金属氢化物体系的脱氢温度明显低于相应氨基化合物自分解脱氨的温度；体系脱氢和相应氨基化合物脱氨的活化能相差较大；同位素交换实验进一步印证了 H^+与 H^-之间的放氢反应不存在动力学能垒等。

$$H^+ + H^- \longrightarrow H_2 \qquad \Delta H = -17.37\text{eV} \tag{2.27}$$

第二种是 Hu 等和 Ichikawa 等提出的以氨为中间体的反应机制[92-95]。如图 2.13（b）所示，该机制认为金属氨基化合物-金属氢化物脱氢由两步反应组成。以 $LiNH_2$-LiH

体系为例，首先如上述式（2.13）所示，$LiNH_2$ 热分解生成 Li_2NH 和 NH_3，而释放的 NH_3 与 LiH 快速反应生成 H_2[式（2.28）]，重复式（2.13）和式（2.28），最后 $LiNH_2$-LiH 全部转变为 Li_2NH 和 H_2。此反应机制的主要证据是 NH_3 与金属氢化物反应可释放热量，且反应速率很快，一般在几十毫秒内即可完成[93, 94]；另外，金属氨基化合物-金属氢化物反应产物中存在氨气副产物等。

$$LiH + NH_3 \longrightarrow LiNH_2 + H_2 \quad (2.28)$$

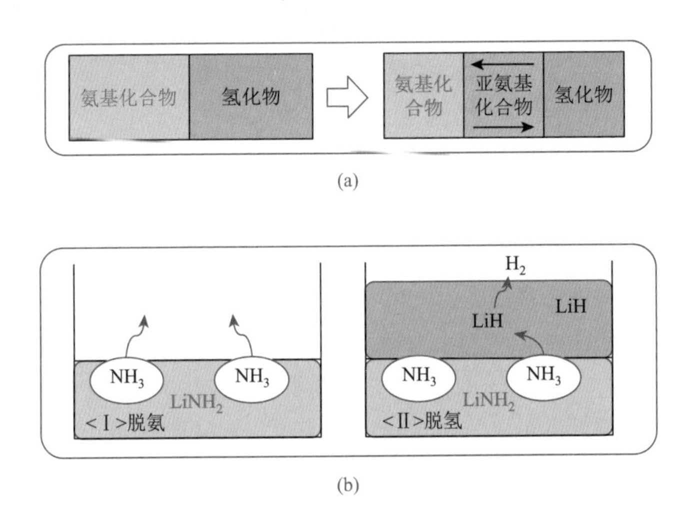

图 2.13　$LiNH_2$-LiH 体系脱氢反应机制示意图

（a）固-固反应机制[19]；（b）氨气中间体反应机制[90]

第三种则是 David 等[96]和 Wu[24]提出的 Frenkel 缺陷对反应机制。在金属氨基化合物-金属氢化物复合体系的放氢过程中，金属氨基化合物和金属氢化物首先形成离子空位-间隙离子的 Frenkel 缺陷对，然后含缺陷的金属氨基化合物与金属氢化物相互作用，生成亚氨基化合物。上述过程重复发生直到所有金属氨基化合物-金属氢化物均转变为金属亚氨基化合物或氮化物。结构分析表明，金属氨基化合物和金属氢化物反应放氢产物即金属亚氨基化合物大多具有特别的结构，如 Li_2NH 和 $Li_2Mg(NH)_2$ 具有反萤石结构，而 $Li_2Ca(NH)_2$ 具有层状结构[24]（详见 2.2 节），并包含大量的阳离子缺陷。这些结构特点有利于离子的传输，可支持 Frenkel 缺陷对反应机制。最近，Cao 等[97]采用动力学方法研究了 $LiNH_2$-LiH 及 Li_2NH_2Br-LiH 的反应机制，结果显示固-固反应机制和氨气中间体机制可共存于反应体系中，二者对反应的贡献程度取决于反应条件的选择，即原料的化学性质、制备方法、表面形貌、颗粒尺寸、反应气氛和反应温度等。

2.4.2　锂-镁-氮-氢（Li-Mg-N-H）体系

二元体系 Li-N-H 和 Mg-N-H 具有较高的储氢容量，但它们的吸脱氢反应焓值要么过高（约 66kJ/ mol_{H_2} ），要么过低（约 3.5kJ/ mol_{H_2} ），均难以满足车载储氢应用的要求，因此有必要开发新型的多元氨基化合物-氢化物储氢体系。根据研究经验可知，调变体系的组成（即改变氨基化合物或氢化物的种类）即可获取具有不同储氢性能的氨基化合物-氢化物储氢体系。而 $Mg(NH_2)_2$-nLiH（简称 Li-Mg-N-H）正是 Li-N-H 经组分优化后得到的代表性体系。

1. 锂-镁-氮-氢体系的基本储氢性能

2003 年 Chen 等在 MRS 会议上报道了 $Mg(NH_2)_2$-2LiH 这一新体系，相关文章于次年发表[23]。2004 年，Orimo 等[98]使用 Mg 部分取代 $LiNH_2$ 中的 Li，降低了体系的脱氢反应温度；而 Chen 等[23]、Luo[99]、Leng 等[100]则先后分别发表了 $Mg(NH_2)_2$-2LiH、$2LiNH_2$-MgH_2 和 $3Mg(NH_2)_2$-8LiH 等材料体系的研究成果。Li-Mg-N-H 体系是首个贯彻正负氢相互作用这一设计理念而研发出的新型储氢体系，其本质是在 $LiNH_2$-LiH 体系基础上采用 $Mg(NH_2)_2$ 替代 $LiNH_2$ 并作用于 LiH，或者采用 MgH_2 替代 LiH 并作用于 $LiNH_2$，实现在更低温度下脱氢，脱氢焓变更趋理想。实验结果表明当 Mg 和 Li 的比例为 1∶2 时，不论是 $Mg(NH_2)_2$-2LiH，还是 $2LiNH_2$-MgH_2 体系，它们经过脱氢反应后均形成一种新的三元亚氨基化合物：$Li_2Mg(NH)_2$，而该新化合物才是 Li-Mg-N-H 体系的吸氢初始物。如上所述（2.2.3 节），$Li_2Mg(NH)_2$ 通常具有正交、简单立方和面心立方三种晶体结构（图 2.7）。不管三元亚氨基化合物的晶体结构如何（具体吸氢性能会有差异），其饱和吸氢后都返回到 $Mg(NH_2)_2$-2LiH，因此 $Mg(NH_2)_2$-2LiH/$2LiNH_2$- MgH_2 的吸脱氢反应可用式（2.29）表示。

$$2LiNH_2+MgH_2 \longrightarrow Li_2Mg(NH)_2+2H_2 \rightleftharpoons Mg(NH_2)_2+2LiH \tag{2.29}$$

相比于 $LiNH_2$-LiH 体系，$Mg(NH_2)_2$-2LiH 体系的质量储氢容量稍有降低，约为 5.6wt%，但其吸脱氢性能却得以明显改善。$Mg(NH_2)_2$-2LiH 体系能在 250℃内快速可逆地吸脱约 5.4wt%的氢量（图 2.14）[101]。尤为重要的是，该体系的脱氢平台分压高，在 180℃下即可获得高于 20bar 的平衡分压，表明其热力学性能获得了明显的改善[23]。$Mg(NH_2)_2$-2LiH 体系典型的吸脱氢 PCI 曲线如图 2.15 所示，包含一平台和一斜线区域。由范托夫方程计算可知该体系的脱氢焓值为 39～44kJ/ mol_{H_2} ，脱氢熵值为 112～116J/($mol_{H_2}\cdot$K)。由此可知 $Mg(NH_2)_2$-2LiH 体系产生 1bar 平衡氢压所需的温度为 75～85℃，该温度与质子交换膜燃料电池的工作温度十分接近，表明该体系具有较好的车载应用前景[101]。

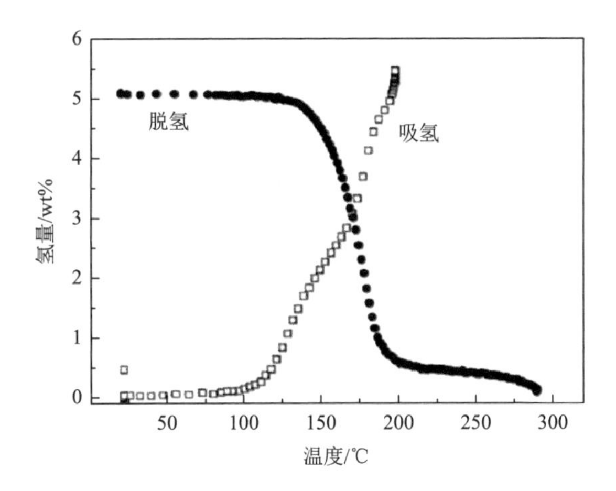

图 2.14　体积法测定 $Mg(NH)_2$-2LiH 体系的吸脱氢曲线[101]

升温速率 2℃/min

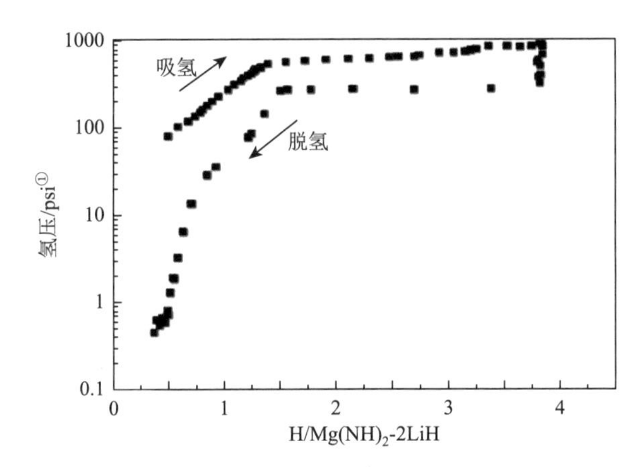

图 2.15　$Mg(NH)_2$-2LiH 体系 180℃等温的 PCI 曲线[23]

Li-Mg-N-H 体系中随着 LiH 含量的增加，体系的质量储氢容量也相应地增加，如 $3Mg(NH_2)_2$-8LiH 样品和 $Mg(NH_2)_2$-4LiH 样品的理论脱氢量分别达 6.9wt%和 9.1wt%，但它们的脱氢结束温度较 $Mg(NH_2)_2$-2LiH 体系往高温方向偏移（图 2.16）[102]。

Xiong 等[103]和 Aoki 等[104]对不同 LiH 含量的 $Mg(NH_2)_2$-xLiH 样品进行了 PCI 测试，结果表明所有样品的 PCI 曲线都呈现出相同的特征（包含一个平台区和一个斜线区）；相同温度下，脱氢平台几乎不随 LiH 含量的变化而变化；但当 LiH 含量较高时（$x>2$），PCI 曲线平台反而变短，不利于低温脱氢（图 2.17）。

① 1psi = 6.895kPa。

出此可见，增加 LiH 含量并不能改善 Li-Mg-N-H 体系的低温脱氢性能和热力学性能，因而 $Mg(NH_2)_2$-2LiH 体系更具实用价值。

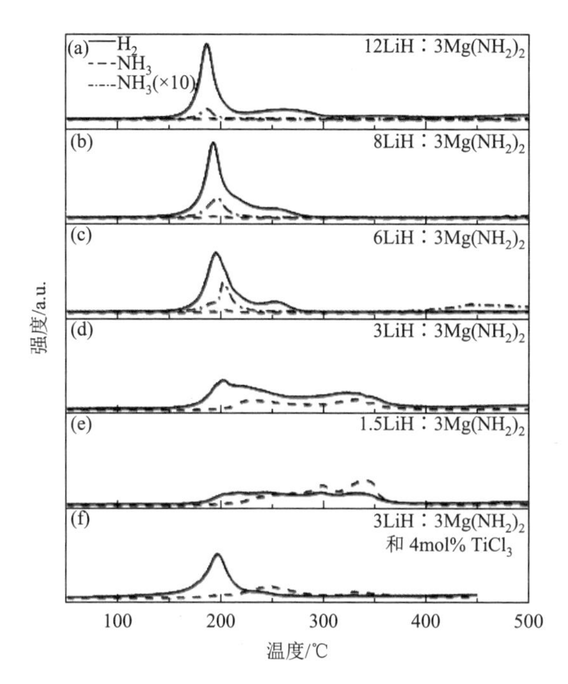

图 2.16　（a～e）不同比例（12：3，8：3，6：3，3：3 和 1.5：3）LiH-$Mg(NH_2)_2$ 体系的 TPD-MS（程序升温脱附-质谱）谱图；（f）3LiH：3$Mg(NH_2)_2$ 体系中添加 4mol% $TiCl_3$ 的 TPD-MS 谱图[102]

对 $Mg(NH_2)_2$-2LiH 样品吸脱氢的 PCI 曲线进行详细的比较分析可知其吸脱氢过程由两步反应组成，即平台区反应和斜线区反应。Hu 等[105]对 $Mg(NH_2)_2$-2LiH 吸脱氢 PCI 曲线上不同含氢量的样品进行了结构组成分析（图 2.18），发现 PCI 曲线上的平台和斜线区所对应的反应分别表示为式（2.30）和式（2.31）。

$$\text{平台区：} 2Mg(NH_2)_2+3LiH \rightleftharpoons Li_2Mg_2(NH)_3+LiNH_2+3H_2 \tag{2.30}$$

$$\text{斜线区：} Li_2Mg_2(NH)_3+LiNH_2+LiH \rightleftharpoons 2Li_2Mg(NH)_2+H_2 \tag{2.31}$$

为考察该体系的实用化性能，Luo 等[99, 106-108]系统地研究了 $2LiNH_2$-MgH_2/$Mg(NH_2)_2$-2LiH 体系的循环稳定性及副产物氨的含量。$2LiNH_2$-MgH_2 体系经过 274 次循环后，储氢容量衰减 25%左右；约 7%的容量损失来源于体系中氮源的损失，即产生了副产物氨；其他 18%的容量衰减原因尚不清楚[106]，但极有可能与体系中颗粒的团聚及相分离等因素有关。$Mg(NH_2)_2$-2LiH 体系脱氢过程中副产物氨气的浓度与脱氢温度直接关联，工作温度越高，所释放出的氨量越大[107]。

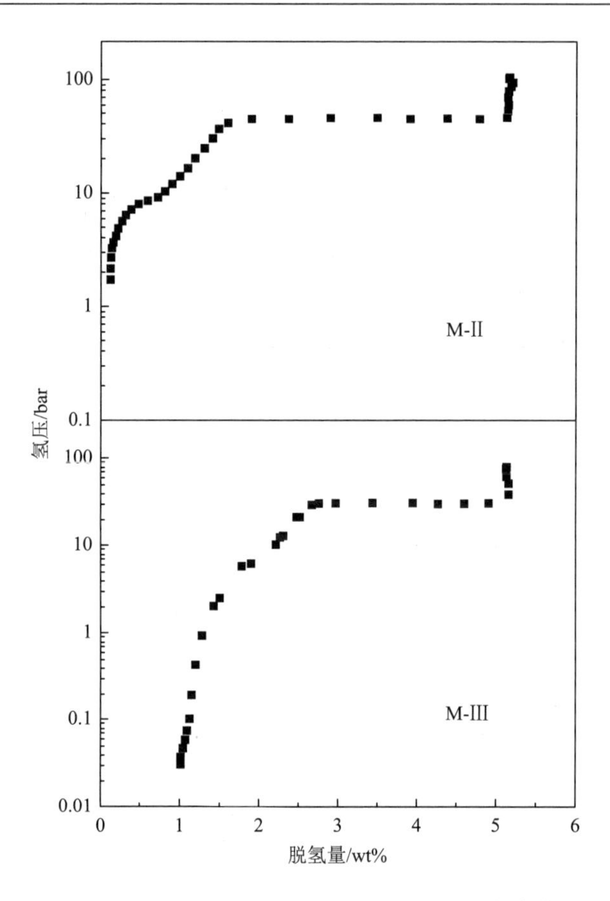

图 2.17　$Mg(NH_2)_2$-2LiH（M-Ⅱ）和 $Mg(NH_2)_2$-3LiH（M-Ⅲ）混合物在 220℃的 PCI 曲线[103]

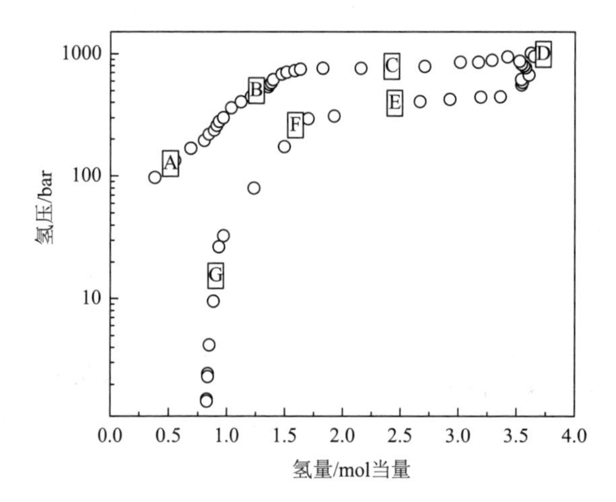

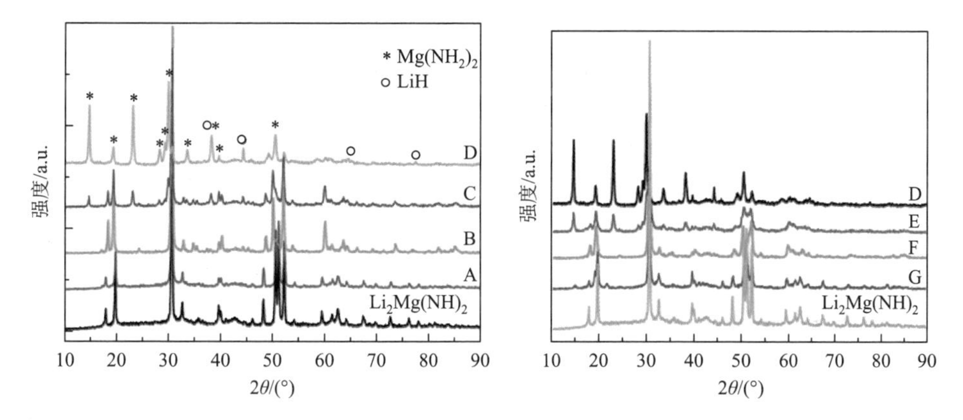

图 2.18　$Mg(NH_2)_2$-2LiH 体系 220℃等温的 PCI 曲线和不同含氢量样品的 XRD 谱图

当脱氢温度由 180℃提高到 240℃时，体系中氨气的释放浓度由约 200ppm 增至 720ppm 以上。Chandra 等[88]在测试 $LiNH_2$-LiH 体系循环稳定性过程中发现把纯氢气源换成含 100ppm 氮气的氢源时，体系中因产生氨气而引起氮源损失的这部分氢量可在吸脱氢循环中得以部分乃至全部补充，这意味着含氮的氢源也可能有利于提高 $Mg(NH_2)_2$-2LiH 体系的循环稳定性。为进一步拓展该材料的实用性，Cao 等[109]利用高分子聚合物 TPX（聚 4-甲基戊烯）膜三维包裹 $Mg(NH_2)_2$-2LiH，使得该材料可稳定暴露在空气中 12h 以上，且其吸脱氢动力学和储氢容量未见明显不利影响（图 2.19）。此外，Cao 等[110]还开发了以废镁合金和氢化锂共进料“一锅法”制备 $Mg(NH_2)_2$-LiH 体系，如以 AZ91 镁合金加工碎屑为原料制备的储氢材料，经 5 次循环活化后可以可逆存储 4.6wt%的氢气（图 2.20），该方法可大幅度降低材料的制备价格、简化生产流程、利于批量化生产。这一系列的研究推动了 $Mg(NH_2)_2$-2LiH 体系的实用化进程。

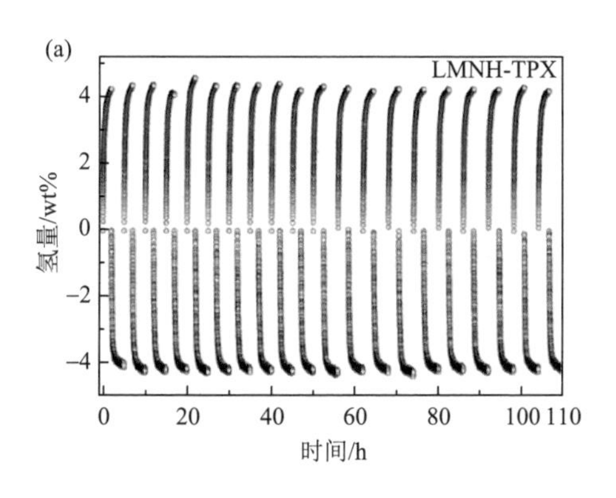

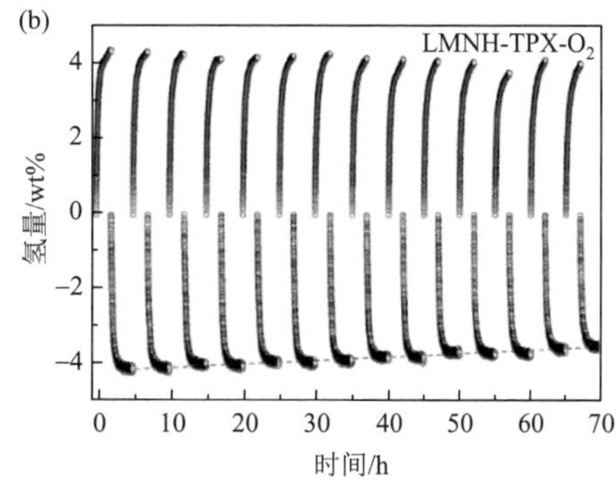

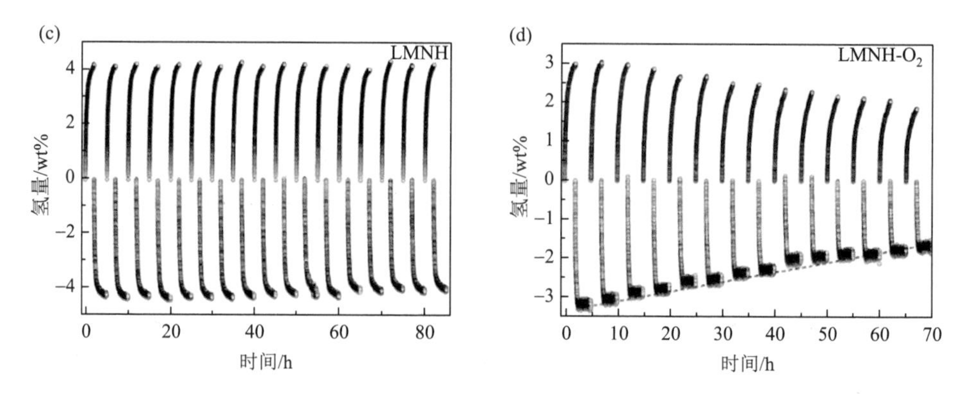

图 2.19　不同样品 200℃等温条件下的吸脱氢循环曲线

吸脱氢压力分别为 80bar 和 1bar；（a）$Mg(NH_2)_2$-2LiH-TPX 样品（LMNH-TPX）；（b）$Mg(NH_2)_2$-2LiH-TPX 暴露在空气 12h 后的样品（LMNH-TPX-O_2）；（c）$Mg(NH_2)_2$-2LiH 样品（LMNH）；（d）$Mg(NH_2)_2$-2LiH 暴露在空气 12h 后的样品（LMNH-O_2）[109]

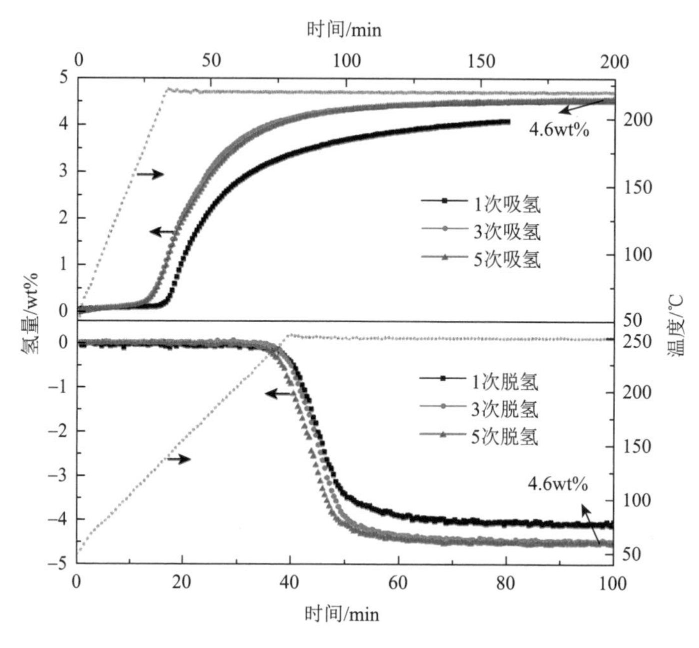

图 2.20　以 AZ91 镁合金为原料“一锅法”制备的 $Mg(NH_2)_2$-2LiH 样品的程序升温吸脱氢曲线[110]

吸脱氢压力分别为 80bar 和 1bar；升温速率为 5℃/min

2. 锂-镁-氮-氢体系储氢性能的优化改性

$Mg(NH_2)_2$-nLiH（Li-Mg-N-H）体系因优良的储氢特性及车载应用前景，成为金属氨基化合物-金属氢化物体系中最受关注的体系；同时，它也是复合氢化物中最具代表性的储氢体系。然而，该体系只有在温度高达180℃时，才能获得快速的吸脱氢速率。其主要原因是固-固反应能垒较高和传质速率过慢。对该体系的动力学性能的优化研究已经过十几年的认知和积累，科研人员一致认为该体系动力学改性最有效的方法是引入添加剂。按照添加剂的性质又可以大体分为以下三大类。

第一类添加剂是碱金属，如KH、RbH和CsH等，它们是目前报道的对Li-Mg-N-H体系最有效的添加剂[111-115]。向Li-Mg-N-H中添加诸如KNH_2、KOH、KF、K_2CO_3、K_3PO_4、K_2SO_4等钾盐，经过吸脱氢循环后它们都会以KH的形式存在。类似于钾盐，铷盐和铯盐的真实改性物质也是其氢化物RbH和CsH。2009年，Wang等[111]首次发现在$Mg(NH_2)_2$-2LiH体系中引入KH后可显著改善该体系的吸脱氢性能。$Mg(NH_2)_2$-1.9LiH-0.1KH的脱氢峰温为132℃[图2.21（a）]，相比纯$Mg(NH_2)_2$-2LiH体系的峰温降低50℃以上。更有趣的是添加KH的样品能在107℃实现可逆吸脱氢[图2.21（b）]，且平衡氢分压大于2bar。

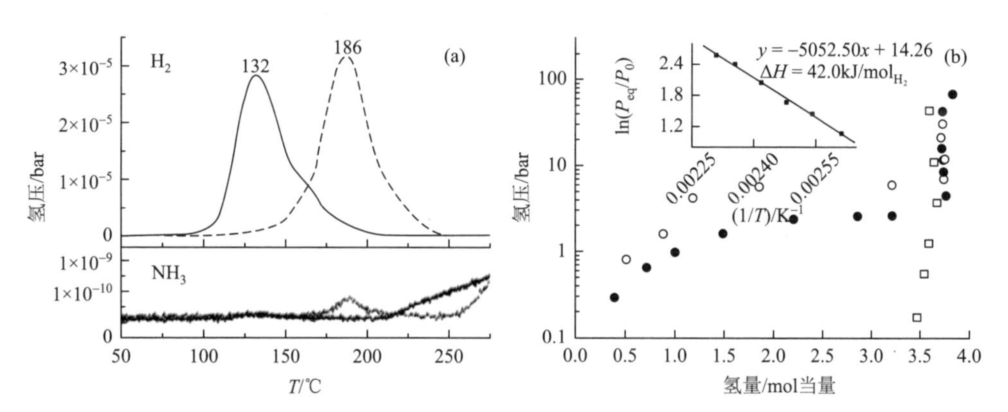

图2.21　（a）$Mg(NH_2)_2$-1.9LiH-0.1KH样品（实线）和$Mg(NH_2)_2$-2LiH样品（虚线）的TPD曲线；（b）$Mg(NH_2)_2$-1.9LiH-0.1KH样品107℃（实心圆点）和130℃（空心圆点）下的脱氢PCI曲线，以及$Mg(NH_2)_2$-2LiH样品在107℃（空心方块）下的PCI曲线[111]

随后Wang等[116]对K物种改善$Mg(NH_2)_2$-2LiH体系动力学性能的原因进行了详细的研究。结果表明，在反应过程中KH首先与$Mg(NH_2)_2$相互作用生成$K_2Mg(NH_2)_4$、MgNH和H_2[式（2.32）]，$K_2Mg(NH_2)_4$的生成弱化了$Mg(NH_2)_2$中的N—H键；新生成的$K_2Mg(NH_2)_4$随后与LiH反应生成$KLi_3(NH_2)_4$、$Mg(NH_2)_2$和KH[式（2.33）]，KH和部分$Mg(NH_2)_2$在这一阶段得以再生；最后$KLi_3(NH_2)_4$和MgNH相互作用并部分再生$Mg(NH_2)_2$和$K_2Mg(NH_2)_4$[式（2.34）]；因此KH对$Mg(NH_2)_2$-2LiH体系的作用可用总反应式（2.35）表示。但是K添加剂在高温循环过程中容易失活，其原因归结于：高温时物质晶型发生转变、颗粒尺寸增大、物相分离等。随后，Pan 等系统地考察了 KOH 和 KF 等钾盐对 $Mg(NH_2)_2$-2LiH 体系的改性作用[115, 117]。另外，Pan 等也对 KH 添加剂高温失活的原因进行了分析，研究结果显示，当操作温度高于 200℃时，KH 的添加效应消失。其主要原因是相分离、颗粒团聚和结构变化，如温度由 140℃升高到 210℃时，KH 的晶粒尺寸从 13.6nm 增至 68.2nm。失效样品可通过机械球磨再活化，如在 250℃脱氢后 KH 失效的样品经过 36h 球磨后表现出和新鲜样品一样的储氢性能。

$$2KH + 3Mg(NH_2)_2 \rightleftharpoons K_2Mg(NH_2)_4 + 2MgNH + 2H_2 \tag{2.32}$$

$$2K_2Mg(NH_2)_4 + 3LiH \rightleftharpoons KLi_3(NH_2)_4 + 2Mg(NH_2)_2 + 3KH \tag{2.33}$$

$$2KLi_3(NH_2)_4 + 6MgNH \rightleftharpoons Mg(NH_2)_2 + 2Li_2Mg_2(NH)_3 + 2LiNH_2 + K_2Mg(NH_2)_4 \tag{2.34}$$

$$\text{总反应：} 2Mg(NH_2)_2 + 3LiH \rightleftharpoons Li_2Mg_2(NH)_3 + LiNH_2 + 3H_2 \tag{2.35}$$

Durojaiye 等系统地研究了 KH、RbH 和 CsH 对 $2LiNH_2$-MgH_2/$Mg(NH_2)_2$-2LiH 吸脱氢性能的影响，结果显示 CsH 掺杂的样品具有更好的动力学性能，详细信息见表 2.3[118, 119]。

表 2.3　KH、RbH、CsH 掺杂和未掺杂 $2LiNH_2$-MgH_2 样品脱氢热、动力学性能参数对比[119]

参数	KH	RbH	CsH	原始样品
脱氢温度 T_d/℃	146	143	159	237
E_a/(kJ/mol)	87.0±2.7	86.8±0.3	109.1±2.9	119.0±6.6
P/bar（210℃）	46.1	48.3	40.9	34.2
T_{90}/min	62	27	76	1600

近期，Li 等进一步发现当用 KH 和 RbH 共掺杂时，体系表现出更优的储氢性能。$Mg(NH_2)_2$-2LiH-0.04KH-0.04RbH 体系可分别在 120℃和 130℃的条件下可逆吸脱 5.2wt%的氢，其吸脱氢速率比同等条件下的原始样品快 43 倍[120]；50 次循环结果显示该体系中 93%的氢容量得以保持（图 2.22）。作者推测在球磨过程中 KH 和 RbH 可能相互作用形成固溶体，该固溶体随后分步参与反应，协同作用于 $Mg(NH_2)_2$-2LiH 体系的脱氢过程[120]。Santoru 等[121, 122]进一步考察了 KH 和 RbH 与 $Mg(NH_2)_2$ 的相互作用，结果表明 KH 和 RbH 均能与氨基镁反应生成相应的 $KMgNH_2NH$ 和 $RbMgNH_2NH$，因此弱化了氨基镁中的 N—H 键。其他碱金属化合物如 NaH、NaOH 等也表现出一定的改性能力，如 Liang 等[123]发现添加 NaOH 能有效改善 $Mg(NH_2)_2$-2LiH 体系的吸脱氢动力学性能，脱氢峰温比原始样品降低了 36℃。Liu 等[124]用 Na 部分取代 $Mg(NH_2)_2$-2LiH 体系中的 Li 或 Mg，使体系脱氢

峰温降低了 15℃，脱氢反应活化能也较原始体系减小了 10kJ/mol。

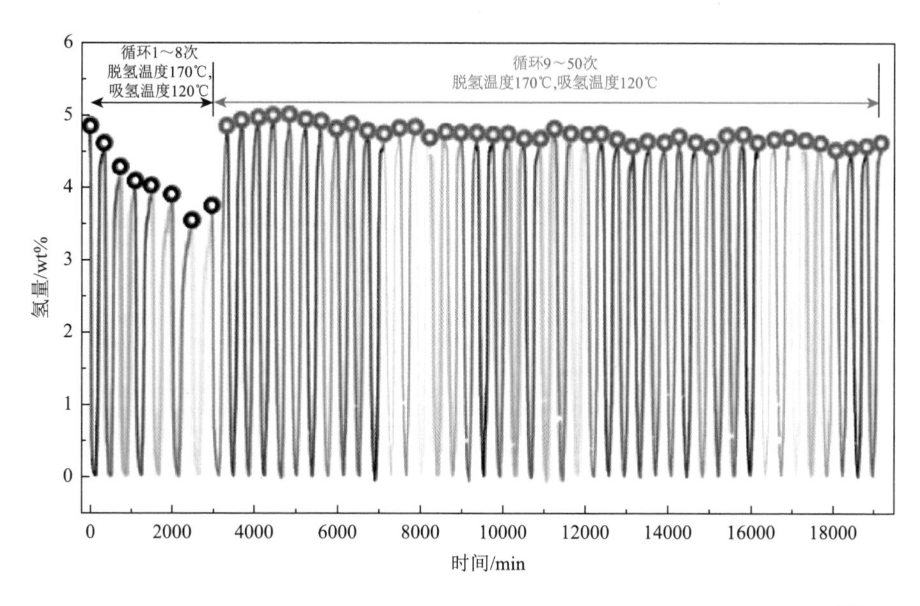

图 2.22　$Mg(NH_2)_2$-2LiH-0.04KH-0.04RbH 体系进行 50 次吸脱氢循环曲线图[120]

第二类添加剂是硼氢化物，如 $LiBH_4$、$NaBH_4$、$Mg(BH_4)_2$、$Ca(BH_4)_2$ 等[125-129]。Yang 等[125]于 2008 年研究了硼氢化物对 Li-Mg-N-H 体系的影响，研究发现 $2LiNH_2$-MgH_2-$LiBH_4$ 三元体系的储氢性能明显优于由这三种材料组成的二元体系（$2LiNH_2$-MgH_2、$2LiNH_2$-$LiBH_4$、$LiBH_4$-MgH_2）。作者对反应过程进行了分析，发现该体系具有自催化作用，即前一步反应的产物[$Li_2Mg(NH)_2$]对后续反应具有催化作用，相当于后续反应的成核剂。Hu 等[126, 127, 130]研究发现，在 $Mg(NH_2)_2$-2LiH 体系中添加少量的 $LiBH_4$ 可降低其脱氢起始温度和峰值温度。该样品可在 140℃下释放 5wt%的氢，脱氢后的样品在 100℃即可吸收 5wt%的氢，$LiBH_4$ 掺杂样品的吸脱氢动力学是原始样品的 3 倍。进一步向该体系中添加过渡金属氢化物，如 $ZrCoH_3$，可在 $LiBH_4$ 改性的基础上进一步提高其动力学性能[131]。近期欧盟合作项目 SSH2S（Fuel Cell Coupled Solid State Hydrogen Storage Tank，燃料电池耦合固态储氢系统项目）更是把 $LiBH_4$ 和 $ZrCoH_3$ 修饰的样品做成了 1kW·h 的车载能源辅助系统。实验结果表明 $LiBH_4$ 的添加不仅改善 Li-Mg-N-H 体系的动力学性能，还改变了其热力学性能。基于对 $Mg(NH_2)_2$-2LiH 体系反应机制的进一步认识，作者发现 $LiBH_4$ 可稳定 $Mg(NH_2)_2$-2LiH 体系的第一步脱氢产物 $LiNH_2$，形成更稳定的化合物，如 $Li_4BN_3H_{10}$、Li_2BNH_6 等[132-136]。随后作者详细研究了 $LiBH_4$ 热力学改性的作用机制。通过调整 Li-Mg-N-H 体系的化学组成，研究了 $LiBH_4$

添加量对 $2Mg(NH_2)_2$-3LiH 体系热力学性能的影响。由脱氢 PCI 曲线（图 2.23）可知，该体系脱氢平台随 $LiBH_4$ 的添加量的增加而升高，$2Mg(NH_2)_2$-3LiH-4$LiBH_4$ 样品在 187℃下的平衡分压达到了 97bar，比相同条件下 $2Mg(NH_2)_2$-3LiH 体系的平衡氢压高 4 倍[133]。

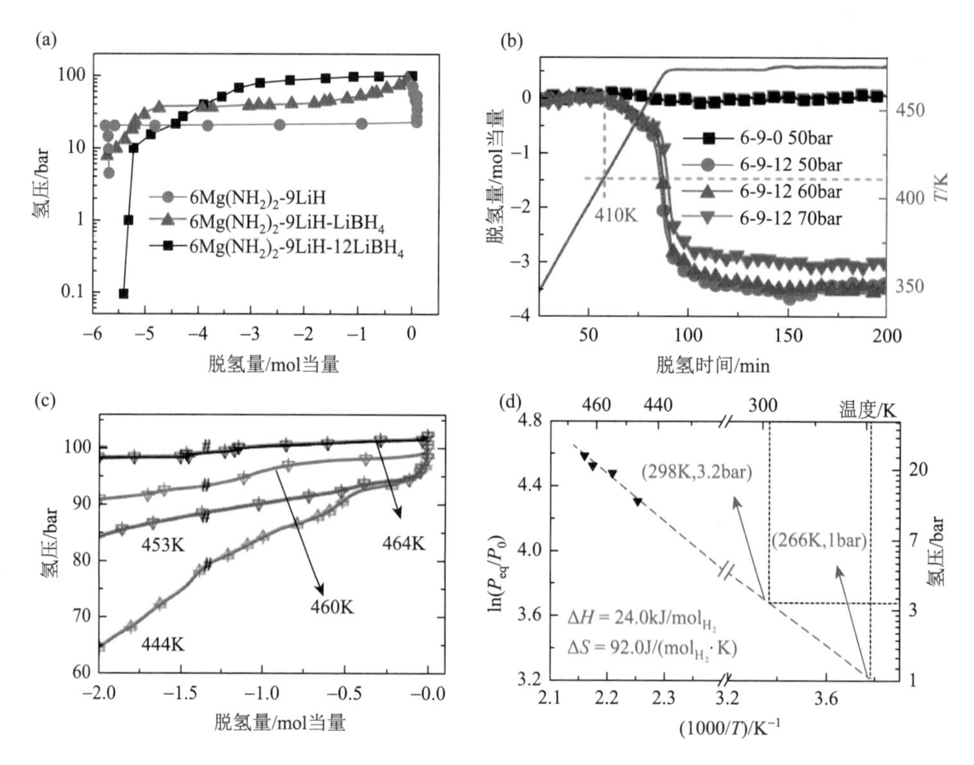

图 2.23　（a）$6Mg(NH_2)_2$-9LiH-$xLiBH_4$（$x = 0, 1, 12$）体系分别在 185℃、200℃和 187℃下的 PCI 曲线；（b）$6Mg(NH_2)_2$-9LiH-$xLiBH_4$（$x = 0, 12$，简化为 6-9-0、6-9-12）样品在不同氢压下的脱氢曲线；（c）$6Mg(NH_2)_2$-9LiH-12$LiBH_4$ 在不同温度下的脱氢 PCI 曲线；（d）$6Mg(NH_2)_2$-9LiH-12$LiBH_4$ 样品的范托夫曲线

$2Mg(NH_2)_2$-3LiH-4$LiBH_4$ 材料还可在 70bar 的背景氢压下快速脱氢，这进一步验证了其较高的平衡氢分压。通过改变温度测试其对应的平衡氢压，再结合范托夫方程计算得出了该体系的脱氢焓和熵值分别为 24kJ/ mol_{H_2} 和 92J/(mol_{H_2} ·K)，进而可推知该体系在室温下和 3bar 氢压下都可脱氢，这是金属（亚）氨基化合物储氢体系中热力学性能最好的材料，可与间隙合金储氢材料的热力学性能媲美。更为重要的是，在 200bar 和 53℃下该体系可达到饱和吸氢（图 2.24），这是 Li-Mg-N-H 体系所报道的最低吸氢操作温度。该体系在 98℃下可进行可逆吸脱氢，这十分接近质子交换膜燃料电池的操作温度。跟踪该材料 50bar 氢压下的脱氢相

变过程，推测其可能的反应途径为式（2.36）和式（2.37），这与未添加 $LiBH_4$ 的 $2Mg(NH_2)_2$-3LiH 样品的反应路径明显不同。

$$2Mg(NH_2)_2 + 2LiH + 4LiBH_4 \rightleftharpoons 2MgNH + 2[LiNH_2 \cdot 2LiBH_4](液) + 2H_2 \tag{2.36}$$

$$2MgNH + 2[LiNH_2 \cdot 2LiBH_4](液) + LiH \rightleftharpoons 2MgNH + [(Li_2NH \cdot 2LiBH_4)\cdot(LiNH_2 \cdot 2LiBH_4)](液) + H_2 \tag{2.37}$$

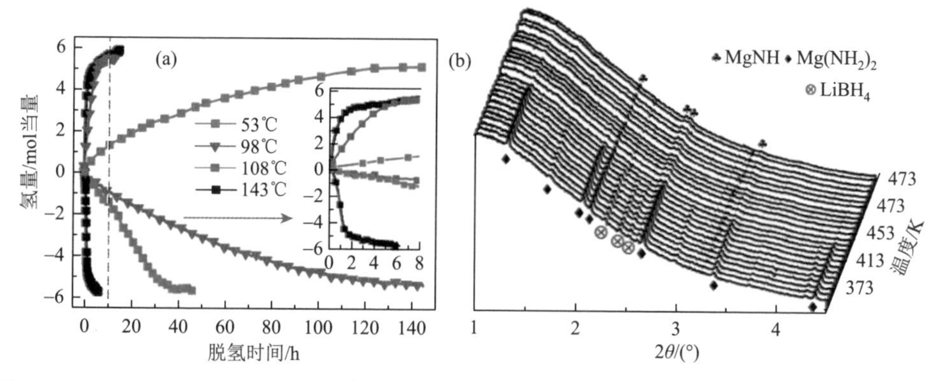

图 2.24　$6Mg(NH_2)_2$-9LiH-12$LiBH_4$ 样品在不同温度下的吸脱氢曲线（a）以及其在 50bar 氢压下的原位脱氢 XRD 谱图（b）[133]

$LiBH_4$ 改性后的 Li-Mg-N-H 体系的动力学性能可在其他添加剂的作用下得以进一步改善。如 $6Mg(NH_2)_2$-9LiH-$LiBH_4$ 体系达到较为快速吸脱氢时的温度约 180℃，而经过 Li_3N 和 YCl_3 共掺杂可使该体系在 50bar 和 180℃下的饱和吸氢时间缩短为 8min；在 185bar 和 90℃下也能吸氢饱和，见图 2.25[137]。类似于 $LiBH_4$，

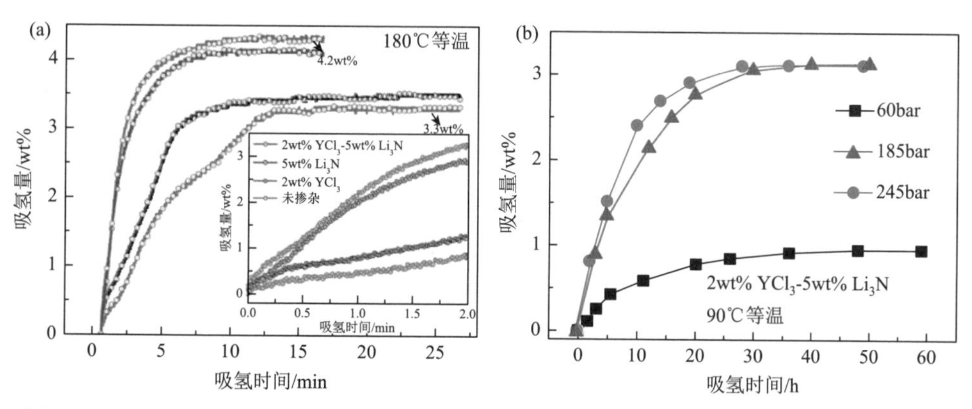

图 2.25　（a）180℃等温条件下含不同添加剂的 $6Mg(NH_2)_2$-9LiH-$LiBH_4$ 样品的吸氢曲线；（b）90℃等温和不同氢压（60bar、185bar、245bar）下，2wt% YCl_3-5wt% Li_3N 共掺杂样品的吸氢曲线[137]

其他硼氢化物如 $Mg(BH_4)_2$、$Ca(BH_4)_2$ 等也可以提升 Li-Mg-N-H 体系的动力学和热力学性能，其作用机制是它们在吸脱氢反应过程中与 LiH 进行置换反应生成了 $LiBH_4$，随后 $LiBH_4$ 参与反应展现出与 $LiBH_4$ 掺杂类似或略优的储氢性能。

第三类添加剂是过渡金属盐及其他物质。类似于 Li-N-H 体系，过渡金属及其化合物如 TiN、TiF、TaN、V、V_2O_5、VCl_3、Ru 等[123, 124, 138-143]在 Li-Mg-N-H 体系储氢性能的调控中也起到重要的作用，主要体现在弱化 N—H 键和辅助氢解离方面。还有一些过渡金属合金添加剂也表现出优异的催化特性。除上述谈及的 $ZrCoH_3$ 外，最近 Srivastava 等发现 $ZrFe_2$ 和 FeTi 合金也同样表现出催化作用[144]。$Li_2Mg(NH)_2$ 晶种、铝氢化物以及碳纳米管等添加剂也可在一定程度上改善 Li-Mg-N-H 的储氢性能。添加 $Li_2Mg(NH)_2$ 可使 $Mg(NH_2)_2$-2LiH 体系的脱氢峰温降低 40℃，脱氢活化能从 88kJ/mol 降低至 76kJ/mol[145]。Cao 等研究发现，在 $Mg(NH_2)_2$-2LiH 体系中添加少量的 Li_3AlH_6 可使体系的活化能降低 31kJ/mol，并在 140℃下脱氢动力学特性提高 3.5 倍[146]。Chen 等研究了单壁碳纳米管、多壁碳纳米管和石墨等添加剂对 $Mg(NH_2)_2$-2LiH 体系储氢性能的影响，结果表明，单壁碳纳米管可明显改善体系的脱氢反应动力学特性，而多壁碳纳米管、石墨则几乎不产生明显的效果[138]。

除添加剂的催化改性外，纳米限域和减小颗粒尺寸是另一种改善 Li-Mg-N-H 体系储氢性能的方法。通常认为减小材料的颗粒尺寸可有效增加其比表面积，缩短离子扩散距离，从而改善体系的动力学和热力学性能。Liu 等发现颗粒尺寸为 100～200nm 的 $Li_2Mg(NH)_2$ 的起始氢化温度比尺寸为 800nm 的颗粒降低了约 100℃，其吸脱氢温度随着颗粒尺寸的减小而逐渐向低温方向偏移；但随着吸脱氢循环的进行，这些颗粒逐渐团聚长大，吸脱氢速率降低[147]。Wang 等研究发现，在 $Mg(NH_2)_2$-2LiH 体系中添加磷酸三苯酯（TPP），能有效阻止吸脱氢循环中颗粒的团聚以及晶粒的长大，使该体系实现在 150℃的条件下循环可逆吸放氢[148]。另外，Xie 等[149]用不同颗粒大小的 $Mg(NH_2)_2$ 制备了 $Mg(NH_2)_2$-2LiH 体系，结果显示，当 $Mg(NH_2)_2$ 的颗粒尺寸从 2000nm 减小到 100nm 时，脱氢活化能可从 182kJ/mol 降低到 122kJ/mol。近期 Xia 等[150]采用水热合成技术制备了空心碳球包覆的纳米状 $Mg(NH_2)_2$-2LiH 材料。该样品显示出明显优于颗粒状材料的吸放氢性能，见图 2.26。PCI 测试模式下该样品在 105℃和真空条件下即可释放出约 5wt%的氢[图 2.26（b）]；经过 10 次吸脱氢后仍可保持 5wt%的可逆储氢量；而相同条件下颗粒状的 $Mg(NH_2)_2$-2LiH 在 5 次循环后其储氢量就减至 0.43wt%[图 2.26（a）]。

3. 锂-镁-氮-氢体系的应用探索

Li-Mg-N-H 体系因具有较为优良的储氢性能而曾被美国能源部选为车载目标储氢材料，其多次拨款支持该储氢体系的设计和研发。同样，日本知名储氢专家

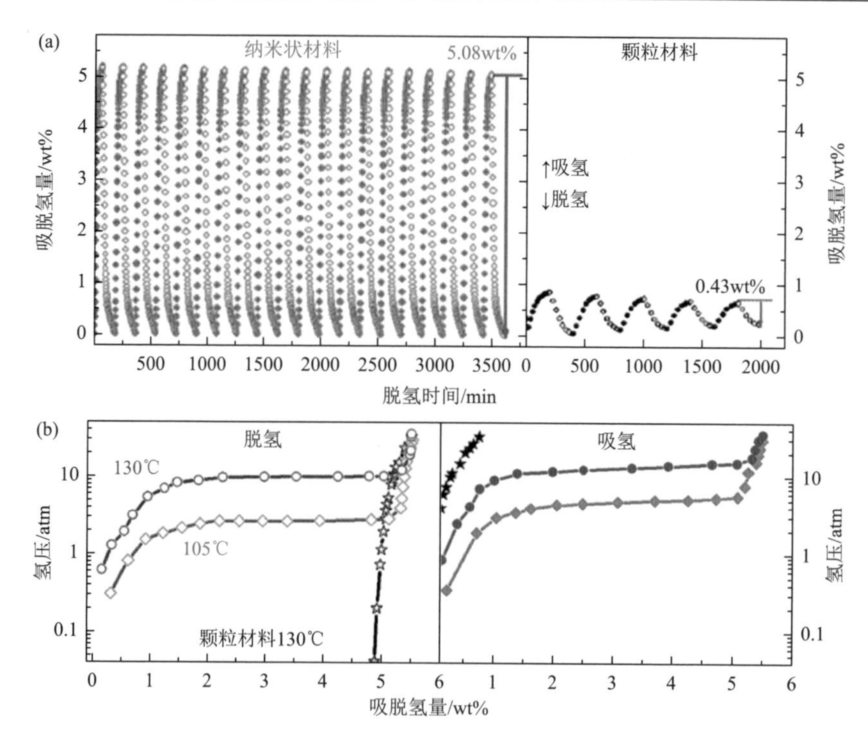

图 2.26　（a）纳米状与颗粒状 $Mg(NH_2)_2$-2LiH 材料分别在 135℃的可逆吸脱氢循环曲线；（b）纳米状 $Mg(NH_2)_2$-2LiH 材料 130℃（圆点）和 105℃（菱形）下的 PCI 吸脱氢曲线，以及颗粒状 $Mg(NH_2)_2$-2LiH 材料 130℃的 PCI 吸脱氢曲线（五角星形）[150]

Akiba 教授也建议丰田公司以 Li-Mg-N-H 为储氢介质构建储氢系统。德国航空航天中心热力学工程研究所与德国卡尔斯鲁厄大学合作对 $Mg(NH_2)_2$-2LiH 罐体的设计进行了理论模拟和实验研究[151-156]，2kW·h 功率密度高温质子交换膜燃料电池耦合系统的模拟结果显示，$LiBH_4$ 和 $ZrCoH_3$ 共掺杂的 Li-Mg-N-H 体系在 200℃条件下的脱氢速率足以满足使用要求；该体系与间隙合金 $LaNi_{4.3}Al_{0.4}Mn_{0.3}H_x$ 等进一步复合后，其脱氢性能更优，边界条件能更好地满足储氢系统的要求，这是因为间隙金属氢化物的反应热可激发 Li-Mg-N-H 体系的热反应，它们之间存在热耦合及压力互补优势。北京有色金属研究总院通过研制 100g 级的 Li-Mg-N-H 储氢系统[157]，进一步表明该材料较差的热传递及扩散能力影响了体系储氢性能。而添加 9wt%导热膨胀石墨可使体系中心温差由 20℃降低到 15℃，并且恒流（0.6L/min）脱氢时间可延长约 17%。以意大利都灵大学为首的 7 家单位在欧盟 SSH2S 合作项目的支持下搭建了一套 1kW·h 基于 Li-Mg-N-H 的车载储氢辅助能源系统[158]。储氢系统与高温燃料电池耦合后体系的质量储氢容量达 2.1%，系统稳定操作温度在 160～180℃，电池可满负荷运行 2h；进一步优化后该系统可满足功率密度为 5kW·h

的燃料电池使用。2018 年德国亥姆霍兹材料与海洋研究所和大众汽车公司合作启动了百公斤级 $Mg(NH_2)_2$-LiH 基的车载储氢系统的探索研发。值得一提的是，我国氢能重点研发项目也是选取 $Mg(NH_2)_2$-LiH 体系进行装罐实验。中国科学院大连化学物理研究所氢能研究团队也正在推进 $Mg(NH_2)_2$-LiH 体系的实用化发展，开发了国际首条公斤级合成氨基镁和 $Mg(NH_2)_2$-LiH 体系的生产工艺。

2.4.3　三元过渡金属氨基化合物-氢化物储氢体系

考虑到过渡金属添加剂可作为催化剂改善 $LiNH_2$-LiH 和 $Mg(NH_2)_2$-2LiH 体系的储氢性能（见 2.4.1 节和 2.4.2 节），改变金属氨基化合物的组成可以开发出具有不同吸脱氢特性的储氢体系，Cao 等[18, 69]采用氨气气氛机械球磨碱金属和相关过渡金属的方法，制备了一系列三元过渡金属氨基化合物，即 $K_2Zn(NH_2)_4$、$K_2Mn(NH_2)_4$、$Rb_2Zn(NH_2)_4$、$Rb_2Mn(NH_2)_4$ 等（图 2.27）。此方法不仅避免了传统氨热法合成三元过渡金属氨基化合物所需的高温、高压条件，更适合规模化制备过渡金属氨基化合物，有望进一步推广。

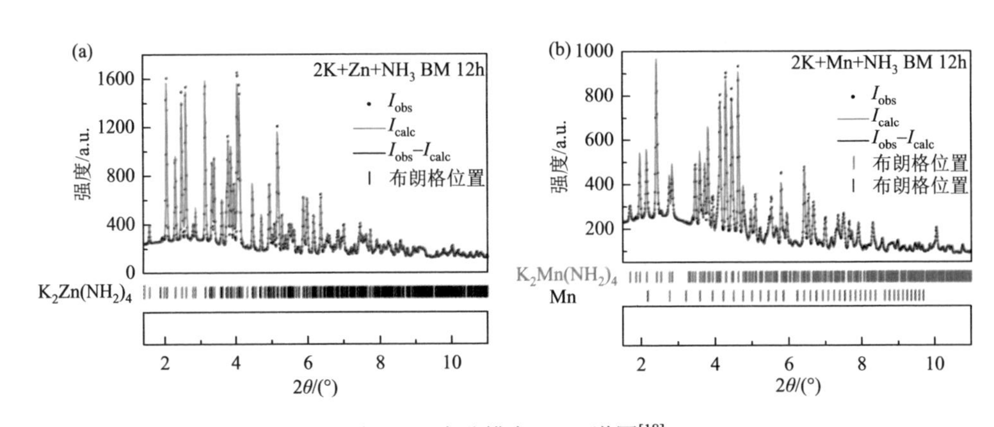

图 2.27　高分辨率 XRD 谱图[18]

（a）机械化学法合成的 $K_2Zn(NH_2)_4$；（b）机械化学法合成的 $K_2Mn(NH_2)_4$；I_{obs} 为测量强度；I_{calc} 为计算强度；$I_{obs}-I_{calc}$ 为测量误差

随后，Cao 等[18, 69, 159, 160]系统地研究了三元过渡金属氨基化合物与 LiH 组成的复合材料体系的储氢特性，实验结果显示含钾（铷）的三元过渡金属氨基化合物与 LiH 的复合体系，如 $K_2Zn(NH_2)_4$-8LiH 和 $K_2Mn(NH_2)_4$-8LiH 等，表现出优于 $LiNH_2$-2LiH 体系的储氢性能（图 2.28）。其中，$K_2Zn(NH_2)_4$-8LiH 的脱氢样品能在 230℃和 50bar 氢压下在 30s 内快速吸氢饱和，折算成加氢速率可达 6wt%/min，这是金属氨基化合物-金属氢化物体系中所报道的最快的吸氢速率，此优异的吸氢特性可在吸脱氢循环中得以保持。$K_2Mn(NH_2)_4$-8LiH 体系也有类似的快速吸氢性能，其饱和吸氢时间约为 1min。

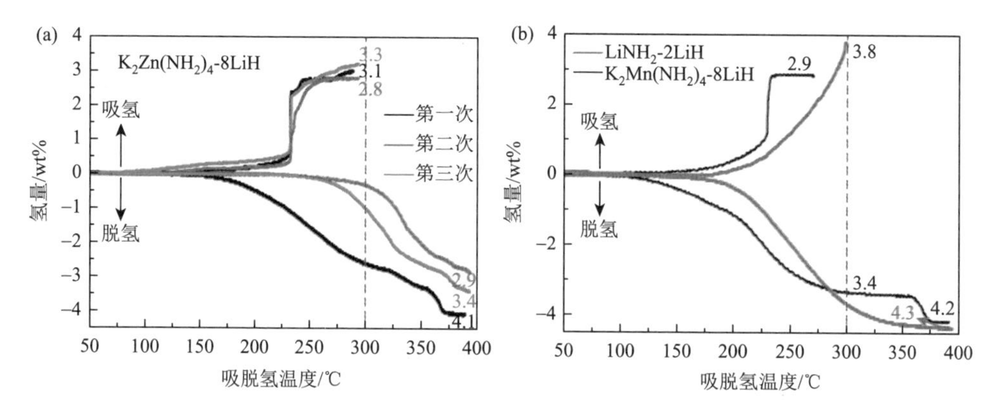

图 2.28　（a）$K_2Zn(NH_2)_4$-8LiH 样品 3 次吸脱氢循环曲线[160]；（b）$K_2Mn(NH_2)_4$-8LiH 和 $LiNH_2$-2LiH 样品吸脱氢循环曲线[18]

脱氢条件：真空下 3℃/min 加热到 400℃；吸氢条件：50bar 氢压，3℃/min 加热到 300℃

Cao 等[159]采用同步辐射 X 射线衍射的方法详细研究了 $K_2Zn(NH_2)_4$-8LiH 体系快速吸氢的反应过程。如图 2.29 所示，$K_2Zn(NH_2)_4$-8LiH 经机械球磨后转变为 $4LiNH_2$-4LiH-K_2ZnH_4，这意味着在球磨过程中 $K_2Zn(NH_2)_4$ 与 LiH 发生了复分解反应。随着温度的升高，$4LiNH_2$-4LiH-K_2ZnH_4 通过多步反应释放 H_2，最后生成 KH、$LiZn_{13}$ 合金和 Li_2NH。在加氢过程中，KH 首先和 $LiZn_{13}$ 合金反应生成 K_3ZnH_5，

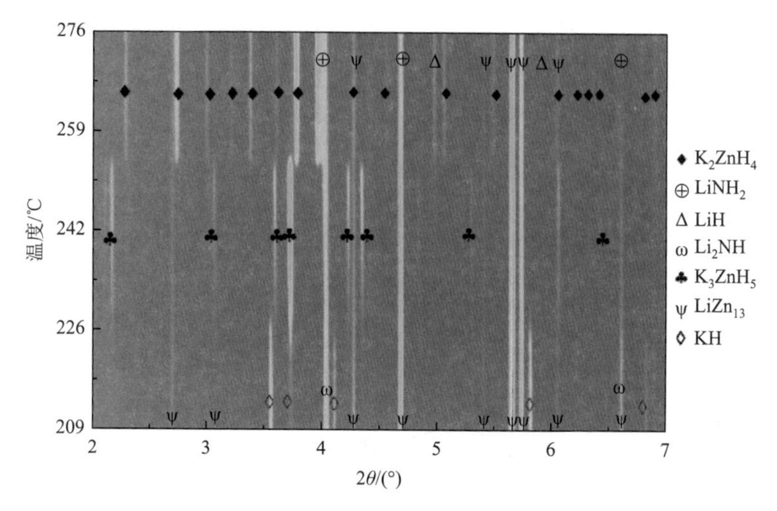

图 2.29　$K_2Zn(NH_2)_4$-8LiH 吸氢过程的原位 XRD 谱图[159]

测试条件：209～276℃；80bar H_2；入射波长 $\lambda = 0.20775$Å

原位生成的 K_3ZnH_5 与 Li_2NH 在氢压下快速吸氢生成 K_2ZnH_4、$LiNH_2$ 和 LiH。类似的现象在 $K_2Mn(NH_2)_4$-8LiH、$Rb_2Zn(NH_2)_4$-8LiH、$Rb_2Mn(NH_2)_4$-8LiH 体系中也被观察到。

2.4.4 金属氨基化合物-铝（硼）氢化物复合储氢体系

考虑到常见的碱金属和碱土金属氢化物的氢含量均低于 5wt%（除 LiH 和 MgH_2 外），而铝氢化物和硼氢化物的氢含量较高，因而将铝氢或硼氢化物与金属氨基化合物进行复合可以开发出一系列具有高储氢量的新型材料。金属氨基化合物与金属铝氢化物或金属硼氢化物构成的复合体系的脱氢过程往往比较复杂，以下进行分述。

目前研究比较多的金属氨基化合物-金属铝氢化物复合体系是由 $LiAlH_4$ 或 Li_3AlH_6 以不同比例分别与 $LiNH_2$、$Mg(NH_2)_2$、$NaNH_2$ 等组合而成[161-166]的。如 Xiong 等[161]详细研究了 $LiAlH_4$-2$LiNH_2$ 体系的储氢性能，该体系可以可逆存储约 4mol 当量的氢（图 2.30）；此外该反应也证实 $LiAlH_4$-2$LiNH_2$ 体系比 $LiNH_2$-2LiH 体系具有更好的热力学性能，其脱氢产物 Li_3AlN_2 可认为是 $Li_3N + AlN$ 的混合物。Lu 等[167]发现 Li_3AlH_6 和 $Mg(NH_2)_2$ 的复合体系脱氢后生成 0.66Al-$Li_2Mg(NH)_2$，该脱氢产物在 172bar 和 300℃的条件下可以可逆存储约 6.2wt%的氢；该团队[168]还发现 Li_3AlH_6-3$LiNH_2$ 复合物同样可在 172bar 和 300℃的条件下实现部分可逆氢存储。Liu 等[166]复合 3$Mg(NH_2)_2$-3Li_3AlH_6 实现了 2.7wt%的可逆储氢量。Chua 等[169]复合了 $LiAl(NH_2)_4$-$LiAlH_4$，该体系在机械球磨处理下，通过固-固反应在室温下即可释放 7.5wt%的氢。

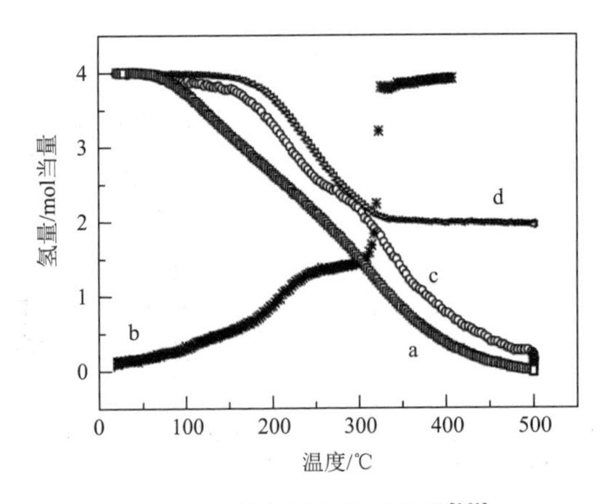

图 2.30　体积法吸脱氢曲线[161]

a. 2$LiNH_2$-$LiAlH_4$ 球磨 12h 后的脱氢曲线；b. 2$LiNH_2$-$LiAlH_4$ 脱氢产物（Li_3AlN_2）的吸氢曲线；c. 80bar 氢压下，饱和吸氢 Li_3AlN_2 的脱氢曲线；d. $LiNH_2$-2LiH 球磨 12h 后的脱氢曲线

近年来，卤素盐类也被当作添加剂广泛应用于储氢领域。碱金属卤盐如 LiBr、LiI 就曾用于修饰 Li-N-H 和 Li-Mg-N-H 体系，这是因为它们能与 $LiNH_2$ 反应形成 Li_2NH_2Br、$Li_3(NH_2)_2I$ 等具有低熔点、高离子迁移率的物质，可改善 Li-N-H 和 Li-Mg-N-H 材料的界面接触和质子传递，从而改善其储氢性能。用 Al 盐替代碱金属卤盐添加于 Li-N-H 也可形成新的亚氨基化合物（fcc 相，$a = 5.172Å$，具体晶体结构未解析），从而使该体系呈现出与原始 Li-N-H 体系不一样的吸脱氢反应性能，即吸脱氢温度、吸脱氢速率和循环稳定性等均得以改善[170]。进一步把 $AlCl_3$ 添加到 Li-Mg-N-H 体系中，可在球磨和后续的加氢过程中产生两个未知的 Li-Al-N-H-Cl 相，新相可作用于 Li-Mg-N-H 体系，改善其动力学和热力学性能[171]。通常这些复合体系有一些共同的特点，如①储氢容量较高，脱氢起始温度较低，但只能部分可逆或完全不可逆；②通常反应过程比较复杂，并伴随放热；③在金属氨基化合物的作用下，金属铝氢化物很容易形成稳定的 AlN 或生成金属 Al 单质等。

金属硼氢化物与金属氨基化合物组成的复合体系则明显有异于上述的铝氢化物-金属氨基化合物体系。常见金属硼氢化物-金属氨基化合物复合材料一般由 $LiBH_4$、$NaBH_4$、$Mg(BH_4)_2$、$Ca(BH_4)_2$ 等与 $LiNH_2$、$NaNH_2$、$Mg(NH_2)_2$、$Ca(NH_2)_2$ 等相互组合而成。复合过程中不乏形成多种新型化合物，它们具有不同的晶体结构和储氢特性。例如，将 $LiBH_4$ 与不同比例的 $LiNH_2$ 进行复合可得到$[Li_3BN_2H_8]$[172, 173]、Li_2BNH_6[174]、$Li_4BN_3H_{10}$[174]等。后续的研究发现$[Li_3BN_2H_8]$其实是 Li_2BNH_6 和 $Li_4BN_3H_{10}$ 的混合相。Wu 等[174]认为 $Li_4BN_3H_{10}$ 和 Li_2BNH_6 的晶体可近似为$[BH_4]^-$部分取代 $LiNH_2$ 中的$[NH_2]^-$阴离子而形成的（图 2.31）。Chater 等[175, 176]通过同步

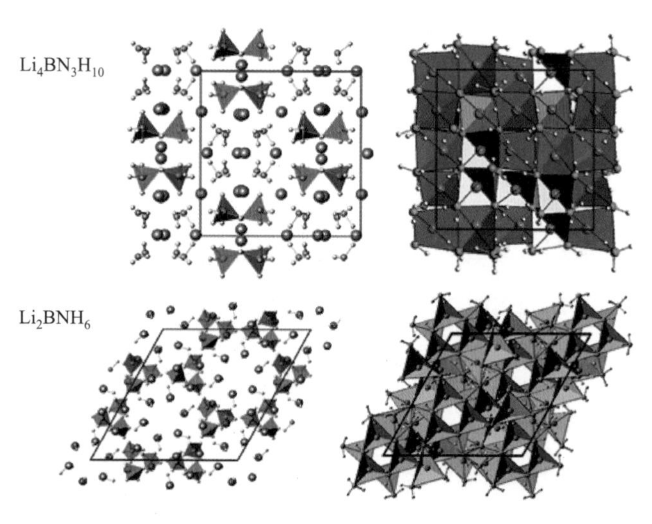

图 2.31　$Li_4BN_3H_{10}$ 和 Li_2BNH_6 的晶体结构示意图[174]

红球为 Li；蓝球为 N；灰球为 H；绿球为 B；绿色四面体为$[BH_4]^-$

辐射X射线衍射、中子粉末衍射技术发现Li_2BNH_6具有六角相，由Li^+及周围$[BH_4]^-$和$[NH_2]^-$组成，结构同$Li_4BN_3H_{10}$近似。$[Li_3BN_2H_8]$在约190℃开始熔化，然后在250～350℃开始分解释放出约10wt%的H_2，并伴有2mol%～3mol%的氨气，最终的固体产物是Li_3BN_2。催化剂的添加能有效降低$[Li_3BN_2H_8]$的脱氢温度，抑制分解产物中NH_3的生成[177, 178]。

在没有催化作用的情况下，$Li_4BN_3H_{10}$释放氢气的同时伴有大量氨气产生，氨气的产生是因为$Li_4BN_3H_{10}$分解过程中会产生$LiNH_2$，如式（2.38）所示，随后$LiNH_2$分解释放氨气[式（2.13）]，240℃下氨气的量约占总气体体积的10%。式（2.38）的脱氢焓值约$-12kJ/mol_{H_2}$，是一个微放热反应（即反应不可逆），这限制了它在车载储氢方面的应用[172]。

$$Li_4BN_3H_{10} \longrightarrow Li_3BN_2 + LiNH_2 + 4H_2 \qquad (2.38)$$

催化剂的加入可改善该体系的脱氢性能，并改变反应路径，如$NiCl_2$、$CoCl_2$等的添加使$Li_4BN_3H_{10}$脱氢过程分为两步反应，第一步反应主要释放氢气，第二步反应则主要释放氨气[177]。在$Li_4BN_3H_{10}$体系中进一步引入LiH后，可在250℃左右释放9.6wt%的氢气，且脱氢温度比纯$Li_4BN_3H_{10}$降低110℃以上（图2.32），更为重要的是副产物氨气得以大幅抑制，其氨气浓度可降至80ppm以下[178]。

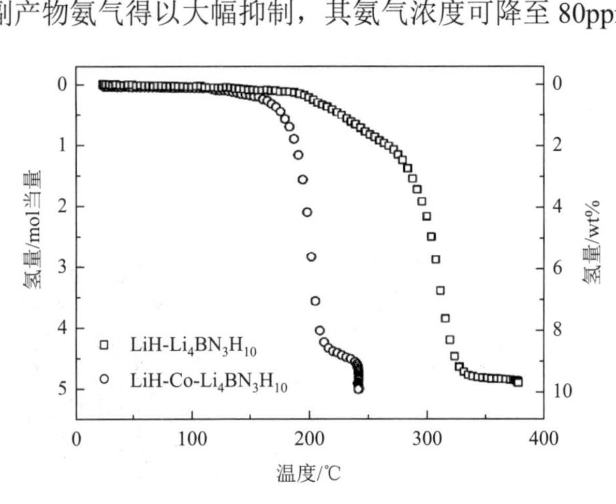

图2.32　LiH-$Li_4BN_3H_{10}$和LiH-Co-$Li_4BN_3H_{10}$体系的体积法脱氢曲线[178]

2007年，Chater等[179]发现$NaBH_4$-$NaNH_2$混合物在190℃下加热12h后即可形成新化合物$Na_2(BH_4)(NH_2)$。新相在220℃时开始熔化，在290℃时开始释放氢气。研究进一步表明$Na_2(BH_4)(NH_2)$存在高低温两种不同的物相结构，它们之间可以在一定条件下相互转化：70℃下加热10天，高温相可转变为低温相；而低温相加热到98℃时，即快速转变为高温相[180]。增加$NaNH_2$的比例当$NaNH_2$与$NaBH_4$比为2∶1时，会产生一种$Na_3(BH_4)(NH_2)_2$新相，该新相加热到400℃后可释放

6.85wt%的氢气，最后生成 Na_3BN_2[181]。催化剂如 CoB 和 CoNiB 等同样可改善 $NaBH_4$-$x$$NaNH_2$ 体系的放氢性能[182]。机械球磨后的 $Mg(BH_4)_2$-$Mg(NH_2)_2$ 混合物在 180℃热处理即可形成 $Mg(BH_4)(NH_2)$相，该相在 200℃下转变为无定形态，随后进行脱氢[183]。$Ca(BH_4)_2$-$LiNH_2$ 混合物经过热处理后也可形成 $LiCa(BH_4)_2(NH_2)$新相，新相在 150℃下开始脱氢，加热到 400℃后可释放 7.1wt%的氢气[184]。$Ca(BH_4)_2$-$NaNH_2$ 相互作用也可以形成 $NaCa(BH_4)_2(NH_2)$新相，并在 280～340℃脱氢[184]。类似于 $Mg(BH_4)_2$-$Mg(NH_2)_2$ 之间的相互作用，$Ca(BH_4)_2$-$Ca(NH_2)_2$ 可相互作用形成 $Ca(BH_4)(NH_2)$[185]。除这些能形成新相的反应外，其他金属硼氢化物-金属氨基化合物之间也存在一定的作用，如 $LiBH_4$ 与 $NaNH_2$ 或 $Mg(NH_2)_2$ 等。一般认为金属硼氢化物-金属氨基化合物之间相互作用的主要驱动力是 H^-和 H^+之间的强相互作用[186]。近期，较为重要的一项研究进展是合成功能化或特殊结构的金属硼氢化物以作为储氢材料或离子导体材料[187-189]，其中很多硼氢化物可以进一步络合氨形成氨合物，这些氨合物本身或其与金属氢化物复合后，具有与金属硼氢化物-金属氨基化合物类似的放氢特性。Zheng 等[190, 191]研究了 $LiBH_4$ 吸附不同氨量后在密闭反应器内的脱氢性能。$Li[NH_{3(n)}]BH_4$（$n = 1$、4/3、2）氨合物在 250℃可分别释放 15.3wt%、17.8wt%和 14.3wt%的氢气，其中氢气纯度可达 97.6%。Li 等[192]发现 $Mg(BH_4)_2 \cdot 2NH_3$-$2NaAlH_4$ 体系能释放 11.3wt%的氢，并在 570℃下实现 3.5wt%的可逆储氢。有关硼氢化物氨合物的相关研究将在第 3 章中详细介绍。此外，表 2.4 汇总了一些已报道的常见的金属氨基化合物-金属氢化物储氢体系[193]。

表 2.4　部分常见金属氨基化合物-金属氢化物储氢体系汇总[193]

反应体系	吸放氢反应	理论氢量/wt%	实测氢量/wt%	ΔH_{des}/(kJ/ mol_{H_2})	参考文献
二元体系	$2LiH + LiNH_2 \rightleftharpoons LiH + Li_2NH + H_2 \rightleftharpoons Li_3N + 2H_2$	6.5 10.3	6.3 11.5	66.1 161*	[70]
	$MgH_2 + Mg(NH_2)_2 \longrightarrow 2MgNH + 2H_2$	4.9	4.8	—	[194]
	$2MgH_2 + Mg(NH_2)_2 \longrightarrow Mg_3N_2 + 4H_2$	7.4	7.4	3.5*	[195]
	$CaH_2 + CaNH \rightleftharpoons Ca_2NH + H_2$	2.1	1.9	88.7	[70]
三元体系	$KH + Mg(NH_2)_2 \longrightarrow KMgNH_2NH + H_2$	2.1	1.8	—	[122]
	$CaH_2+2LiNH_2 \longrightarrow Li_2Ca(NH)_2+2H_2 \rightleftharpoons Ca(NH_2)_2+2LiH$	4.5	2.7	78	[196]
	$2LiH + Mg(NH_2)_2 \rightleftharpoons Li_2Mg(NH)_2 + 2H_2$	5.6	5.2	38.9	[23]
	$8LiH + 3Mg(NH_2)_2 \rightleftharpoons 4Li_2NH + Mg_3N_2 + 8H_2$	6.9	6.9	—	[100]

续表

反应体系	吸放氢反应	理论氢量/wt%	实测氢量/wt%	ΔH_{des}/(kJ/ mol_{H_2})	参考文献
三元体系	$4LiH + Mg(NH_2)_2 \rightleftharpoons Li_3N + LiMgN + 4H_2$	9.1	9.1	—	[20]
	$LiNH_2+MgH_2 \rightleftharpoons LiMgN + 2H_2$	8.0	8.2	29.7	[197]
	$3KH + 3Mg(NH_2)_2 \rightleftharpoons K_2Mg(NH_2)_4 + 2MgNH + KH + 2H_2 \rightleftharpoons 3KMg(NH_2)(NH) + 3H_2$	2.1	1.9	56.0	[198]
	$4CaH_2 + 2Mg(NH_2)_2 \longrightarrow Mg_2CaN_2+Ca_2NH + CaNH + 7H_2$	5	4.9	21.4	[199]
	$2LiH + LiNH_2 + AlN \rightleftharpoons Li_3AlN_2 + 2H_2$	5	5.1	50.5*	[161]
	$LiBH_4 + 2LiNH_2 \longrightarrow [Li_3BN_2H_8] \longrightarrow Li_3BN_2+4H_2$	11.8	10.2	—	[172]
	$4LiAlH_4+4LiNH_2 \rightarrow 2Li_3AlN_2+2Al + 2LiH + 11H_2$	9.0	8.8	—	[200]
	$2Li_3AlH_6+6LiNH_2 \rightleftharpoons 2Al + 6Li_2NH + 9H_2$	7.3	7	—	[201]
多元体系	$4LiH + Mg(NH_2)_2 + Ca(NH_2)_2 \rightleftharpoons Li_4MgCaN_4H_4 + 4H_2$	5	3.0	—	[202]
	$2MgH_2+Li_3K(NH_2)_4 \longrightarrow Li_2Mg_2(NH)_3+LiNH_2+KH + 3H_2$	3.4	3.0	34	[203]
	$NaMgH_3 + 2LiNH_2 \longrightarrow Li_2Mg(NH)_2 + NaH + 2H_2$	4.2	4.0	—	[204]
	$2Li_3AlH_6+3Mg(NH_2)_2 \rightleftharpoons 3Li_2Mg(NH)_2 + 2Al + 9H_2$	6.5	6.2	—	[205]
	$3LiBH_4+2NaNH_2 \longrightarrow Li_3BN_2+2NaBH_4+4H_2$	5.5	5.1	—	[206]
	$3MgH_2 + 2Li_4BN_3H_{10} \longrightarrow 2Li_3BN_2 + Mg_3N_2 + 2LiH + 12H_2$	9.2	8.2	—	[125]

*理论计算值。

2.5　总结与展望

自 2002 年以来，已有近百种不同储氢性能的金属（亚）氨基化合物-金属氢化物储氢材料体系被相继报道。这些材料可在不同场景得以利用。如 Li-Mg-N-H 体系因具有较好的可逆储氢性能，可作为固体氢源应用于燃料电池汽车、固定式发电站和氢气运输等方面。而 $LiNH_2$-$LiAlH_4$ 等含氢量较大的体系可作为一次性氢源使用。尤为重要的是，“H^-和 H^+相互作用驱动脱氢”这一材料设计理念已指导开发了多类具有优良储氢性能的材料，如金属氨基硼烷及其衍生物、硼氢化物的氨合物和肼合物等。

迄今，金属（亚）氨基化合物储氢体系尚未商业化，但其研发过程中所取得的成绩是有目共睹的。如 $Mg(NH_2)_2$-LiH 体系已被国内外多个团队进行小规模储氢系统的示范；欧盟 7 家合作单位承担的 SSH2S 项目就以该材料为主体构建了其车载辅助能源系统，该系统已成功应用于示范商务车上。某些金属（亚）氨基化合物也可拓展到离子导体领域，如 Li_2NH、Li_3N、$Li_4BN_3H_{10}$ 等具有较快的锂离子传导速率；也可拓展应用于合成氨和氨分解催化过程（第 5 章）。在科研界的共同努力下，虽然已攻克并解决了众多难题，但金属（亚）氨基化合物体系的综合性能还不能满足实用车载对储氢材料的需求。这也为此类材料余留了继续深入研究的空间、动力和方向。总体来说，需进一步研发新型金属（亚）氨基化合物储氢材料和体系；需进一步利用先进的表征手段和计算方法认识和理解材料性能调变规律和反应机制，以便指导开发新型储氢材料和优化现有体系；需发展金属（亚）氨基化合物储氢材料规模化合成工艺，降低生产成本并提高生产效率；还需根据不同应用场景的储氢需求，开发具备不同储氢性能的材料及工艺。

参 考 文 献

[1] Richter T M M，Niewa R. Chemistry of ammonothermal synthesis. Inorganics，2014，2：29-78.

[2] Bergstrom F W，Fernelius W C. The chemistry of the alkali amides. Ⅰ. Chem Rev，1933，12：43-179.

[3] Bergstrom F W，Fernelius W C. The chemistry of the alkali amides. Ⅱ. Chem Rev，1937，20：413-481.

[4] Levine R，Fernelius W C. The chemistry of the alkali amides . Ⅲ. Chem Rev，1954，54（3）：449-573.

[5] Juza R. Amides of the alkali and the alkaline earth metals. Angew Chem Int Edit，1964，3：471-481.

[6] Jacobs H，Juza R. Darstellung und eigenschaften von magnesiumamid und-imid. Z Anorg Allg Chem，1969，370：254-261.

[7] Wibert E，May A. Uber die umsetzung von aluminiumwasserstoff mit ammoniak und aminen .2. Zur kenntnis eines aluminiumtriamids $Al(NH_2)_3$. Zeitschrift Fur Naturforschung Part B—Chemie Biochemie Biophysik Biologie Und Verwandten Gebiete，1955，10：230-232.

[8] Hertrampf J，Schluecker E，Gudat D，et al. Dissolved intermediates in ammonothermal crystal growth：Stepwise condensation of $[Ga(NH_2)_4]^-$ toward GaN. Cryst Growth Des，2017，17：4855-4863.

[9] Anon C. Ammonolysis of tetrakis：di：methyl：amino：silane- for low pressure chemical vapour deposition of silicon nitride. Patent：RD314051-A，1990，6：10.

[10] Juza R，Fasold K，Kuhn W. Untersuchungen Über zink und cadmiumamid metallamide. Ⅲ. Mitteilung. Z Anorg Allg Chem，1937，234：86-96.

[11] Jacobs H，Kistrup H. Über das system kalium/samarium/ammoniak. Z Anorg Allg Chem，1977，435：127-136.

[12] Jacobs H，Fink U. Untersuchung des systems kalium/europium/ammoniak. Z Anorg Allg Chem，1978，438：151-159.

[13] Gieger B，Jacobs H，Hadenfeldt C. Die kristallstruktur von lanthanamid，$La(NH_2)_3$. Z Anorg Allg Chem，1974，410：104-112.

[14] Richter Theresia M M，Zhang S，Niewa R. Ammonothermal synthesis of dimorphic $K_2[Zn(NH_2)_4]$. Z Kristallogr，2013，228：351-358.

[15] Kraus F，Korber N. $K_2Li(NH_2)_3$ and $K_2Na(NH_2)_3$—Synthesis and crystal structure of two crystal-chemically isotypic mixed-cationic amides. J Solid State Chem，2005，178：1241-1246.

[16] Palvadea P，Rouxel J. Ternary $K_2Mg(NH_2)_4$ amide $K_2Mg(NH)_2$ imide and KMgN double nitride. Comptes Rendus Hebdomadaires Des Seances De L Academie Des Sciences Serie C，1968，266：1605-1609.

[17] Leng H，Ichikawa T，Hino S，et al. Synthesis and decomposition reactions of metal amides in metal-N-H hydrogen storage system. J Power Sources，2006，156：166-170.

[18] Cao H，Santoru A，Pistidda C，et al. New synthesis route for ternary transition metal amides as well as ultrafast amide-hydride hydrogen storage materials. Chem Commun，2016，52：5100-5103.

[19] Chen P，Xiong Z，Luo J，et al. Interaction between lithium amide and lithium hydride. J Phys Chem B，2003，107：10967-10970.

[20] Nakamori Y，Kitahara G，Orimo S. Synthesis and dehydriding studies of Mg-N-H systems. J Power Sources，2004，138：309-312.

[21] Xiong Z，Wu G，Hu J，et al. Ca-Na-N-H system for reversible hydrogen storage. J Alloys Compd，2007，441：152-156.

[22] Hu Y H，Ruckenstein E. Ultrafast reaction between Li_3N and $LiNH_2$ to prepare the effective hydrogen storage material Li_2NH. Ind Eng Chem Res，2006，45：4993-4998.

[23] Xiong Z，Wu G，Hu J，et al. Ternary imides for hydrogen storage. Adv Mater，2004，16：1522-1525.

[24] Wu H. Structure of ternary imide $Li_2Ca(NH)_2$ and hydrogen storage mechanisms in amide-hydride system. J Am Chem Soc，2008，130：6515-6522.

[25] Rauch P E，DiSalvo F J. Ambient pressure synthesis of ternary group（V）nitrides. J Solid State Chem，1992，100：160-165.

[26] Hu J，Wu G，Liu Y，et al. Hydrogen release from $Mg(NH_2)_2$-MgH_2 through mechanochemical reaction. J Phys Chem B，2006，110：14688-14692.

[27] Kojima Y，Kawai Y. Hydrogen storage of metal nitride by a mechanochemical reaction. Chem Commun，2004：2210-2211.

[28] Juza R，Opp K. Metallamide und metallnitride. 24. Die kristallstruktur des lithiumamides. Z Anorg Allg Chem，1951，266：313-324.

[29] Yang J B，Zhou X D，Cai Q，et al. Crystal and electronic structures of $LiNH_2$. Appl Phys Lett，2006，88：041914.

[30] Sørby M H，Nakamura Y，Brinks H W，et al. The crystal structure of $LiND_2$ and $Mg(ND_2)_2$. J Alloys Compd，2007，428：297-301.

[31] Grotjahn D B，Sheridan P M，Al Jihad I，et al. First synthesis and structural determination of a monomeric，unsolvated lithium amide，$LiNH_2$. J Am Chem Soc，2001，123：5489-5494.

[32] Chellappa R S，Chandra D，Somayazulu M，et al. Pressure-induced phase transitions in $LiNH_2$. The J Phys Chem B，2007，111：10785-10789.

[33] Zhong Y，Zhou H，Hu C，et al. Pressure-induced structural transitions of $LiNH_2$：A first-principle study. J Alloys Compd，2012，544：129-133.

[34] Juza R，Opp K. Metallamide und metallnitride. 25. Zur kenntnis des lithiumimides. Z Anorg Allg Chem，1951，266：325-330.

[35] Ohoyama K，Nakamori Y，Orimo S，et al. Revised crystal structure model of Li_2NH by neutron powder diffraction.

J Phys Soc Jpn，2005，74：183-407.

[36] Noritake T，Nozaki H，Aoki M，et al. Crystal structure and charge density analysis of Li_2NH by synchrotron X-ray diffraction. J Alloys Compd，2005，393：264-268.

[37] Balogh M P，Jones C Y，Herbst J F，et al. Crystal structures and phase transformation of deuterated lithium imide，Li_2ND. J Alloys Compd，2006，420：326-336.

[38] Magyari-Kope B，Ozolins V，Wolverton C. Theoretical prediction of low-energy crystal structures and hydrogen storage energetics in Li_2NH. Phys Rev B，2006，73：220101.

[39] Wu S，Dong Z，Boey F，et al. Electronic structure and vacancy formation of Li_3N. Appl Phys Lett，2009，94：172104.

[40] Differt K，Messer R. NMR spectra of Li and N in single crystals of Li_3N-discussion of ionic nature. J Phys C Solid State Phys，1980，13：717-724.

[41] Sørby M，Nakamura Y，Brinks H，et al. The crystal structure of $LiND_2$ and $Mg(ND_2)_2$. J Alloys Compd，2007，428：297-301.

[42] Wang Y，Chou M Y. First-principles study of cation and hydrogen arrangements in the Li-Mg-N-H hydrogen storage system. Phys Rev B，2007，76：014116.

[43] Linde G，Juza R. IR-spektren von amiden und imiden zwei und dreiwertiger metalle. Z Anorg Allg Chem，1974，409：199-214.

[44] Dolci F，Napolitano E，Weidner E，et al. Magnesium imide：Synthesis and structure determination of an unconventional alkaline earth imide from decomposition of magnesium amide. Inorg Chem，2011，50：1116-1122.

[45] Hagg G. On the crystal structure of magnesium nitride，Mg_3N_2. Z Kristallogr，1930，74：95-99.

[46] Partin D E，Williams D J，O'Keeffe M. The crystal structures of Mg_3N_2 and Zn_3N_2. J Solid State Chem，1997，132：56-59.

[47] Hao J，Li Y，Zhou Q，et al. Structural phase transformations of Mg_3N_2 at high pressure：Experimental and theoretical studies. Inorg Chem，2009，48：9737-9741.

[48] Rijssenbeek J，Gao Y，Hanson J，et al. Crystal structure determination and reaction pathway of amide-hydride mixtures. J Alloys Compd，2008，454：233-244.

[49] Weidner E，Dolci F，Hu J，et al. Hydrogenation reaction pathway in $Li_2Mg(NH)_2$. J Phys Chem C，2009，113：15772-15777.

[50] Michel K J，Akbarzadeh A R，Ozolins V. First-principles study of the Li-Mg-N-H system：Compound structures and hydrogen-storage properties. J Phys Chem C，2009，113：14551-14558.

[51] Juza R，Hund F. Die ternären nitride LiMgN und LiZnN. 16. Mitteilung über metallamide und metallnitride. Z Anorg Allg Chem，1948，257：1-12.

[52] Yamane H，Okabe T H，Ishiyama O，et al. Ternary nitrides prepared in the Li_3N-Mg_3N_2 system at 900-1000 K. J Alloys Compd，2001，319：124-130.

[53] Kim J H，Kang Y M，Park M S，et al. Synthesis and hydrogenation properties of lithium magnesium nitride. Int J Hydrogen Energy，2011，36：9714-9718.

[54] Hu J J，Roehm E，Fichtner M. Feasibility and performance of the mixture of MgH_2 and $LiNH_2$（1∶1）as a hydrogen-storage material. Acta Mater，2011，59：5821-5831.

[55] Wu G，Xiong Z，Liu T，et al. Synthesis and characterization of a new ternary imide $Li_2Ca(NH)_2$. Inorg Chem，2006，46：517-521.

[56] Bhattacharya S，Wu G，Ping C，et al. Lithium calcium imide [$Li_2Ca(NH)_2$] for hydrogen storage：Structural and

thermodynamic properties. J Phys Chem B，2008，112：11381-11384.

[57] Zalkin A，Templeton D H. The crystal structure of sodium amide. J Phys Chem，1956，60：821-823.

[58] Juza R，Liedtke H. Zur kenntnis des kaliumamids. Z Anorg Allg Chem，1957，290：204-208.

[59] Jacobs H，von Osten E. Die Kristallstruktur einer neuen Modifikation des Kaliumamids，KNH_2. Zeitschrift für Naturforschung B，1976，31：385-386.

[60] Juza R，Jacobs H，Klose W. Die kristallstrukturen der tieftemperaturmodifikationen von kalium-und rubidiumamid. Z Anorg Allg Chem，1965，338：171-178.

[61] Juza R，Mehne A. Zur kristallstruktur der alkalimetallamide. Z Anorg Allg Chem，1959，299：33-40.

[62] Jacobs H. Crystal-structure of beryllium amide，$Be(NH_2)_2$. Z Anorg Allg Chem，1976，427：1-7.

[63] Velikokhatnyi O I，Kumta P N. Energetics of the lithium-magnesium imide-magnesium amide and lithium hydride reaction for hydrogen storage：An *ab initio* study. Mater Sci Eng B，2007，140：114-122.

[64] Senker J，Jacobs H，Muller M，et al. Structure determination of a low temperature phase of calcium and strontium amide by means of neutron powder diffraction on $Ca(ND_2)_2$ and $Sr(ND_2)_2$. Z Anorg Allg Chem，1999，625：2025-2032.

[65] Jacobs H，Hadenfeldt C. Die kristallstruktur von bariumamid，$Ba(NH_2)_2$. Z Anorg Allg Chem，1975，418：132-140.

[66] Fröhling B，Kreiner G，Jacobs H. Synthese und kristallstruktur von mangan(Ⅱ)und zinkamid，$Mn(NH_2)_2$ und $Zn(NH_2)_2$. Z Anorg Allg Chem，1999，625：211-216.

[67] Hadenfeldt C，Jacobs H，Juza R. Über die amide des europiums und ytterbiums. Z Anorg Allg Chem，1970，379：144-156.

[68] Jacobs H，Jänichen K，Hadenfeldt C，et al. Lithiumaluminiumamid，$LiAl(NH_2)_4$，darstellung，röntgenographische untersuchung，infrarotspektrum und thermische zersetzung. Z Anorg Allg Chem，1985，531：125-139.

[69] Cao H，Guo J，Chang F，et al. Transition and alkali metal complex ternary amides for ammonia synthesis and decomposition. Chem Eur J，2017，23：9766-9771.

[70] Chen P，Xiong Z，Luo J，et al. Interaction of hydrogen with metal nitrides and imides. Nature，2002，420：302-304.

[71] Chen P，Wu X，Lin J，et al. High H_2 uptake by alkali-doped carbon nanotubes under ambient pressure and moderate temperatures. Science，1999，285：91-93.

[72] Qiu S，Chu H，Zou Y，et al. Light metal borohydrides/amides combined hydrogen storage systems：Composition，structure and properties. J Mater Chem A，2017，5：25112-25130.

[73] Garroni S，Santoru A，Cao H，et al. Recent progress and new perspectives on metal amide and imide systems for solid-state hydrogen storage. Energies，2018，11：1027.

[74] He T，Cao H，Chen P. Complex hydrides for energy storage，conversion，and utilization. Adv Mater，2019，31：1902757.

[75] Kojima Y，Kawai Y. Ir characterizations of lithium imide and amide. J Alloys Compcd，2005，395：236-239.

[76] Isobe S，Ichikawa T，Tokoyoda K，et al. Evaluation of enthalpy change due to hydrogen desorption for lithium amide/imide system by differential scanning calorimetry. Thermochim Acta，2008，468：35-38.

[77] Ichikawa T，Hanada N，Isobe S，et al. Hydrogen storage properties in Ti catalyzed Li-N-H system. J Alloys Compd，2005，404：435-438.

[78] Isobe S，Ichikawa T，Hanada N，et al. Effect of Ti catalyst with different chemical form on Li-N-H hydrogen storage properties. J Alloys Compd，2005，404：439-442.

[79] Matsumoto M，Haga T，Kawai Y，et al. Hydrogen desorption reactions of Li-N-H hydrogen storage system：Estimation of activation free energy. J Alloys Compd，2007，439：358-362.

[80] Zhang T，Isobe S，Wang Y，et al. A homogeneous metal oxide catalyst enhanced solid-solid reaction in the hydrogen desorption of a lithium-hydrogen-nitrogen system. ChemCatChem，2014，6：724-727.

[81] Zhang T，Isobe S，Matsuo M，et al. Effect of lithium ion conduction on hydrogen desorption of $LiNH_2$-LiH solid composite. ACS Catal，2015，5：1552-1555.

[82] Aguey-Zinsou K F，Yao J，Guo Z X. Reaction paths between $LiNH_2$ and LiH with effects of nitrides. J Phys Chem B，2007，111：12531-12536.

[83] Ma L P，Wang P，Dai H B，et al. Enhanced H-storage property in Li-Co-N-H system by promoting ion migration. J Alloys Compd，2008，466：L1-L4.

[84] Shaw L L，Ren R，Markmaitree T，et al. Effects of mechanical activation on dehydrogenation of the lithium amide and lithium hydride system. J Alloys Compd，2008，448：263-271.

[85] Osborn W，Markmaitree T，Shaw L L. The long-term hydriding and dehydriding stability of the nanoscale $LiNH_2$ + LiH hydrogen storage system. Nanotechnology，2009，20：204028.

[86] Xia G L，Meng Q，Guo Z P，et al. Nanoconfinement significantly improves the thermodynamics and kinetics of co-infiltrated $2LiBH_4$-$LiAlH_4$ composites：Stable reversibility of hydrogen absorption/resorption. Acta Mater，2013，61：6882-6893.

[87] Wood B C，Stavila V，Poonyayant N，et al. Nanointerface-driven reversible hydrogen storage in the nanoconfined Li-N-H system. Adv Mater Interfaces，2017，4：1600803.

[88] Lamb J，Chandra D，Chien W M，et al. Mitigation of hydrogen capacity losses during pressure cycling of the Li_3N-H system by the addition of nitrogen. J Phys Chem C，2011，115：14386-14391.

[89] Chien W，Chandra D，Lamb J. X-Ray Diffraction studies of Li-based complex hydrides after pressure cycling. Adv X-Ray Anal，2008，51：190-195.

[90] Chen P，Xiong Z，Yang L，et al. Mechanistic investigations on the heterogeneous solid-state reaction of magnesium amides and lithium hydrides. J Phys Chem B，2006，110：14221-14225.

[91] Lu J，Fang Z Z，Sohn H Y. A dehydrogenation mechanism of metal hydrides based on interactions between $H^{\delta+}$ and H^{-}. Inorg Chem，2006，45：8749-8754.

[92] Leng H，Ichikawa T，Hino S，et al. Mechanism of hydrogenation reaction in the Li-Mg-N-H system. J Phys Chem B，2005，109：10744-10748.

[93] Ichikawa T，Hanada N，Isobe S，et al. Mechanism of novel reaction from $LiNH_2$ and LiH to Li_2NH and H_2 as a promising hydrogen storage system. J Phys Chem B，2004，108：7887-7892.

[94] Hu Y H，Ruckenstein E. Ultrafast reaction between LiH and NH_3 during H_2 storage in Li_3N. J Phys Chem A，2003，107：9737-9739.

[95] Hu J Z，Kwak J H，Yang Z，et al. Probing the reaction pathway of dehydrogenation of the $LiNH_2$ + LiH mixture using *in situ* ^1H NMR spectroscopy. J Power Sources，2008，181：116-119.

[96] David W I F，Jones M O，Gregory D H，et al. A mechanism for non-stoichiometry in the lithium amide/lithium imide hydrogen storage reaction. J Am Chem Soc，2007，129：1594-1601.

[97] Cao H J，Wang J H，Chua Y S，et al. NH_3 mediated or ion migration reaction：The case study on halide-amide system. J Phys Chem C，2014，118：2344-2349.

[98] Orimo S，Nakamori Y，Kitahara G，et al. Destabilization and enhanced dehydriding reaction of $LiNH_2$：An electronic structure viewpoint. Appl Phys A，2004，79：1765-1767.

[99] Luo W. （$LiNH_2$-MgH_2）：A viable hydrogen storage system. J Alloys Compd，2004，381：284-287.

[100] Leng H Y，Ichikawa T，Hino S，et al. New metal-nh system composed of $Mg(NH_2)_2$ and LiH for hydrogen storage.

J Phys Chem B，2004，108：8763-8765.

[101] Xiong Z，Hu J，Wu G，et al. Thermodynamic and kinetic investigations of the hydrogen storage in the Li-Mg-N-H system. J Alloys Compd，2005，398：235-239.

[102] Leng H，Ichikawa T，Fujii H. Hydrogen storage properties of Li-Mg-N-H systems with different ratios of $LiH/Mg(NH_2)_2$. J Phys Chem B，2006，110：12964-12968.

[103] Xiong Z，Wu G，Hu J，et al. Investigations on hydrogen storage over Li-Mg-N-H complex—The effect of compositional changes. J Alloys Compd，2006，417：190-194.

[104] Aoki M，Noritake T，Nakamori Y，et al. Dehydriding and rehydriding properties of $Mg(NH_2)_2$-LiH systems. J Alloys Compd，2007，446：328-331.

[105] Hu J，Liu Y，Wu G，et al. Structural and compositional changes during hydrogenation/dehydrogenation of the Li-Mg-N-H system. J Phys Chem C，2007，18439-18443.

[106] Luo W，Wang J，Stewart K，et al. Li-Mg-N-H：Recent investigations and development. J Alloys Compd，2007，446：336-341.

[107] Luo W，Stewart K. Characterization of NH_3 formation in desorption of Li-Mg-N-H storage system. J Alloys Compd，2007，440：357-361.

[108] Luo S，Flanagan T B，Luo W. The effect of exposure of the H-storage system（$LiNH_2+MgH_2$）to water-saturated air. J Alloys Compd，2007，440：L13-L17.

[109] Cao H，Georgopanos P，Capurso G，et al. Air-stable metal hydride-polymer composites of $Mg(NH_2)_2$-LiH and TPX™. Mater Today Energy，2018，10：98-107.

[110] Cao H，Pistidda C，Castro Riglos M V，et al. Conversion of magnesium waste into a complex magnesium hydride system：$Mg(NH_2)_2$-LiH. Sustain Energ Fuels，2020，4：1915-1923.

[111] Wang J，Liu T，Wu G，et al. Potassium-modified $Mg(NH_2)_2$/2LiH system for hydrogen storage. Angew Chem Int Ed，2009，48：5828-5832.

[112] Liu Y，Li C，Li B，et al. Metathesis reaction-induced significant improvement in hydrogen storage properties of the KF-added $Mg(NH_2)_2$-2LiH system. J Phys Chem C，2013，117：866-875.

[113] Li C，Liu Y，Pang Y，et al. Compositional effects on the hydrogen storage properties of $Mg(NH_2)_2$-2LiH-xKH and the activity of KH during dehydrogenation reactions. Dalton Trans，2014，43：2369-2377.

[114] Li C，Liu Y，Yang Y，et al. High-temperature failure behaviour and mechanism of K-based additives in Li-Mg-N-H hydrogen storage systems. J Mater Chem A，2014，2：7345-7353.

[115] Liang C，Liu Y，Gao M，et al. Understanding the role of K in the significantly improved hydrogen storage properties of a KOH-doped Li-Mg-N-H system. J Mater Chem A，2013，1：5031-5036.

[116] Wang J，Chen P，Pan H，et al. Solid-solid heterogeneous catalysis：The role of potassium in promoting the dehydrogenation of the $Mg(NH_2)_2$/2LiH composite. ChemSusChem，2013，6：2181-2189.

[117] Liu Y，Yang Y，Zhang X，et al. Insights into the dehydrogenation reaction process of a K-containing $Mg(NH_2)_2$-2LiH system. Dalton Trans，2015，44：18012-18018.

[118] Durojaiye T，Hayes J，Goudy A. Rubidium hydride：An exceptional dehydrogenation catalyst for the lithium amide/magnesium hydride system. J Phys Chem C，2013，117：6554-6560.

[119] Durojaiye T，Hayes J，Goudy A. Potassium，rubidium and cesium hydrides as dehydrogenation catalysts for the lithium amide/magnesium hydride system. Int J Hydrogen Energy，2015，40：2266-2273.

[120] Li C，Liu Y，Ma R，et al. Superior dehydrogenation/hydrogenation kinetics and long-term cycling performance of K and Rb cocatalyzed $Mg(NH_2)_2$-2LiH system. ACS Appl Mater Interfaces，2014，6：17024-17033.

[121] Santoru A，Pistidda C，Brighi M，et al. Insights into the Rb-Mg-N-H system：An ordered mixed amide/imide phase and a disordered amide/hydride solid solution. Inorg Chem，2018，57：3197-3205.

[122] Santoru A，Garroni S，Pistidda C，et al. A new potassium-based intermediate and its role in the desorption properties of the K-Mg-N-H system. Phys Chem Chem Phys，2016，18：3910-3920.

[123] Liang C，Liu Y，Wei Z，et al. Enhanced dehydrogenation/hydrogenation kinetics of the $Mg(NH_2)_2$-2LiH system with NaOH additive. Int J Hydrogen Energy，2011，36：2137-2144.

[124] Liu Y，Hu J，Xiong Z，et al. Improvement of the hydrogen-storage performances of Li-Mg-N-H system. J Mater Res，2007，22：1339-1345.

[125] Yang J，Sudik A，Siegel D J，et al. A self-catalyzing hydrogen-storage material. Angew Chem Int Edit，2008，47：882-887.

[126] Hu J，Liu Y，Wu G，et al. Improvement of hydrogen storage properties of the Li-Mg-N-H system by addition of $LiBH_4$. Chem Mater，2008，20：4398-4402.

[127] Hu J，Fichtner M，Chen P. Investigation on the properties of the mixture consisting of $Mg(NH_2)_2$，LiH，and $LiBH_4$ as a hydrogen storage material. Chem Mater，2008，20：7089-7094.

[128] Li B，Liu Y，Gu J，et al. Synergetic effects of *in situ* formed CaH_2 and $LiBH_4$ on hydrogen storage properties of the Li-Mg-N-H system. Chem Asian J，2013，8：374-384.

[129] Pan H，Shi S，Liu Y，et al. Improved hydrogen storage kinetics of the Li-Mg-N-H system by addition of $Mg(BH_4)_2$. Dalton Trans，2013，42：3802-3811.

[130] Hu J，Weidner E，Hoelzel M，et al. Functions of $LiBH_4$ in the hydrogen sorption reactions of the 2LiH-$Mg(NH_2)_2$ system. Dalton Trans，2010，39：9100-9107.

[131] Hu J，Pohl A，Wang S，et al. Additive effects of $LiBH_4$ and $ZrCoH_3$ on the hydrogen sorption of the Li-Mg-N-H hydrogen storage system. J Phys Chem C，2012，116：20246-20253.

[132] Cao H，Wu G，Zhang Y，et al. Effective thermodynamic alteration to $Mg(NH_2)_2$-LiH system：Achieving near ambient-temperature hydrogen storage. J Mater Chem A，2014，2：15816-15822.

[133] Wang H，Wu G，Cao H，et al. Near ambient condition hydrogen storage in a synergized tricomponent hydride system. Adv Energy Mater，2017，7：1602456.

[134] Wang H，Cao H J，Wu G T，et al. The improved hydrogen storage performances of the multi-component composite：2$Mg(NH_2)_2$-3LiH-$LiBH_4$. Energies，2015，8：6898-6909.

[135] Wang H，Cao H，Pistidda C，et al. Effects of stoichiometry on the H_2 storage properties of $Mg(NH_2)_2$-LiH-$LiBH_4$ tri-component systems. Chem Asian J，2017，12：1758-1764.

[136] Gizer G，Puszkiel J，Cao H，et al. Tuning the reaction mechanism and hydrogenation/dehydrogenation properties of 6$Mg(NH_2)_2$-9LiH system by adding $LiBH_4$. Int J Hydrogen Energy，2019，44：11920-11929.

[137] Cao H，Zhang W，Pistidda C，et al. Kinetic alteration of the 6$Mg(NH_2)_2$-9LiH-$LiBH_4$ system by co-adding YCl_3 and Li_3N. Phys Chem Chem Phys，2017，19：32105-32115.

[138] Chen Y，Wang P，Liu C，et al. Improved hydrogen storage performance of Li-Mg-N-H materials by optimizing composition and adding single-walled carbon nanotubes. Int J Hydrogen Energy，2007，32：1262-1268.

[139] Wang Q，Chen Y，Niu G，et al. Nature of Ti species in the Li-Mg-N-H system for hydrogen storage：A theoretical and experimental investigation. Ind Eng Chem Res，2009，48：5250-5254.

[140] Ma L P，Wang P，Dai H B，et al. Catalytically enhanced dehydrogenation of Li-Mg-N-H hydrogen storage material by transition metal nitrides. J Alloys Compd，2009，468：L21-L24.

[141] Ma L P，Fang Z Z，Dai H B，et al. Effect of Li_3N additive on the hydrogen storage properties of Li-Mg-N-H system.

J Mater Res，2009，24：1936-1942.

[142] Price C，Gray J，Lascola Jr R，et al. The effects of halide modifiers on the sorption kinetics of the Li-Mg-N-H system. Int J Hydrogen Energy，2012，37：2742-2749.

[143] Li B，Kaye S S，Riley C，et al. Hydrogen storage materials discovery via high throughput ball milling and gas sorption. ACS Comb Sci，2012，14：352-358.

[144] Shukla V，Bhatnagar A，Singh S，et al. A dual borohydride（Li and Na borohydride）catalyst/additive together with intermetallic FeTi for the optimization of the hydrogen sorption characteristics of $Mg(NH_2)_2/2LiH$. Dalton Trans，2019，48：11391-11403.

[145] Sudik A，Yang J，Halliday D，et al. Kinetic improvement in the $Mg(NH_2)_2$-LiH storage system by product seeding. J Phys Chem C，2007，111：6568-6573.

[146] Cao H，Zhang Y，Wang J，et al. Effects of Al-based additives on the hydrogen storage performance of the $Mg(NH_2)_2$-2LiH system. Dalton Trans，2013，42：5524-5531.

[147] Liu Y，Zhong K，Luo K，et al. Size-dependent kinetic enhancement in hydrogen absorption and desorption of the Li-Mg-N-H system. J Am Chem Soc，2009，131：1862-1870.

[148] Wang J，Hu J，Liu Y，et al. Effects of triphenyl phosphate on the hydrogen storage performance of the $Mg(NH_2)_2$-2LiH system. J Mater Chem，2009，19：2141-2146.

[149] Xie L，Liu Y，Li G Q，et al. Improving hydrogen sorption kinetics of the $Mg(NH_2)_2$-LiH system by the tuning particle size of the amide. J Phys Chem C，2009，113：14523-14527.

[150] Xia G L，Chen X W，Zhou C F，et al. Nano-confined multi-synthesis of a Li-Mg-N-H nanocomposite towards low-temperature hydrogen storage with stable reversibility. J Mater Chem A，2015，3：12646-12652.

[151] Bhouri M，Bürger I，Linder M. Numerical investigation of hydrogen charging performance for a combination reactor with embedded metal hydride and coolant tubes. Int J Hydrogen Energy，2015，40：6626-6638.

[152] Bhouri M，Buerger I，Linder M. Optimization of hydrogen charging process parameters for an advanced complex hydride reactor concept. Int J Hydrogen Energy，2014，39：17726-17739.

[153] Valizadeh M，Aghajani Delavar M，Farhadi M. Numerical simulation of heat and mass transfer during hydrogen desorption in metal hydride storage tank by lattice boltzmann method. Int J Hydrogen Energy，2016，41：413-424.

[154] Buerger I，Hu J J，Vitillo J G，et al. Material properties and empirical rate equations for hydrogen sorption reactions in $2LiNH_2$-$1.1MgH_2$-$0.1LiBH_4$-3wt% $ZrCoH_3$. Int J Hydrogen Energy，2014，39：8283-8292.

[155] Buerger I，Komogowski L，Linder M. Advanced reactor concept for complex hydrides：Hydrogen absorption from room temperature. Int J Hydrogen Energy，2014，39：7030-7041.

[156] Buerger I，Luetto C，Linder M. Advanced reactor concept for complex hydrides：Hydrogen desorption at fuel cell relevant boundary conditions. Int J Hydrogen Energy，2014，39：7346-7355.

[157] Yan M Y，Sun F，Liu X P，et al. Effects of graphite content and compaction pressure on hydrogen desorption properties of $Mg(NH_2)_2$-2LiH based tank. J Alloys Compd，2015，628：63-67.

[158] Baricco M，Bang M，Fichtner M，et al. SSH2S：Hydrogen storage in complex hydrides for an auxiliary power unit based on high temperature proton exchange membrane fuel cells. J Power Sources，2017，342：853-860.

[159] Cao H J，Pistidda C，Richter T M M，et al. *In situ* X-ray diffraction studies on the de/rehydrogenation processes of the $K_2Zn(NH_2)_4$-8LiH system. J Phys Chem C，2017，121：1546-1551.

[160] Cao H J，Richter T M M，Pistidda C，et al. Ternary amides containing transition metals for hydrogen storage：A case study with alkali metal amidozincates. ChemSusChem，2015，8：3777-3782.

[161] Xiong Z，Wu G，Hu J，et al. Reversible hydrogen storage by a Li-Al-N-H complex. Adv Funct Mater，2007，

17：1137-1142.

[162] Nakamori Y，Ninomiya A，Kitahara G，et al. Dehydriding reactions of mixed complex hydrides. J Power Sources，2006，155：447-455.

[163] Xiong Z，Wu G，Hu J，et al. Investigation on chemical reaction between $LiAlH_4$ and $LiNH_2$. J Power Sources，2006，159：167-170.

[164] Xiong Z，Hu J，Wu G，et al. Large amount of hydrogen desorption and stepwise phase transition in the chemical reaction of $NaNH_2$ and $LiAlH_4$. Catal Today，2007，120：287-291.

[165] Liu Y，Hu J，Wu G，et al. Large amount of hydrogen desorption from the mixture of $Mg(NH_2)_2$ and $LiAlH_4$. J Phys Chem C，2007，111：19161-19164.

[166] Liu D，Sudik A，Yang J，et al. Hydrogen storage properties of $3Mg(NH_2)_2$-$2Li_3AlH_6$. J Phys Chem C，2011，116：1485-1492.

[167] Lu J，Fang Z Z，Sohn H Y，et al. Potential and reaction mechanism of Li-Mg-Al-N-H system for reversible hydrogen storage. J Phys Chem C，2007，111：16686-16692.

[168] Lu J，Fang Z Z，Choi Y J，et al. The effect of heating rate on the reversible hydrogen storage based on reactions of Li_3AlH_6 with $LiNH_2$. J Power Sources，2008，185：1354-1358.

[169] Chua Y S，Xiong Z T，Wu G T，et al. Ternary amide-hydride system：A study on $LiAl(NH_2)_4$-$LiAlH_4$ interaction. J Alloys Compd，2019，790：597-601.

[170] Fernandez Albanesi L，Garroni S，Arneodo Larochette P，et al. Role of aluminum chloride on the reversible hydrogen storage properties of the Li-N-H system. Int J Hydrogen Energy，2015，40：13506-13517.

[171] Senes N，Fernandez Albanesi L，Garroni S，et al. Kinetics and hydrogen storage performance of Li-Mg-N-H systems doped with Al and $AlCl_3$. J Alloys Compd，2018，765：635-643.

[172] Pinkerton F E，Meisner G P，Meyer M S，et al. Hydrogen desorption exceeding ten weight percent from the new quaternary hydride $Li_3BN_2H_8$. J Phys Chem B，2004，109：6-8.

[173] Aoki M，Miwa K，Noritake T，et al. Destabilization of $LiBH_4$ by mixing with $LiNH_2$. Appl Phys A，2005，80：1409-1412.

[174] Wu H，Zhou W，Udovic T J，et al. Structures and crystal chemistry of Li_2BNH_6 and $Li_4BN_3H_{10}$. Chem Mater，2008，20：1245-1247.

[175] Chater P A，David W I F，Johnson S R，et al. Synthesis and crystal structure of $Li_4BH_4(NH_2)_3$. Chem Commun，2006，37：2439-2441.

[176] Chater P A，David W I F，Anderson P A. Synthesis and structure of the new complex hydride $Li_2BH_4NH_2$. Chem Commun，2007，39：4770-4772.

[177] Pinkerton F E，Meyer M S. Hydrogen desorption behavior of nickel-chloride-catalyzed stoichiometric $Li_4BN_3H_{10}$. J Phys Chem C，2009，113：11172-11176.

[178] Zheng X，Xiong Z，Lim Y，et al. Improving effects of LiH and co-catalyst on the dehydrogenation of $Li_4BN_3H_{10}$. J Phys Chem C，2011，115：8840-8844.

[179] Chater P A，Anderson P A，Prendergast J W，et al. Synthesis and characterization of amide-borohydrides：New complex light hydrides for potential hydrogen storage. J Alloys Compd，2007，446-447：350-354.

[180] Somer M，Acar S，Koz C，et al. α- and β-$Na_2[BH_4][NH_2]$：Two modifications of a complex hydride in the system $NaNH_2$-$NaBH_4$；syntheses，crystal structures，thermal analyses，mass and vibrational spectra. J Alloys Compd，2010，491：98-105.

[181] Wu C，Bai Y，Yang J H，et al. Characterizations of composite $NaNH_2$-$NaBH_4$ hydrogen storage materials

synthesized via ball milling. Int J Hydrogen Energy，2012，37：889-893.

[182] Bai Y，Wu C，Wu F，et al. Thermal decomposition kinetics of light-weight composite $NaNH_2$-$NaBH_4$ hydrogen storage materials for fuel cells. Int J Hydrogen Energy，2012，37：12973-12979.

[183] Noritake T，Miwa K，Aoki M，et al. Synthesis and crystal structure analysis of complex hydride $Mg(BH_4)(NH_2)$. Int J Hydrogen Energy，2013，38：6730-6735.

[184] Poonyayant N，Stavila V，Majzoub E H，et al. An investigation into the hydrogen storage characteristics of $Ca(BH_4)_2$/$LiNH_2$ and $Ca(BH_4)_2$/$NaNH_2$：Evidence of intramolecular destabilization. J Phys Chem C，2014，118：14759-14769.

[185] Aidhy D S，Zhang Y S，Wolverton C. Prediction of a $Ca(BH_4)(NH_2)$quaternary hydrogen storage compound from first-principles calculations. Phys Rev B，2011，84：134103.

[186] Chen Z，Chen Z N，Wu A A，et al. Theoretical studies on dehydrogenation reactions in $Mg_2(BH_4)_2(NH_2)_2$ compounds. Chinese J Chem Phys，2012，25：676-680.

[187] Wang K，Pan Z，Yu X. Metal B-N-H hydrogen-storage compound：Development and perspectives. J Alloys Compd，2019，794：303-324.

[188] Kumar R，Karkamkar A，Bowden M，et al. Solid-state hydrogen rich boron-nitrogen compounds for energy storage. Chem Soc Rev，2019，48：5350-5380.

[189] Paskevicius M，Jepsen L H，Schouwink P，et al. Metal borohydrides and derivatives-synthesis，structure and properties. Chem Soc Rev，2017，46：1565-1634.

[190] Zheng X，Chua Y，Xiong Z，et al. The effect of NH_3 content on hydrogen release from $LiBH_4$-NH_3 system. Int J Hydrogen Energy，2015，40：4573-4578.

[191] Zheng X，Wu G，Li W，et al. Releasing 17.8 wt% H_2 from lithium borohydride ammoniate. Energ Environ Sci，2011，4：3593-3600.

[192] Li Y，Liu Y，Zhang X，et al. Hydrogen storage properties and mechanisms of a $Mg(BH_4)_2 \cdot 2NH_3$-$NaAlH_4$ combination system. Int J Hydrogen Energy，2016，41：2788-2796.

[193] Cao H，Zhang Y，Wang J，et al. Materials design and modification on amide-based composites for hydrogen storage. Prog Nat SCI-Mater，2012，22：550-560.

[194] Hu J，Wu G，Liu Y，et al. Hydrogen release from $Mg(NH_2)_2$-MgH_2 through mechanochemical reaction. J Phys Chem B，2006，110：14688-14692.

[195] Hu J，Xiong Z，Wu G，et al. Effects of ball-milling conditions on dehydrogenation of $Mg(NH_2)_2$-MgH_2. J Power Sources，2006，159：120-125.

[196] Chu H，Xiong Z，Wu G，et al. Hydrogen storage properties of Li-Ca-N-H system with different molar ratios of $LiNH_2$/CaH_2. Int J Hydrogen Energy，2010，35：8317-8321.

[197] Lu J，Choi Y J，Fang Z Z，et al. Effect of milling intensity on the formation of limgn from the dehydrogenation of $LiNH_2$-MgH_2（1∶1）mixture. J Power Sources，2010，195：1992-1997.

[198] Wang J，Wu G，Chua Y S，et al. Hydrogen sorption from the $Mg(NH_2)_2$-KH system and synthesis of an amide-imide complex of $KMg(NH)(NH_2)$. ChemSusChem，2011，4：1622-1628.

[199] Hu J，Xiong Z，Wu G，et al. Hydrogen releasing reaction between $Mg(NH_2)_2$ and CaH_2. J Power Sources，2006，159：116-119.

[200] Dolotko O，Kobayashi T，Wiench J W，et al. Investigation of the thermochemical transformations in the $LiAlH_4$-$LiNH_2$ system. Int J Hydrogen Energy，2011，36：10626-10634.

[201] Lu J，Fang Z Z，Sohn H Y. A new Li-Al-N-H system for reversible hydrogen storage. J Phys Chem B，2006，110：

14236-14239.

[202] Liu Y，Xiong Z，Hu J，et al. Hydrogen absorption/desorption behaviors over a quaternary Mg-Ca-Li-N-H system. J Power Sources，2006，159：135-138.

[203] Li C，Li C，Fan M，et al. Synthesis of a ternary amide $Li_xK_y(NH_2)_{x+y}$ and a novel $Li_3K(NH_2)_4$-$x$$MgH_2$ combination system for hydrogen storage. J Energy Chem，2019，35：37-43.

[204] Li Y，Fang F，Song Y，et al. Hydrogen storage of a novel combined system of $LiNH_2$-$NaMgH_3$：Synergistic effects of *in situ* formed alkali and alkaline-earth metal hydrides. Dalton Trans，2013，42：1810-1819.

[205] Liu D，Sudik A，Yang J，et al. Hydrogen storage properties of $3Mg(NH_2)_2$-$2Li_3AlH_6$. J Phys Chem C，2012，116：1485-1492.

[206] Zhang Y，Tian Q. The reactions in $LiBH_4$-$NaNH_2$ hydrogen storage system. Int J Hydrogen Energy，2011，36：9733-9742.

第3章 碱（土）金属硼氮基储氢体系

近年来，以金属氨基硼烷及其衍生物[1-3]、硼氢化物络合物[4]等为代表的金属硼氮基储氢材料因其较高的含氢量受到了广泛关注。金属硼氮基储氢材料可归属为化学氢化物储氢体系，通常情况下，该类材料分解放氢多为放热反应，硼氮间会形成稳定的化学键。这意味着该类材料的放氢过程不存在热力学方面的障碍，一般可以在较为温和的条件下进行，然而其逆向加氢过程会受到热力学限制而难以进行。因此，该类材料通常被视为一种高效的一次性氢源材料。在金属硼氮基储氢材料中，最为常见的是碱（土）金属硼氮基材料。本章将从材料分类、合成方法、晶体结构、储氢性能等几个方面对碱（土）金属硼氮基储氢材料进行介绍。

3.1 碱（土）金属硼氮基储氢材料的分类

碱（土）金属硼氮基储氢材料主要是指以碱（土）金属、硼、氮、氢四种元素组成的一类储氢材料，通常有如下分类。

（1）碱（土）金属氨基硼烷及其衍生物[3]。该类材料是从氨硼烷（ammonia borane，NH_3BH_3）衍生出的，主要包括碱（土）金属氨基硼烷（amidoborane）、碱（土）金属氨基硼烷氨合物（amidoborane ammoniate）、碱（土）金属氨基硼烷肼合物（amidoborane hydrazinate）等。

（2）碱（土）金属肼硼烷[5, 6]。这类材料主要由肼硼烷（hydrazine borane，$N_2H_4BH_3$）衍生而出，利用碱（土）金属取代肼硼烷分子中 N—H 上的 1 个 H 原子而形成。

（3）硼氢化物络合物[4]。该类材料主要包括硼氢化物氨合物（borohydride ammoniate）、硼氢化物肼合物（borohydride hydrazinate）等。

由于碱（土）金属氨基硼烷及其衍生物是基于氨硼烷化学改性衍生而成的，因此本章也将对氨硼烷的结构、性质、改性等方面进行介绍。由于肼硼烷的相关报道较少，同时考虑到其物性与氨硼烷类似，因此在本书中将不做专门介绍。在众多碱（土）金属硼氮基材料中，作者将以碱（土）金属氨基硼烷及其衍生物、硼氢化物络合物为代表重点介绍。

3.2　硼氮基储氢材料的合成

硼氮基储氢材料的主要合成方法包括：复分解反应法（离子交换）、酸碱反应法、机械混合法、气相吸附法等。下面就某类具体物质介绍其合成方法。

3.2.1　氨硼烷的合成

氨硼烷最早由硼烷（如 BH_3、B_2H_6）与氨气反应制备，具体反应方程式如式（3.1）和式（3.2）所示。考虑到硼烷操作的安全性问题，研究人员后续发展了复分解反应法（离子交换）制备高纯度氨硼烷[7]，即由硼氢化物与铵盐进行反应合成，如反应方程式（3.3）所示。相较而言，该合成方法具有操作安全、流程简单、纯度高、产量高等优点。

$$BH_3 \cdot THF + NH_3 = NH_3BH_3 + THF \tag{3.1}$$

$$B_2H_6 + 2NH_3 = 2NH_3BH_3 \tag{3.2}$$

$$[NH_4^+]X + Y[BH_4^-] = NH_3BH_3 + XY + H_2 \tag{3.3}$$

3.2.2　金属氨基硼烷及其氨合物、肼合物的合成

Schlesinger 和 Burg[8]早在 1938 年就利用金属钠与$(CH_3)_2OBH_3$在液氨中反应制得钠氨基硼烷（$NaNH_2BH_3$，NaAB）。之后在 1996 年，Myers 等[9]通过丁基锂与氨硼烷在四氢呋喃溶液中反应得到锂氨基硼烷（$LiNH_2BH_3$，LiAB）。当时，这两种碱金属氨基硼烷主要作为还原剂应用于有机反应中，没有进行晶体结构的解析。近期，研究人员利用碱（土）金属氢化物、碱（土）金属氨基化合物、碱（土）金属亚氨基化合物、碱（土）金属氮化物等分别与氨硼烷进行酸碱反应，同样可以合成相应的碱（土）金属氨基硼烷及其氨合物。例如，Xiong 等[10]将 LiH 或 NaH 粉末与氨硼烷球磨，成功制备出 LiAB 和 NaAB 多晶，具体反应过程如方程式（3.4）和式（3.5）所示。相较于之前的合成方法，该球磨制备法具有操作简单、单批产量大等优点。同样地，采用碱土金属氢化物 CaH_2、SrH_2 与氨硼烷作用可以合成相应的碱土金属氨基硼烷[11-13]。如果把金属氢化物换作金属氨基化合物并与氨硼烷作用，如将 $Ca(NH_2)_2$ 同氨硼烷以摩尔比 1∶2 球磨，可以合成钙氨基硼烷氨合物 [$Ca(NH_2BH_3)_2\cdot 2NH_3$，$CaAB_2\cdot 2NH_3$]，如反应方程式（3.6）所示[14]。类似地，金属亚氨基化合物或金属氮化物与氨硼烷反应都可以合成相应的金属氨基硼烷氨合物[15]，反应方程式如式（3.7）和式（3.8）所示（以亚氨基镁和氮化镁为例[16]）。金属氨基硼烷氨合物还可以直接由金属氨硼烷吸附一定量的氨气而制得。

$$NH_3BH_3 + LiH = LiNH_2BH_3 + H_2 \tag{3.4}$$

$$NH_3BH_3 + NaH = NaNH_2BH_3 + H_2 \tag{3.5}$$

$$2NH_3BH_3 + Ca(NH_2)_2 = Ca(NH_2BH_3)_2 \cdot 2NH_3 \tag{3.6}$$

$$2NH_3BH_3 + MgNH = Mg(NH_2BH_3)_2 \cdot NH_3 \tag{3.7}$$

$$6NH_3BH_3 + Mg_3N_2 = 3Mg(NH_2BH_3)_2 \cdot 2NH_3 \tag{3.8}$$

在金属氨基硼烷氨合物中，NH_3分子与金属阳离子配位，并通过N—H上的正氢与B—H的负氢形成双氢键而稳定存在。在真空下，金属氨基硼烷氨合物加热到一定温度，部分或全部的NH_3分子会被除去，进而得到金属氨基硼烷。

碱（土）金属氨基硼烷肼合物可以通过机械球磨不同比例的碱（土）金属氨基硼烷与肼合成[17]。由于室温下肼为液体，具有一定的饱和蒸气压，也可以将金属氨基硼烷和肼放置于同一个密闭反应器中，通过气相吸收肼蒸气到金属氨基硼烷，同样可形成金属氨基硼烷肼合物。

3.2.3 硼氢化物氨合物、硼氢化物肼合物的合成

由于硼氢化物可以与多个氨络合，为获得固定氨量的络合物，可以从两个方法入手：一是加氨法。通过控制氨气的用量，使硼氢化物在一定温度下吸附特定量的氨气而合成。此方法简单易行，因此被人们广泛采用。二是脱氨法。通过条件控制从高氨量的硼氢化物氨合物中脱附一定量的氨气，同样可以获得特定配比的氨合物。例如，125℃下加热$Mg(BH_4)_2 \cdot 6NH_3$可以去除其中的4分子氨气，生成硼氢化镁双氨配合物$Mg(BH_4)_2 \cdot 2NH_3$，反应方程式如式（3.9）所示[18]。

$$Mg(BH_4)_2 \cdot 6NH_3 = Mg(BH_4)_2 \cdot 2NH_3 + 4NH_3 \tag{3.9}$$

硼氢化物氨合物还可以通过离子交换法合成。例如，Gu等[19]通过球磨摩尔比为1∶2的$ZnCl_2 \cdot 2NH_3$和$LiBH_4$，成功合成了$Zn(BH_4)_2 \cdot 2NH_3$，反应方程式如式（3.10）所示。双金属硼氢化物氨合物则可通过球磨一种硼氢化物氨合物和另一种硼氢化物得到。例如，通过球磨摩尔比为1∶2的$Al(BH_4)_3 \cdot 6NH_3$和$LiBH_4$可合成$Li_2Al(BH_4)_5 \cdot 6NH_3$[20]。

$$ZnCl_2 \cdot 2NH_3 + 2LiBH_4 = Zn(BH_4)_2 \cdot 2NH_3 + 2LiCl \tag{3.10}$$

硼氢化物肼合物可以通过机械球磨法或吸附法合成[21, 22]。这同金属氨基硼烷肼合物合成较为相似，在此不再赘述。

3.3 氨硼烷储氢研究进展

氨硼烷常温常压下以固态形式存在，其含氢量极高（质量能量密度19.6wt%，体积能量密度144g H/L），因而成为近年来化学氢化物储氢研究的热点之一[1, 2]。

本书第 2 章中指出正氢与负氢结合生成氢气的化学势是推动氨基化合物-氢化物复合体系释放氢气的动力之一。然而由于该复合体系脱氢过程涉及固-固两相反应界面传质问题，脱氢动力学阻力较大，脱氢温度偏高。不同于该复合体系，氨硼烷分子内同时包含这两种电荷相反的氢，即 NH_3 的正氢（$H^{\delta+}$）和 BH_3 的负氢（$H^{\delta-}$），通过正负氢间形成双氢键网络，氨硼烷晶体结构得以稳定。共存于同一晶体内的正氢和负氢有可能更易于相互作用，从而突显出氨硼烷独特的脱氢行为。

氨硼烷的含氢量虽然高，但其热解放氢过程中存在诸多缺点。例如，氨硼烷热分解不仅仅放氢，还会释放少量氨气、硼烷和硼吖嗪[borazine，$(NHBH)_3$]等，这些副产物不仅有毒性，还会影响质子交换膜燃料电池（PEMFC）的运行。另外，氨硼烷热分解过程中材料发泡体积膨胀严重，不利于实际应用。鉴于此，文献中提出了多种针对氨硼烷热分解的改进策略。本节将从氨硼烷热分解脱氢、负载化、催化改性等几方面进行介绍。

3.3.1 氨硼烷热分解脱氢

氨硼烷在室温下为稳定的无色分子晶体，具有体心四方结构，相应的空间群为四方晶系 *I4mm*，具体晶胞参数为：$a = 5.234$Å，$c = 5.027$Å。当温度低于−163℃时，氨硼烷结晶为空间群 *Pmn*21 的正交晶系，晶胞参数为：$a = 5.517$Å，$b = 4.742$Å，$c = 5.020$Å，如图 3.1 所示。氨硼烷作为一类特殊的分子晶体，其硼上的氢略显碱

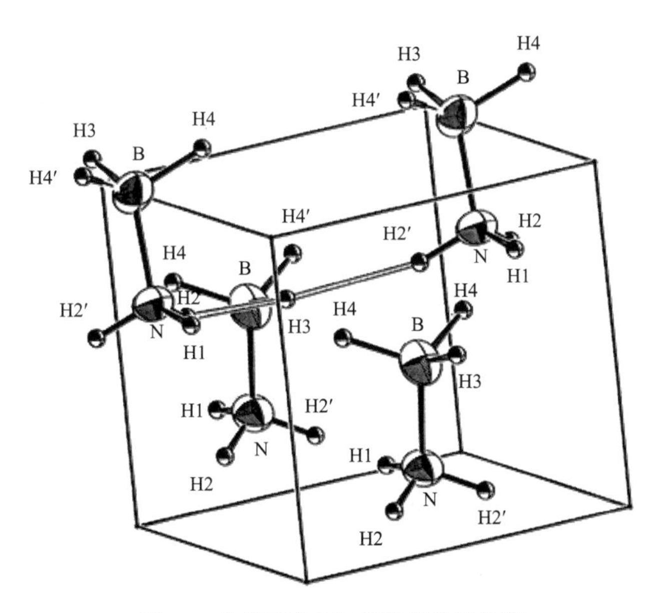

图 3.1 室温正交相氨硼烷晶体结构[23]

性（$H^{\delta-}$），而氮上的氢具有一定酸性（$H^{\delta+}$），这两种电荷相反的氢交互作用形成双氢键网络，从而提高了氨硼烷晶体的稳定性。

氨硼烷热解放氢分三步反应进行，每步约释放 1mol 当量氢气，固体主产物依次为聚合态氨基硼烷$[NH_2BH_2]_n$（polyaminoborane，PAB）、聚合态亚氨基硼烷$[NHBH]_n$（polyiminoborane，PIB）以及氮化硼（BN），具体反应过程及相应的反应温度如式（3.11）～式（3.13）所示。其中第三步放氢反应需要在 500℃以上进行，产物为稳定的氮化硼，因此氨硼烷作为储氢材料时通常只考虑前两步放氢过程。

$$nNH_3BH_3 = [NH_2BH_2]_n + nH_2 \quad 110℃ \tag{3.11}$$

$$[NH_2BH_2]_n = [NHBH]_n + nH_2 \quad 150℃ \tag{3.12}$$

$$[NHBH]_n = nBN + nH_2 \quad >500℃ \tag{3.13}$$

研究表明，氨硼烷热分解放氢为双分子反应机制，即通过两个氨硼烷分子间正氢和负氢结合释放氢气。Stowe 等[24]借助原位 ^{11}B 魔角旋转核磁共振（^{11}B MAS NMR）研究发现，氨硼烷热分解历经诱导、成核和生长三个过程，如图 3.2 所示。相邻两个氨硼烷分子之间的氢键首先断裂，两个氨硼烷分子异构化生成具有反应活性的异构体$[(NH_3)_2BH_2]^+[BH_4]^-$（diammoniate of diborane，DADB）。随后 DADB 作为引发剂引发更多氨硼烷分解放氢，形成多聚体$(NH_2BH_2)_n$。大量实验已证实 DADB 在氨硼烷固态热分解脱氢过程中扮演着极为重要的角色。此外，研究还表明 DADB 同样会出现在氨硼烷溶液热分解放氢过程中。Shaw 等[25]利用液体 ^{11}B NMR 技术揭示氨硼烷在溶液中首先形成异构体 DADB，之后 DADB 脱氢形成环状$(NH_2BH_2)_2$，而$(NH_2BH_2)_2$会再结合一分子氨硼烷并释放氢气。

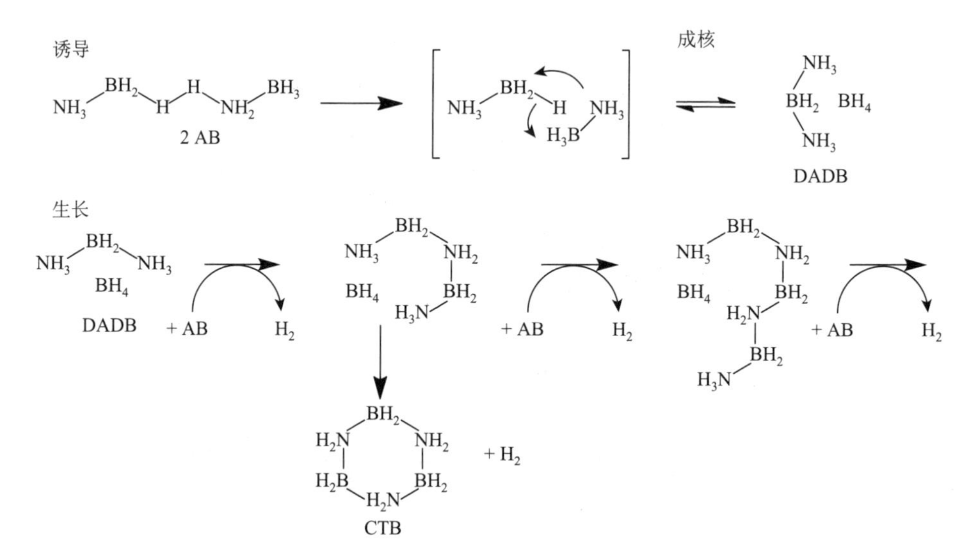

图 3.2　氨硼烷热分解放氢所经历的诱导、成核、生长三个步骤[24]

3.3.2 氨硼烷的负载化

采用多孔材料负载氨硼烷可将其限阈在材料的孔隙中，从而实现氨硼烷的纳米化。基于材料的纳米尺度效应以及载体与氨硼烷间的相互作用，限阈的氨硼烷表现出与体相材料不同的热力学和动力学性能。Gutowska 等[26]采用湿化学浸渍法将氨硼烷限阈在介孔二氧化硅材料 SBA-15 孔道中，将氨硼烷放氢温度降低至 50℃。SBA-15 纳米孔道的模板效应以及其表面的缺陷位和硅羟基可改变氨硼烷热解路径，进而加速其分解。Feaver 等[27]将氨硼烷限阈到碳冷凝胶中，发现在孔道的限域作用及碳冷凝胶表面羧酸基团的作用下氨硼烷热解的前两步反应变为了一步反应，并在 90℃下释放出 9wt%氢气，如图 3.3 所示。通过负载氨硼烷到孔道材料不仅可以改善氨硼烷放氢动力学性能，还可以调控其分解热力学性能，同时可以抑制副产物硼吖嗪的生成。这些复合材料在一定程度上提升了氨硼烷的分解放氢性能，如降低材料的放氢温度、改善放氢动力学性能、抑制副产物的产生。但是每一类复合材料又表现出一些独特的性质，这说明氨硼烷放氢性能除了与自身的粒径和形貌有关外，还与载体材料的孔结构、尺寸、表面性质等密切相关。

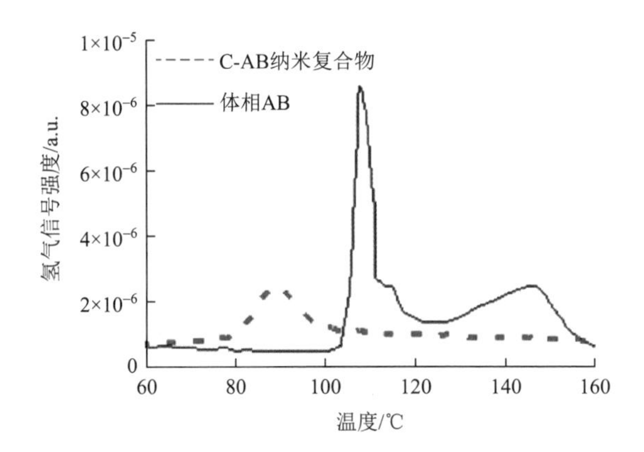

图 3.3　限阈于碳冷凝胶中的氨硼烷（C-AB）及体相氨硼烷（体相 AB）热分解放氢曲线[27]

3.3.3 氨硼烷分解放氢的催化修饰

如前所述，氨硼烷热分解放氢为放热过程，热力学有利，因而降低其热分解温度，加快放氢速度需主要解决动力学问题，尤需改变氨硼烷热分解放氢反应路径。采用过渡金属催化剂是解决以上问题的有效方法之一。Jaska 等[28]最早采用均相催化剂$[Rh(1,5\text{-cod})(\mu\text{-Cl})]_2$ 在二乙二醇二甲醚（diglyme）和四乙二醇二甲醚

（tetraglyme）溶液中催化氨硼烷分解，可释放 2mol 当量氢气，放氢产物为聚硼吖嗪。然而采用铱催化剂时，氨硼烷分解会得到完全不同的产物。Denney 等[29]发现 Ir 基均相催化剂(POCOP)Ir(H)$_2$ 在四氢呋喃溶液中对氨硼烷的分解放氢具有极高的催化活性。氨硼烷仅需 14min 即可释放 1mol 当量氢气。他们认为产物为结晶态五聚环状产物$(NH_2BH_2)_5$[30]，这完全不同于固相氨硼烷自分解产物。液体 NMR 研究揭示催化剂中心 Ir 原子是通过活化 B—H 键，进而引发了氨硼烷分解放氢，如图 3.4 所示。然而 Staubitz 等[31]发现，(POCOP)Ir(H)$_2$ 催化氨硼烷分解后的结晶态产物并非是五聚环状产物$(NH_2BH_2)_5$，而可能为结晶态的线形产物$(NH_2BH_2)_n$。Blaquiere 等[32]与 Käβ 等[33]则利用 Ru 基催化剂，在四氢呋喃溶液中室温下催化氨硼烷释放 1mol 当量氢气。该催化剂被认为是一种双功能催化剂，可以同时活化氨硼烷中 B—H 键和 N—H 键。众多的氨硼烷催化放氢实验无不表明，不同过渡金属催化剂下氨硼烷的分解路径是不同的，其所对应的动力学阻力也不尽相同。

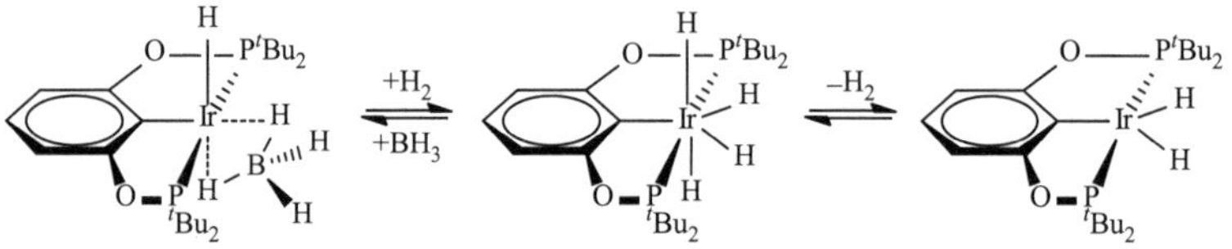

图 3.4　Ir 基催化剂活化氨硼烷中 B—H 键的机制图[29]

除过渡金属均相催化剂外，酸和碱同样可以在溶液中催化氨硼烷分解放氢。例如，Stephens 等[34]采用路易斯酸和布朗斯特（Brønsted）酸在 60℃下实现氨硼烷分解放氢。首先氨硼烷中一个 $H^{\delta-}$被酸夺走生成$[NH_3BH_2]^+$离子，$[NH_3BH_2]^+$离子可与氨硼烷作用释放一分子氢气，同时生成四元环状离子产物。该四元环状离子可继续与一分子氨硼烷反应，从而进一步引发氨硼烷分解脱氢。与此不同的是，Himmelberger 等[35]将氨硼烷与 $MBHEt_3$（M = Li 或 K）反应合成一种新的碱：$[Et_3BNH_2BH_3]^-M^+$。研究发现这种碱在固相、液相中都与氨硼烷反应生成$[Et_3BNH_2BH_2NH_2BH_3]^-M^+$，继而引发氢气的释放和$(NH_2BH_2)_n$链的生长。

溶液中催化氨硼烷分解脱氢固然可以克服动力学阻力，显著降低其脱氢温度，然而溶剂的存在增加了体系质量，导致氨硼烷高含氢量的优势不再显著。为解决这一问题，He 等[36, 37]发展了共沉淀法，将少量的 $CoCl_2$、$NiCl_2$、$FeCl_2$ 或 $FeCl_3$ 均匀地分散到氨硼烷固体材料中，如图 3.5 所示，在较少损失氨硼烷含氢量的基础上实现了氨硼烷的低温快速放氢。实验结果表明，掺杂的氨硼烷可以在 59℃下释放 1mol 当量氢气，而通常氨硼烷自身在此温度下并不能分解[图 3.6（a）]。此外，催化剂的掺杂明显抑制了副产物硼吖嗪和氨气的生成[图 3.6（b）]，同时缓解了氨硼烷自身分解过程中体积膨胀和诱导期长等问题。

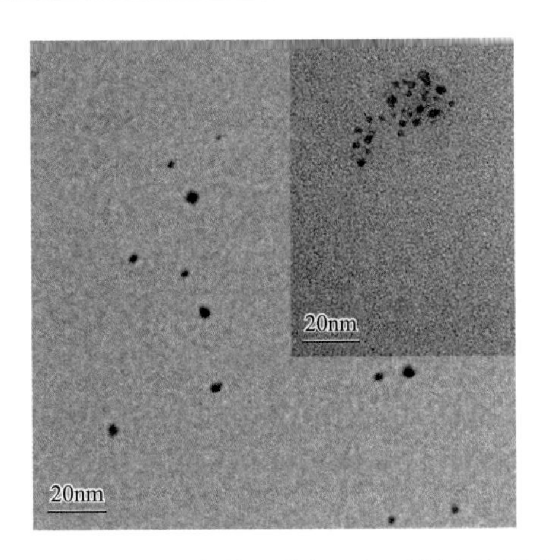

图 3.5　5% Fe 催化剂掺杂的氨硼烷透射电镜照片[37]

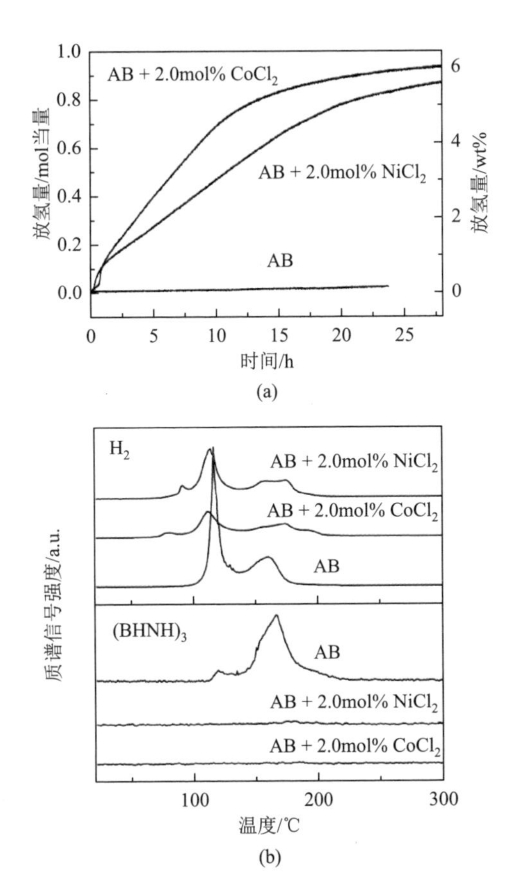

图 3.6　（a）59℃下氨硼烷和 Co、Ni 催化的氨硼烷放氢曲线[36]；（b）氨硼烷和掺杂了 2.0mol% 的 Co 或 Ni 的氨硼烷样品的 TPD-MS 曲线[氢气信号和$(BHNH)_3$信号]

不同于氨硼烷第一步热分解脱氢产物为无定形 PAB，Fe、Co、Ni 基催化剂固相催化氨硼烷分解之后的产物为结晶态线形 PAB：$(NH_2BH_2)_n$。其中 PAB 的结晶度与纳米颗粒催化剂掺杂量以及反应温度等有一定关系，并且只有当分解放氢速度与 PAB 生长速度匹配时才可能生成结晶度较高的线形 PAB 晶体。一系列表征结果表明，催化剂前驱体 $FeCl_2$、$FeCl_3$、$CoCl_2$、$NiCl_2$ 等在掺杂到氨硼烷后被氨硼烷原位还原为低价态无定形纳米合金，该合金是催化氨硼烷分解放氢的活性物种[37, 38]。Toche 等[39]采取了类似的处理方法，在尝试了多种金属氯化物后发现掺杂 $CuCl_2$ 对氨硼烷热解放氢的催化效果最好，同时表征实验也证实原位还原出的金属 Cu 是催化氨硼烷放氢的活性中心。Kalidindi 等[40]重点研究了 $CuCl_2$ 对氨硼烷脱氢的催化作用，他们认为 $CuCl_2$ 加入氨硼烷后形成的$[NH_4]^+[BCl_4]^-$才是放氢性能改善的主要因素，而非还原态 Cu。

3.4 碱（土）金属氨基硼烷材料

组分调变是改变材料吸脱氢热力学参数、优化储氢性能最有效的办法之一。氨硼烷热分解放氢反应放热焓变较高，无法满足可逆储氢需求，因此对其组分进行调变是十分必要的。参考金属氨基化合物-氢化物复合体系中正负氢作用机制，将氨硼烷与氢化物反应可以将氨硼烷中 NH_3 上的一个 H 原子替换为金属元素，所制得的氨硼烷衍生物即为金属氨基硼烷。金属氨基硼烷在一定程度上解决了氨硼烷放氢过程中的诸多问题，如脱氢焓较大、脱氢温度较高、产生挥发性副产物、体积膨胀等，因此引起了科研人员的广泛兴趣。在金属氨基硼烷体系中，碱（土）金属氨基硼烷是其中最为重要、研究最多、性能最优的一类材料，已成为储氢材料的分支[3]。表 3.1 汇总了近年来具有代表性的碱（土）金属氨基硼烷的基本信息，供读者参考。本部分将从碱金属氨基硼烷、碱土金属氨基硼烷、双金属氨基硼烷等几个方面进行介绍。

表 3.1　几种代表性的碱（土）金属氨基硼烷

材料/简称	晶体结构信息	脱氢温度/℃（第一峰温）	脱氢焓变/(kJ/ mol_{H_2})	氢含量/wt%	参考文献
α-$LiNH_2BH_3$/α-LiAB	正交晶系 *Pbca* 空间群	92	−3	13.5	[10, 12]
β-$LiNH_2BH_3$/β-LiAB	正交晶系 *Pbca* 空间群	92	−3	13.5	[41]
$LiNH_2BH_3 \cdot NH_3BH_3$/LiABAB	单斜晶系 *P*21/*c* 空间群	～80	—	16.2	[42]
$NaNH_2BH_3$/NaAB	正交晶系 *Pbca* 空间群	89	−5	9.4	[10, 43]
KNH_2BH_3/KAB	正交晶系 *Pbca* 空间群	98	—	7.1	[44]
$Mg(NH_2BH_3)_2$/$MgAB_2$	未解析	104	—	11.9	[45]

续表

材料/简称	晶体结构信息	脱氢温度/℃（第一峰温）	脱氢焓变 /(kJ/ mol_{H_2})	氢含量 /wt%	参考文献
$Ca(NH_2BH_3)_2$/$CaAB_2$	单斜晶系 *C*2 空间群	100	+3.5	10.0	[11, 12]
$Sr(NH_2BH_3)_2$/$SrAB_2$	单斜晶系 *C*2 空间群	58	—	6.8	[13]
$NaLi(NH_2BH_3)_2$/$LiNaAB_2$	三斜晶系 *P*1 空间群	99	—	11.1	[46, 47]
$Na_2Mg(NH_2BH_3)_4$/Na_2MgAB_4	四方晶系 $I4_1/a$ 空间群	～140	—	10.5	[48]
$NaMg(NH_2BH_3)_3$/$NaMgAB_3$	单斜晶系 $P2_1$ 或 $P2_1/m$，原子占位未解析	～170	+3.4	10.9	[49]
$K_2Mg(NH_2BH_3)_4$/K_2MgAB_4	四方晶系 $I4_1/a$ 空间群	—	—	9.0	[50]

3.4.1　碱金属氨基硼烷

钠氨基硼烷和锂氨基硼烷最早由 Schlesinger 和 Burg[8]及 Myers 等[9]分别于 1938 年和 1996 年在液相中合成。在被纳入储氢研究之前，这两种碱金属氨基硼烷被用作有机反应中的还原剂，因此它们的晶体结构、物化性质、脱氢性能等均未被详细考察。2003 年，为促进各国政府在氢能及燃料电池技术领域的合作与交流，确保能源安全，涵盖 18 个世界最主要经济体国家的国际氢能经济和燃料电池伙伴计划（international partnership for hydrogen and fuel cells in the economy，IPHE）正式启动，该计划的目标是提供一种组织、评估和协调国际间氢能研究、开发、示范和推广的合作机制，以引导全球向氢能经济过渡。其主要任务包括组织有影响的实质性合作研究，增强国际间与氢利用相关的制氢、储氢、燃料电池等技术的研发，以及相关法规和标准方面的协作等。其中氨硼烷化学改性被纳入储氢技术合作领域。在 IPHE 大背景下，由 Xiong 等通力合作[10]，采用球磨等摩尔比的氨硼烷和氢化锂或氢化钠的制备方法，成功合成 α 相锂氨基硼烷和钠氨基硼烷固体。相关的晶体结构被 Wu 和 David 利用多晶粉末 X 射线衍射方法解析确定（图 3.7）。α 相锂氨基硼烷晶体属于正交晶系 *Pbca* 空间群，具体晶胞参数为：$a = 7.11274(6)$Å，$b = 13.94877(14)$Å，$c = 5.15018(6)$Å，$V = 510.970(15)Å^3$。其中每个 Li^+与 4 个$[NH_2BH_3]^-$形成四面体配位，一个$[NH_2BH_3]^-$的 NH_2 端与 Li^+配位，其 N—H 键长为 1.98～2.06Å，较氨硼烷增长了，显示出 $Li^+[NH_2BH_3]^-$离子键的特征。另外，3 个$[NH_2BH_3]^-$的 BH_3 端和 Li^+相互作用，Li—B 间距为 2.50～2.69Å。由于 Li 取代了氨硼烷 NH_3 上的一个 H，其给予 N 上更多电荷，由此导致锂氨基硼烷分子内 B—N、B—H 以及 N—H 键较氨硼烷有明显变化。高分辨 ^{11}B MAS NMR 表征揭示锂氨基硼烷的 BH_3 信号出现在−19.7ppm，较氨硼烷 BH_3（−22.8ppm）向低场位移，这表明[Li-NH_2]官能团给电子能力较 NH_3 更强，这与锂氨基硼烷晶体中 B—N 键（1.56Å）比氨硼烷中 B—N 键（1.58Å）短的结果一致。锂氨基硼烷中最近的 $H^{\delta+}\cdots H^{\delta-}$间距为 2.249Å，小于 2 倍的氢原子范德瓦耳斯半径，因此两者已经构成双氢键。锂氨基硼烷分子内及分子间化学键相较于氨硼烷均明显变化，这无疑会导致不同于氨硼烷的脱氢行为。钠氨基硼烷具有同锂氨基硼烷相似的晶体结构及谱学特征，因此它们所表现出的化学特性极为相似。

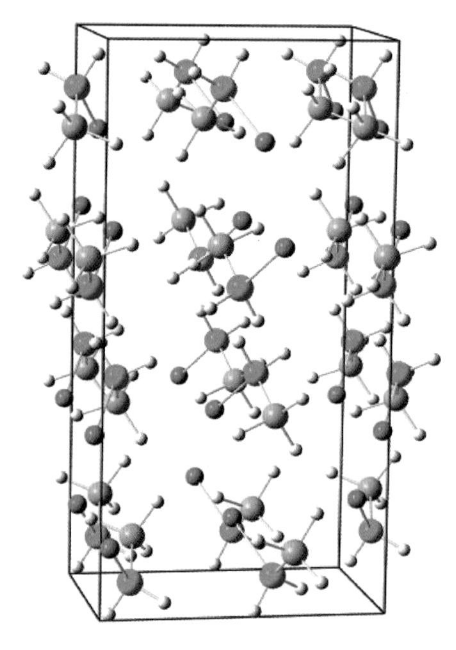

图 3.7　$LiNH_2BH_3$ 和 $NaNH_2BH_3$ 晶体结构图[10]

B、N、H、Li（Na）原子分别由橙球、绿球、白球、红球表示

如图 3.8 所示，差示扫描量热-程序升温脱附-质谱联用（DSC-TPD-MS）结果揭示锂氨基硼烷和钠氨基硼烷热分解脱氢反应可分为两步进行，分别发生在 90℃和 120℃左右，每步反应各释放 1mol 当量氢气。第一步反应氢脱附较快，较为集中，对应的脱附峰较为尖锐，而第二步反应温度跨度较大，可延伸至 200℃，对应的脱附峰较宽。与氨硼烷相比，锂氨基硼烷的两步脱氢温度均有所降低，放热量有所减少。氢气中副产物氨气、硼吖嗪以及硼烷等被明显抑制。定量分析揭示，在 91℃下，锂氨基硼烷和钠氨基硼烷分别在 1h 内释放约 8.0wt%和 6.0wt%的氢气；如延长放氢时间至 19h，两种材料可分别释放约 11.0wt%和 7.4wt%的氢气。在相同实验条件下，氨硼烷只能释放出 5.8wt%的氢气，相当于 0.82mol 当量氢气。锂氨基硼烷脱氢产生无定形产物，利用固体核磁发现其中 Li、B 处于单一的化学环境，因而推测为单一聚合物。由此判断锂氨基硼烷是按照式（3.14）进行热分解

脱氢。在钠氨基硼烷的脱氢产物中发现 NaH，而 B 的化学位移接近 BN，因此推测钠氨基硼烷的热分解反应式为式（3.15）[43]。

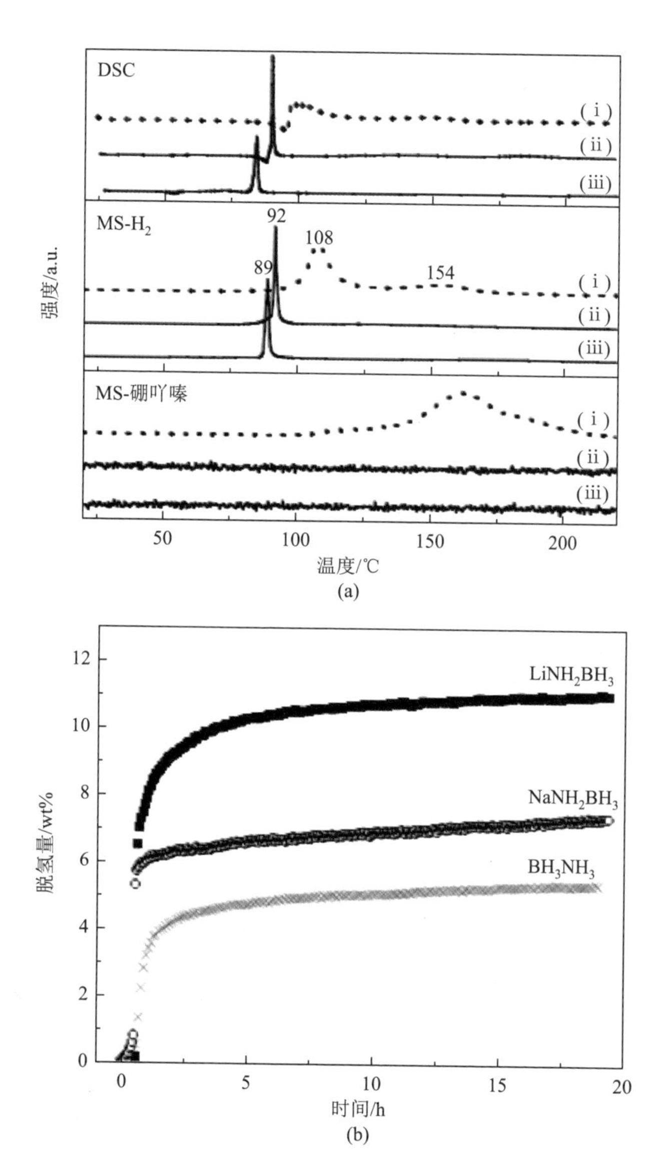

图 3.8　（a）氨硼烷（i）、锂氨基硼烷（ii）和钠氨基硼烷（iii）的 DSC-TPD-MS 曲线；（b）氨硼烷、锂氨基硼烷、钠氨基硼烷在 91℃下的脱氢曲线[10]

$$nLiNH_2BH_3 = [LiNBH]_n + 2nH_2 \tag{3.14}$$

$$nNaNH_2BH_3 = [NaNBH]_n + 2nH_2 = nNaH + nBN + 2nH_2 \tag{3.15}$$

美国国家标准与技术研究院 Wu 等[12]和中国科学院金属研究所 Kang 等[51]在同年分别报道了机械球磨 LiH 与 NH_3BH_3 的实验结果，均发现二者相互作用脱氢，形成新相。其中，Wu 等[12]同样解析了 $LiNH_2BH_3$ 的晶体结构，发现 Li 取代 NH_3 上一个氢导致 B—N 键长度由 NH_3BH_3 的 1.58Å 缩短为 1.56Å。$LiNH_2BH_3$ 中的最短双氢键（2.25Å）相比于 NH_3BH_3（2.02Å）却有所增长。这些显著变化导致了脱氢性能的显著差异。之后，中国科学院大连化学物理研究所 Wu 等[41, 42]详细考察了 NH_3BH_3 与 LiH 在球磨过程中的反应历程，探索到 $LiNH_2BH_3·NH_3BH_3$（LiABAB）是反应的中间相，同时发现 $LiNH_2BH_3$ 的另一种晶相 β-$LiNH_2BH_3$，即球磨等摩尔比的 LiH 和 NH_3BH_3 的过程中，一分子 LiH 首先同两分子 NH_3BH_3 作用生成 $LiNH_2BH_3·NH_3BH_3$。之后 $LiNH_2BH_3·NH_3BH_3$ 再同一分子 LiH 作用生成 $LiNH_2BH_3$。并且，球磨中首先形成 β-$LiNH_2BH_3$，后续随着球磨时间延长，β 相 $LiNH_2BH_3$ 会逐渐转变为 α 相。

β 相锂氨基硼烷应该是机械球磨下产生的亚稳态物质，其结构对称性较 α 相锂氨基硼烷明显降低，然而二者的热分解放氢行为几乎完全相同[41]，这主要是因为两种晶相在热分解过程中都需先经历熔化过程。然而 $LiNH_2BH_3·NH_3BH_3$ 的储氢性能却非常不同。$LiNH_2BH_3·NH_3BH_3$ 晶体属于单斜晶系 *P*21/*c* 空间群，具体晶胞参数为：a = 7.0536(9)Å，b = 14.8127(20)Å，c = 5.1315(7)Å，β = 97.491(5)°，V = 531.58(12)Å^3。$LiNH_2BH_3·NH_3BH_3$ 可以看作是 $LiNH_2BH_3$ 层与 NH_3BH_3 层沿着 a 轴方向交替排列构成，如图 3.9 所示[42]。$LiNH_2BH_3·NH_3BH_3$ 热分解放氢分两步进行，对应放氢峰温分别为 80℃和 140℃，气体产物中未检测到 NH_2BH_2 及硼吖嗪副产物。相较于 $LiNH_2BH_3$ 和 NH_3BH_3，$LiNH_2BH_3·NH_3BH_3$ 第一步放氢温度明显降低。100℃下恒温加热 $LiNH_2BH_3·NH_3BH_3$ 可释放 6.0wt%氢气（相当于 2mol 当量氢气），升温至 228℃总计可以释放 14.0wt%氢气（图 3.10）。

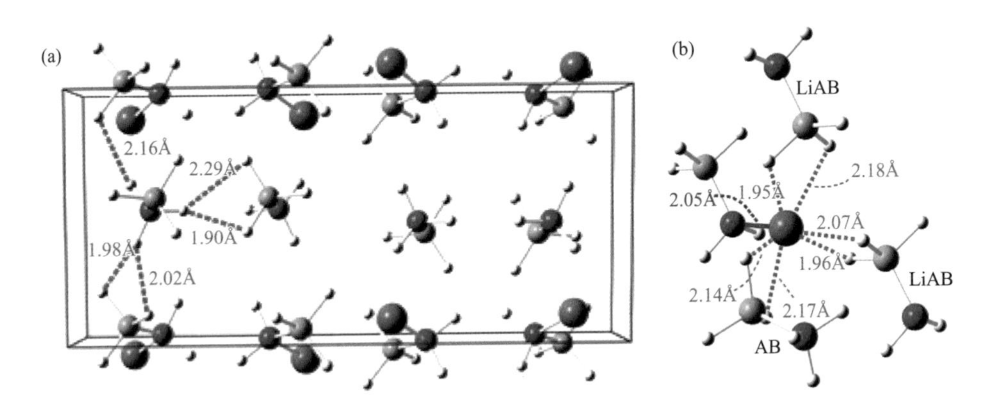

图 3.9　（a）$LiNH_2BH_3·NH_3BH_3$ 晶体结构[42]；（b）Li^+离子配位环境

每个 Li^+分别与一个$[NH_2BH_3]^-$、一个氨硼烷分子中 BH_3 上的 H 以及两个锂氨基硼烷中 BH_3 上的 H 配位。Li、B、N、H 原子分别由紫球、棕球、蓝球、灰球表示

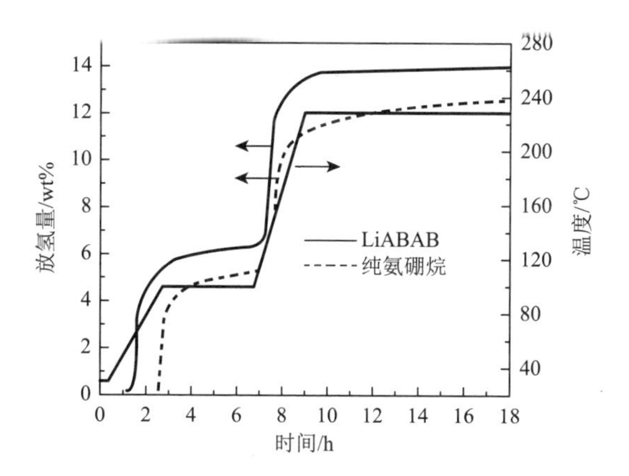

图 3.10　$LiNH_2BH_3·NH_3BH_3$（LiABAB）与 NH_3BH_3（AB）在不同温度下的放氢曲线[42]

Diyabalanage 等[44]通过球磨 KH 和氨硼烷合成了钾氨基硼烷，并解析了其晶体结构。钾氨基硼烷同 LiAB 和 NaAB 一样属于正交晶系 *Pbca*，但不同的是，因为 K^+离子半径比 Li^+和 Na^+大，因此可以同六个$[NH_2BH_3]^-$阴离子配位形成八面体结构，其中三个$[NH_2BH_3]^-$通过 NH_2 端形成 K—N 键，另外三个$[NH_2BH_3]^-$通过 BH_3 端与 K 作用。钾氨基硼烷晶体结构中最近的 $H^{\delta+}\cdots H^{\delta-}$间距为 2.2650Å，较锂氨基硼烷和钠氨基硼烷都有所变短，这主要是因为较大的钾离子使得其配位由四面体变为八面体，导致阴离子排列更加紧凑。钾氨基硼烷可以在 80℃下释放 6.5wt%氢气，并且放氢过程中并不产生副产物氨气。

除氢化物外，Xiong 等[43]还尝试采用湿化学法，利用碱金属氨基化合物、碱金属亚氨基化合物、碱金属氮化物等同氨硼烷在 THF 溶液中反应生成碱金属氨基硼烷[15]。$LiNH_2$、Li_2NH 和 Li_3N 同氨硼烷分别以 1∶1、1∶2 和 1∶3 摩尔比反应，在室温下 THF 溶液中可以生成锂氨基硼烷和氨气。反应如式（3.16）～式（3.18）所示。理论计算表明 $LiNH_2$ 作为固体强碱，很容易诱导氨硼烷分子失去一个质子形成$[LiNH_3]^+[NH_2BH_3]^-$，而后电荷转移至 Li 并与$[NH_2BH_3]^-$阴离子结合生成锂氨基硼烷，同时释放 1mol 当量的氨气。同样的道理，Li_2NH 和 Li_3N 碱性更强，更易于从氨硼烷分子处获取质子。具体反应机制参见图 3.11。湿化学合成法也同样适用于钠氨基硼烷，Xiong 等[43]尝试了 $NaNH_2$ 与氨硼烷在 THF 溶液中反应，成功合成了高品质钠氨基硼烷。需要指出的是，湿化学法由于在 THF 中操作，且气体产物氨气可溶于 THF，因此反应固体产物主要为 THF 络合的碱金属氨基硼烷。后续需通过长时间抽空即可去除 THF。而在固相球磨合成中，由于反应的不均一性，生成的碱金属氨基硼烷与未反应的氨硼烷有机会相互作用。如前所述，球磨锂氨基硼烷与氨硼烷会生成 $LiNH_2BH_3·NH_3BH_3$，而球磨钠氨基硼烷与氨硼烷虽不会生成新相，但撞击产生的能量会使二者相互作用释放氨气。氨气分子随即络合于钠氨基硼烷，并在后续的热解过程中先于氢气释放，从而造成钠氨基硼烷热解制得的氢气含有高浓度氨气的假象[52]。而由湿化学法合成的钠氨基硼烷在其热解过程中释放的氨气浓度低于 200ppm。

$$NH_3BH_3 + LiNH_2 = LiNH_2BH_3 + NH_3 \tag{3.16}$$

$$2NH_3BH_3 + Li_2NH = 2LiNH_2BH_3 + NH_3 \tag{3.17}$$

$$3NH_3BH_3 + Li_3N = 3LiNH_2BH_3 + NH_3 \tag{3.18}$$

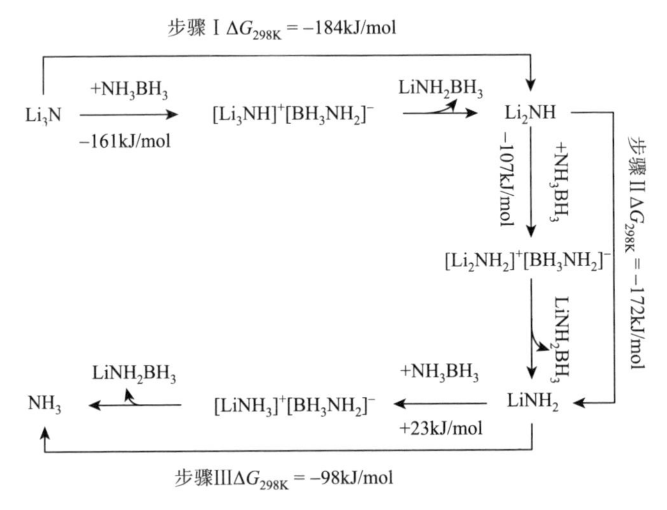

图 3.11　$LiNH_2$、Li_2NH 和 Li_3N 同氨硼烷反应机制图[15]

碱金属氨基硼烷因其氮上键合一个碱金属阳离子而使其分子内 B—N 键、B—H 键显著变化，进而导致其脱氢反应途径较氨硼烷发生改变。Kim 等[53]计算了 $H^{\delta+}$（N）和 $H^{\delta-}$（B）直接结合、N—B 键断裂以及 $H^{\delta-}$转移三种可能的反应途径，指出锂氨基硼烷双分子聚合放氢中 BH_3 转移 $H^{\delta-}$至 Li^+形成中间态，随后通过氢化物中的 $H^{\delta-}$与 NH_2 的 $H^{\delta+}$结合释放出氢气在能量上最有利。Luedtke 和 Autrey[54]在实验上给出了与理论计算相一致的结论，他们发现碱金属氨基硼烷氮上的氢被烷基取代后，导致空间位阻增大，脱氢速度下降，这说明氢气释放并不发生于碱金属氨基硼烷分子内。在采用同位素标记碱金属氨基硼烷分解放氢过程中，发现用 D 替换 B—H 上的 H 后存在动力学同位素效应，说明 B—H 键断裂应该为热分解放氢反应速率控制步骤。

3.4.2　碱土金属氨基硼烷

Diyabalanage 等[11]首先在 THF 溶液中将氢化钙（CaH_2）与两分子氨硼烷作用，

获得了钙氨基硼烷络合物：$Ca(NH_2BH_3)_2·2THF$。该产物在室温下真空干燥可去除大部分络合的THF，从而得到$Ca(NH_2BH_3)_2$（$CaAB_2$）。反应过程如式（3.19）和式（3.20）所示。

$$2NH_3BH_3 + CaH_2 + 2THF = Ca(THF)_2(NH_2BH_3)_2 + 2H_2 \quad (3.19)$$

$$Ca(THF)_2(NH_2BH_3)_2 = Ca(NH_2BH_3)_2 + 2THF \quad (3.20)$$

$CaAB_2$在加热升温过程中首先在70℃开始脱附残余的THF配体，之后在120～245℃分解放氢。该过程为微吸热反应，$\Delta H_d = 3.5kJ/mol$，不同于氨硼烷分解过程中放热的特征。

Wu等[12]采用固相球磨摩尔比为1∶2的氢化钙和氨硼烷直接制备出$Ca(NH_2BH_3)_2$。需要指出的是，因为Ca^{2+}离子较Li^+、Na^+的离子半径更大，有更大的配位空间和配位能力，需要采用络合能力合适、空间尺寸适当的溶剂用于湿化学法制备高品质$CaAB_2$。Wu等对$CaAB_2$的多晶粉末衍射结果进行解析，发现其归属于单斜晶系C_2空间群，具体晶胞参数为：$a = 9.100(2)Å$，$b = 4.371(1)Å$，$c = 6.441(2)Å$，$\beta = 93.19°$。Ca^{2+}离子同周围的六个$[NH_2BH_3]^-$形成了八面体，其中两个$[NH_2BH_3]^-$的NH_2端与Ca^{2+}形成Ca—N键，另外四个$[NH_2BH_3]^-$通过BH_3端与Ca^{2+}作用，如图3.12所示。由于固相球磨制备的$CaAB_2$没有溶剂分子络合问题，其热分解放氢过程中并无有机副产物的生成。$CaAB_2$脱氢为两步反应，脱氢峰温分别为100℃和140℃，其起始脱氢温度为80℃，该脱氢性能相较于氨硼烷有所提升。

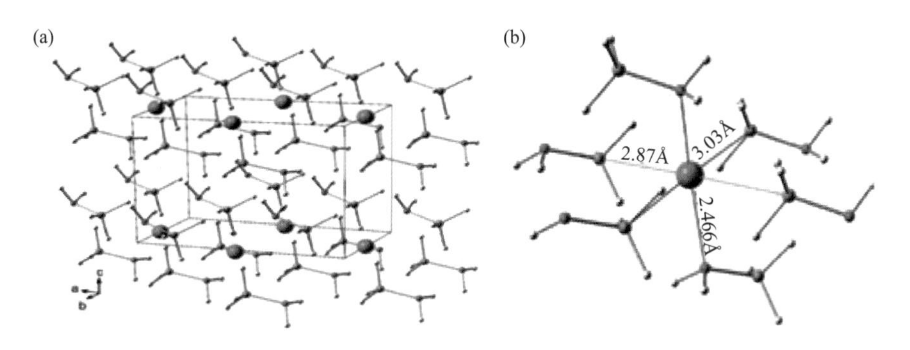

图3.12　（a）$Ca(NH_2BH_3)_2$的晶体结构[12]；（b）Ca^{2+}的配位环境

Ca、B、N、H原子分别由橙球、绿球、蓝球、白球表示

Zhang等[13]通过球磨摩尔比为1∶2的氢化锶（SrH_2）和氨硼烷，之后在45℃下加热以促进固相反应，合成了锶氨基硼烷[$Sr(NH_2BH_3)_2$]。锶氨基硼烷晶体与钙氨基硼烷晶体相似，属于单斜晶系，C_2空间群，具体晶胞参数为：$a = 8.1660(4)Å$，$b = 5.0969(3)Å$，$c = 6.7258(4)Å$，$\beta = 94.392(4)°$。该材料可以在室温球磨过程中缓慢分解放氢，然而其热分解过程会伴随有副产物NH_3和B_2H_6生成。

值得一提的是，无论是固相球磨法还是湿化学法，都难以实现 MgH_2 与氨硼烷作用合成镁氨基硼烷[$Mg(NH_2BH_3)_2$]。室温下将摩尔比为 1∶2 的 MgH_2 和氨硼烷在 THF 溶液中搅拌，该反应可以缓慢释放超过 1.5mol 当量的氢气，这表明反应不会停留在镁氨基硼烷，该物质似乎难以稳定存在。Luo 等将 MgH_2 或 Mg 与氨硼烷球磨后将混合物置于室温下密封保存，历经 45 天后发现有新结构生成。虽然没有得到确切的晶体学数据，但是研究人员仍然通过一系列表征证实了此新结构应为镁氨基硼烷[45]。该镁氨基硼烷热解脱氢过程分为三步，对应的脱氢峰温分别在 104℃、162℃和 223℃。加热至 300℃时，镁氨基硼烷总计可释放 10wt%氢气，气体产物中未检测到副产物氨气和硼吖嗪。

除主族金属氨基硼烷外，研究人员也尝试合成过渡金属氨基硼烷。然而过渡金属氨基硼烷通常不稳定，室温下会缓慢分解。例如，锂氨基硼烷和氯化钇的复分解反应可以合成出钇氨基硼烷。钇氨基硼烷属单斜晶系，它在室温下缓慢分解释放氢气，如升高热解温度，钇氨基硼烷将加速放氢，同时释放大量氨气[56]。

3.4.3 双金属氨基硼烷

Fijalkowski 等[46]通过球磨摩尔比为 1∶1∶2 的氢化锂、氢化钠和氨硼烷，首次制备出钠锂双碱金属氨基硼烷($Na[Li(NH_2BH_3)_2]$)。Li 等[47]简单地将等摩尔比的 $NaNH_2BH_3$ 和 $LiNH_2BH_3$ 在 THF 溶液中搅拌混合析出，同样制备得到钠锂双金属氨基硼烷。该化合物属于三斜晶系 P_1 空间群，晶胞参数为：$a = 5.0197(4)$Å，$b = 7.1203(7)$Å，$c = 8.9198(9)$Å，$\alpha = 103.003(6)°$，$\beta = 102.200(5)°$，$\gamma = 103.575(5)°$，$V = 289.98(5)$Å^3。Li^+与 3 个$[NH_2BH_3]^-$的 NH_2 端通过 Li—N 键相连，同时与一个$[NH_2BH_3]^-$通过 BH_3 端作用，形成扭曲的四面体。Na^+则以八面体方式与六个$[NH_2BH_3]^-$的 BH_3 配位。此物质离子化合物特征明显，阳离子为 Na^+，阴离子为$[Li(NH_2BH_3)_2]^-$。$Na[Li(NH_2BH_3)_2]$的脱氢温度为 75℃，相较于 $LiNH_2BH_3/NaNH_2BH_3$ 混合物更低。Li 等[47]通过理论计算发现 $Na[Li(NH_2BH_3)_2]$中正负氢之间的双氢键长更短，他们认为这是脱氢温度降低的主要原因。

Wu 等[48]成功合成出碱金属/碱土金属混合双金属氨基硼烷[$Na_2Mg(NH_2BH_3)_4$]。晶体结构解析发现 $Na_2Mg(NH_2BH_3)_4$ 具有与 $Na[Li(NH_2BH_3)_2]$相似的配位结构。Mg^{2+}具有比 Na^+更强的路易斯酸性，故与碱性更强的 NH_2 基团配位。Kang 等[49]通过球磨二元金属氢化物 $NaMgH_3$ 与氨硼烷，合成另外一种比例的碱金属碱土金属混合双金属氨基硼烷，即 $NaMg(NH_2BH_3)_3$。与单金属氨基硼烷相比，双金属氨基硼烷具有更加优良的脱氢性能。例如，$NaMg(NH_2BH_3)_3$ 的脱氢更加迅速，80℃下，2min 内即可放出 10wt%的氢气。双金属甚至多金属阳离子的调变确实是一种改变金属氨基硼烷热力学性质的有效手段，但是能否成功合成出具有确定晶体结构以及优异储氢性能的混合金属氨基硼烷，需要综合考虑不同金属离子的离子半径、电荷数以及其与$[NH_2BH_3]^-$基团的配位情况。

作者将这种利用金属取代氨硼烷部分氢原子以合成金属氨基硼烷的策略称为金属化策略。研究发现金属氨基硼烷脱氢反应的放热量相对于氨硼烷明显降低[11, 12]，这说明金属化策略可以调变材料脱氢热力学性能，这主要归因于金属化过程生成稳定的金属氨基硼烷。Chua 等[50]合成了双金属氨基硼烷，即 $Na_2Mg(NH_2BH_3)_4$（Na_2MgAB_4）和 $K_2Mg(NH_2BH_3)_4$（K_2MgAB_4），发现 Na_2MgAB_4 的脱氢反应为明显的吸热过程（3.7kJ/ mol_{H_2}）。如果将 Na_2MgAB_4 或 K_2MgAB_4 同 $Mg(NH_2)_2$ 复合，其脱氢过程吸热更加明显。热力学计算表明（图 3.13），金属氨基硼烷较氨硼烷更稳定，双金属化策略可以进一步稳定金属氨基硼烷。同时发现，随着金属阳离子电负性减弱，金属氨基硼烷稳定性增强[50]。其中，K_2MgAB_4 脱氢过程为明显的吸热过程。这个研究结果为调变金属氨基硼烷类材料的储氢热力学性能提供了思路。

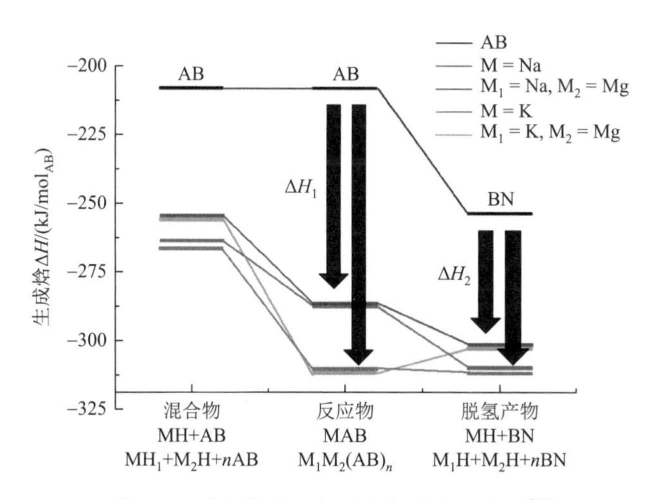

图 3.13　金属氨基硼烷脱氢热力学示意图[50]

3.4.4　碱（土）金属氨基硼烷衍生物

在脱氢温度、脱氢量、氢气纯度、脱氢热力学等性能上，碱（土）金属氨基硼烷相对于氨硼烷均有明显提升。其中锂氨基硼烷曾被列为美国能源部车载储氢材料目标体系之一。然而金属氨基硼烷仍然不能满足应用化的需求，因此需要进一步拓展材料范围，合成多种类的碱（土）金属氨基硼烷及其衍生物，以供性能筛选。目前研究较多的碱（土）金属氨基硼烷衍生物主要包括氨基硼烷的氨合物和肼合物两类，表 3.2 列出了几种代表性材料及其性能。本节也将以这两类材料为例，介绍近十年碱（土）金属氨基硼烷衍生物的研究进展。

表 3.2　几种代表性的碱（土）金属氨基硼烷的氨合物和肼合物

材料分子式/简称	晶体结构信息	阳离子配位情况	放氢温度/℃	放氢环境	放氢量/wt%	参考文献
$Ca(NH_2BH_3)_2·2NH_3$/$CaAB_2·2NH_3$	正交晶系 *Pna*21 空间群	$Ca^{2+}\cdots 2NH_3$ $Ca^{2+}\cdots 4(NH_2BH_3^-)$	70～150	密闭反应器	8.2	[14]
$Ca(NH_2BH_3)_2·NH_3$/$CaAB_2·NH_3$	单斜晶系 $P2_1/c$ 空间群	$Ca^{2+}\cdots NH_3$ $Ca^{2+}\cdots 4(NH_2BH_3^-)$	60～300	密闭反应器	10.2	[57]
$Mg(NH_2BH_3)_2·NH_3$/$MgAB_2·NH_3$	单斜晶系 *P*21/*a* 空间群	$Mg^{2+}\cdots NH_3$ $Mg^{2+}\cdots 3(NH_2BH_3^-)$	50～300	开放体系	11.4	[58]
$Mg(NH_2BH_3)_2·3NH_3$/$MgAB_2·3NH_3$	正交晶系 *P4/ncc* 空间群	$Mg^{2+}\cdots 6NH_3$ $Mg^{2+}\cdots 4(NH_2BH_3^-)$	300	密闭反应器	10.6	[16]
$Mg(NH_2BH_3)_2·2/3NH_3$/$MgAB_2·2/3NH_3$	未解析	—	65～300	开放体系	11.0	[16]
$LiNH_2BH_3·NH_3$/$LiAB·NH_3$	正交晶系 *Pbca* 空间群	—	60	氨气气氛下	11.1	[59, 60]
$LiNH_2BH_3·N_2H_4$/$LiAB·N_2H_4$	单斜晶系 *P*21/*n* 空间群	$Li^{+}\cdots 2N_2H_4$ $Li^{+}\cdots 2(NH_2BH_3^-)$	75	开放体系	7.1	[17]
$Ca(NH_2BH_3)_2·2N_2H_4$/$CaAB_2·2N_2H_4$	正交晶系 $P2_12_12_1$ 空间群	$Ca^{2+}\cdots 4N_2H_4$ $Ca^{2+}\cdots 2(NH_2BH_3^-)$	150	开放体系	7.9	[61]

Chua 等[14]将碱土金属氨基化合物与氨硼烷反应，首次合成了碱土金属氨基硼烷氨合物。例如，球磨摩尔比为 2∶1 的氨硼烷和氨基钙[$Ca(NH_2)_2$]可以得到 $Ca(NH_2BH_3)_2·2NH_3$（$CaAB_2·2NH_3$）。利用 $Ca(NH_2BH_3)_2$ 吸附两分子 NH_3 同样可以得到该氨合物。$CaAB_2·2NH_3$ 晶体属于正交晶系 *Pna*21 空间群，晶胞参数为：$a = 18.673(3)$Å，$b = 5.2283(8)$Å，$c = 8.5748(12)$Å，$V = 873.16(22)$Å^3（图 3.14）。每个 Ca^{2+}离子分别同四个[$NH_2BH_3^-$]离子和两个 NH_3 络合形成一个变形的八面体。在开放体系中加热 $CaAB_2·2NH_3$ 首先会释放两分子 NH_3 而得到 $Ca(NH_2BH_3)_2$，后续脱氢表现为 $Ca(NH_2BH_3)_2$ 热解放氢行为。然而如果在密闭反应器下加热该材料，绝大部分的 NH_3 分子会受到平衡分压的控制而保留在固相中，继而与 H（B）通过正负氢结合转变为氢气。当加热至 300℃时，$CaAB_2·2NH_3$ 总计释放 5.9mol 当量氢气或 8.8wt%氢气，而其中副产物 NH_3 的浓度小于 0.1mol%。相比于 $CaAB_2$，$CaAB_2·2NH_3$ 起始放氢温度更低（图 3.15），这可能与其中络合 NH_3 分子的正氢 $H^{\delta+}$ 和[$NH_2BH_3^-$]的负氢 $H^{\delta-}$之间更近的距离相关。

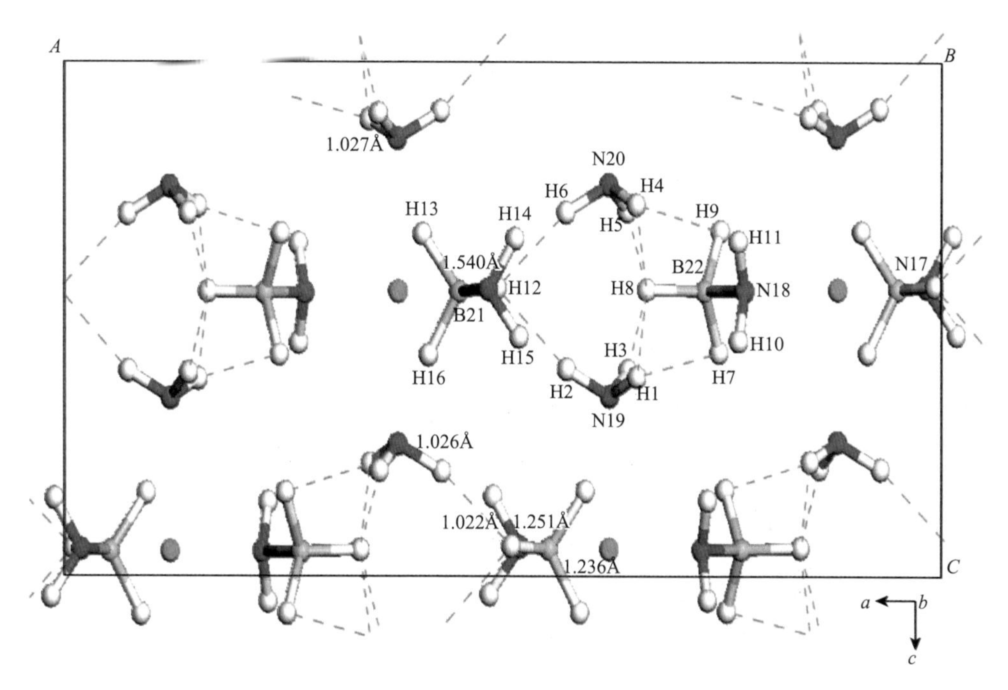

图 3.14　$CaAB_2·2NH_3$ 的晶体结构图[14]

Ca、N、B、H 原子分别由绿球、蓝球、粉球、白球表示

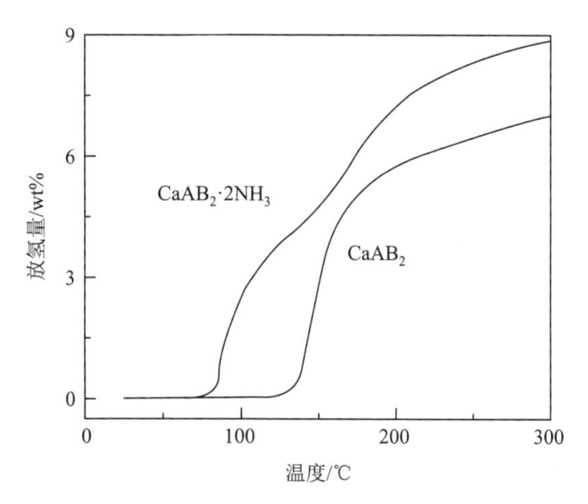

图 3.15　$CaAB_2$ 和 $CaAB_2·2NH_3$ 在密闭反应器中放氢曲线[14]

球磨摩尔比为 1∶2 的亚氨基钙（CaNH）与氨硼烷可以制备出钙氨基硼烷单氨配合物[$Ca(NH_2BH_3)_2·NH_3$，$CaAB_2·NH_3$][57]。该单氨配合物还可以通过球磨摩尔比为 1∶1 的 $Ca(NH_2BH_3)_2$ 与 $Ca(NH_2BH_3)_2·2NH_3$ 或摩尔比为 1∶1∶2 的 $Ca(NH_2)_2$、CaH_2 和氨硼烷制备。如图 3.16 所示，$Ca(NH_2BH_3)_2·NH_3$ 属于单斜晶系 $P21/c$ 空间群，

晶胞参数为：$a = 10.5831(14)$Å，$b = 7.3689(11)$Å，$c = 10.2011(13)$Å，$\beta = 120.796(6)°$。Ca^{2+}与 4 个$[NH_2BH_3]^-$阴离子以及 1 个 NH_3 分子以三角双锥方式配位。与双氨配合物$[CaAB_2·2NH_3]$相似的是，$CaAB_2·NH_3$ 在开放体系中加热首先释放氨气，生成$Ca(NH_2BH_3)_2$。如图 3.17 所示，在密闭反应器中，$CaAB_2·NH_3$ 热分解脱附少量氨气建立平衡，之后开始释放氢气。在 300℃下，$CaAB_2·NH_3$ 总计释放 10.2wt%氢气，相当于 6mol 当量氢气，其中残留的氨气浓度低于 0.1mol%。

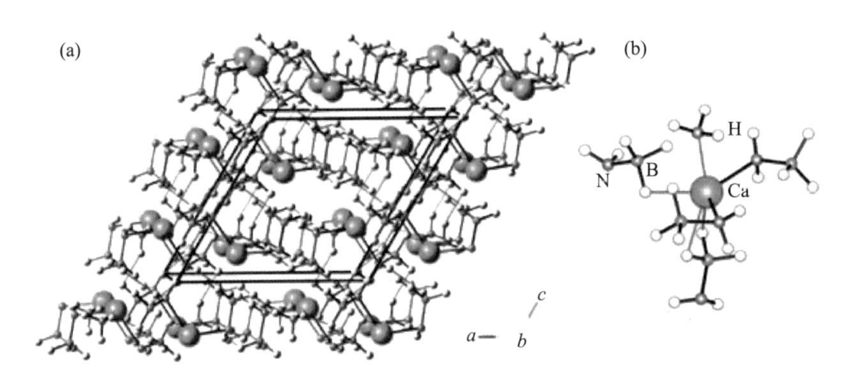

图 3.16　(a) $Ca(NH_2BH_3)_2·NH_3$ 的晶体结构图[57]；(b) Ca^{2+}离子配位情况

Ca、N、B、H 原子分别由绿球、蓝球、红球、白球表示

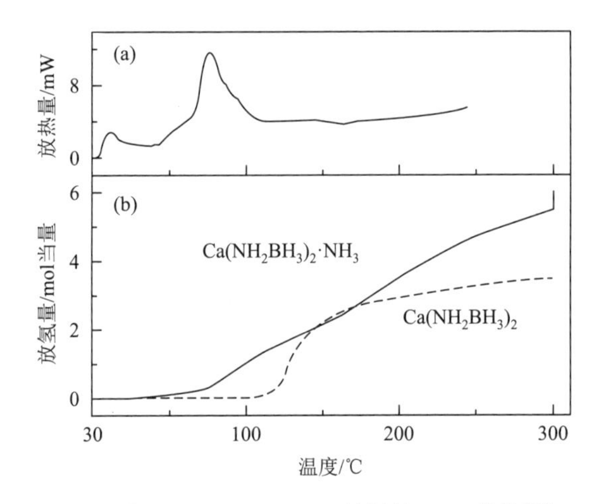

图 3.17　(a) 密闭反应器内 $Ca(NH_2BH_3)_2·NH_3$ 材料的 DSC 曲线[57]；(b) 密闭反应器内 $Ca(NH_2BH_3)_2·NH_3$ 和 $Ca(NH_2BH_3)_2$ 放氢曲线对比图

球磨等摩尔比的氨硼烷和氨基锂无法得到类似 $Ca(NH_2BH_3)$氨合物固体粉末，而是得到稀浆状产物。因为球磨过程中无明显气态产物生成，该浆状物被认为是一种复合物$[LiNH_2\text{-}NH_3BH_3]$[59]。该复合物在室温下非常缓慢地释放氢气和氨气，

最终转变为无定形固态物质。然而根据 THF 溶液中氨基锂与氨硼烷反应生成 $LiNH_2BH_3$ 的启示，上述浆状产物可能是某种氨合物，室温下呈现熔化状态。如果利用 $LiNH_2BH_3$ 在低温下（–20℃）吸附等摩尔氨气分子，可获得固态锂氨基硼烷氨合物（$LiNH_2BH_3{\cdot}NH_3$， $LiAB{\cdot}NH_3$）。该氨合物晶体属于正交晶系 *Pbca* 空间群，具体晶胞参数为：$a = 9.711(4)$Å，$b = 8.7027(5)$Å，$c = 7.1999(1)$Å，晶胞体积为 $V = 608.51$Å^3，但缺乏各原子占位信息。升温至室温时，$LiAB{\cdot}NH_3$ 固体逐渐转变为浆状形态，同时缓慢释放氢气和氨气。这在一定程度上印证了氨基锂与氨硼烷的球磨产物确为锂氨基硼烷氨合物。如果在氩气气氛下进行热分解测试，$LiAB{\cdot}NH_3$ 可以在 60℃下释放出约 1.54mol 当量氢气。而如果在氨气气氛下进行热分解测试，$LiAB{\cdot}NH_3$ 可以在相同条件下释放约 3mol 当量氢气[60]。相较于 LiAB 只释放 2mol 当量氢气，$LiAB{\cdot}NH_3$ 中氨气的 $H^{\delta+}$ 与 BH_3 的 $H^{\delta-}$ 间形成的双氢键有可能是释放更多氢气的主要原因。这再次证明利用氨气平衡压可以将氨气分子保持在反应环境中，有利于氨硼烷更充分地转化。

由钙氨基硼烷氨合物和锂氨基硼烷氨合物的热分解过程不难看出，Ca^{2+}和 Li^+对氨气分子的络合能力较差，因此在开放体系热分解过程中氨气分子会从氨合物结构中逃逸出来，进而无法参与脱氢反应过程。只有利用密闭反应器中平衡分压限制才能将氨气分子留在固相结构中并贡献其所含氢量。由于建立平衡分压需氨合物先释放少量氨气，而这部分氨气在后续脱氢过程中又难以全部与固相物质作用而被消耗，导致产生的氢气中总含有少量的氨气，不利于金属氨基硼烷氨合物的实际应用。Mg^{2+}相较于 Li^+具有更多正电荷数，相较于 Ca^{2+}离子半径更小，路易斯酸性更强，具有更强的配位能力。其与配位原子 N 间的 Mg—N 键更强，能够将氨分子固定在材料的体相结构中。室温下球磨摩尔比 1∶2 的氨基镁[$Mg(NH_2)_2$]和氨硼烷混合物无气体产物生成，产物为浆状。该浆状物在真空下脱附 1mol 当量氨气后固化。解析其晶体结构可知产物为镁氨基硼烷单氨配合物，即 $Mg(NH_2BH_3)_2{\cdot}NH_3$（$MgAB_2{\cdot}NH_3$）。因此可以推测脱氨前的浆状物应为镁氨基硼烷双氨配合物[$Mg(NH_2BH_3)_2{\cdot}2NH_3$，$MgAB_2{\cdot}2NH_3$][58]。$MgAB_2{\cdot}NH_3$ 还可以通过室温球磨摩尔比为 1∶2 的亚氨基镁（MgNH）和氨硼烷直接制备。该单氨合物晶体结构属于单斜晶系 *P21/a* 空间群，具体晶胞参数为：$a = 8.8815(6)$Å，$b = 8.9466(6)$Å，$c = 8.0701(5)$Å 和 $\beta = 94.0744(48)°$，如图 3.18 所示。Mg^{2+}与 2 个 $[NH_2BH_3]^-$离子中的 NH_2、1 个 $[NH_2BH_3]^-$离子中的 BH_3 和 1 个氨气分子形成扭曲四面体。因为 Mg^{2+}离子具有更强的氨气络合能力，在开放体系中加热分解 $MgAB_2{\cdot}NH_3$，只观察到大量氢气释放，其中的氨气含量要远低于钙氨基硼烷氨合物和锂氨基硼烷氨合物，如图 3.19 所示。$MgAB_2{\cdot}NH_3$ 同样可在密闭反应器中进行热分解放氢。加热至 300℃时，$MgAB_2{\cdot}NH_3$ 总计释放出 11.4wt%氢气，其中的氨气含量在检测极限之下。

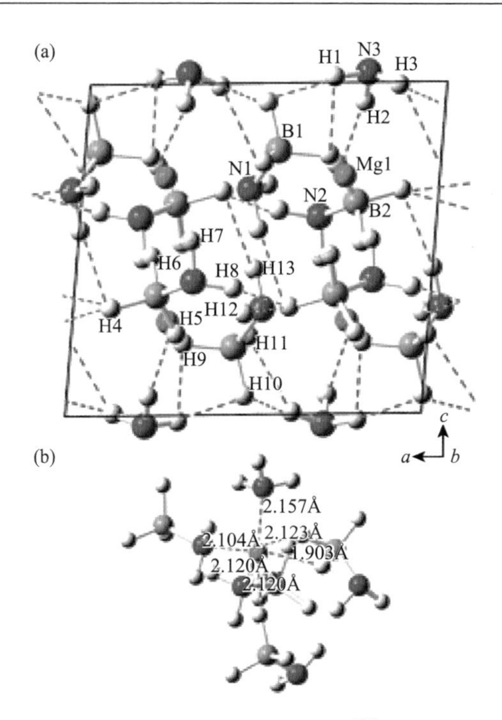

图 3.18　（a）$Mg(NH_2BH_3)_2·NH_3$ 晶体结构图[58]；（b）镁离子配位情况

Mg、N、B、H 原子分别由绿球、蓝球、黄球、白球表示

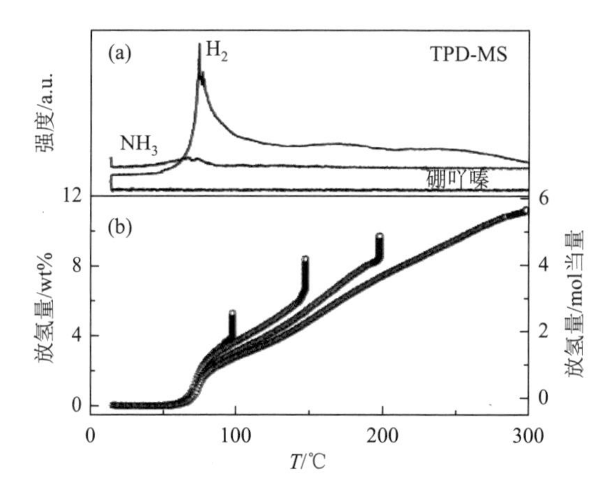

图 3.19　（a）开放体系中 $Mg(NH_2BH_3)_2·NH_3$ 分解曲线；（b）密闭反应器内 $Mg(NH_2BH_3)_2·NH_3$ 放氢曲线图[58]

其他已见报道的镁氨基硼烷氨合物还包括 $Mg(NH_2BH_3)_2·2/3NH_3$ 和 $Mg(NH_2BH_3)_2·3NH_3$（$MgAB_2·3NH_3$）[16]。前者通过室温下球磨摩尔比为 1∶6 的氮化镁与氨硼烷混合物制得。而后者是氨气气氛下球磨氢化镁与氨硼烷混合物而制得。

$Mg(NH_2BH_3)_2 \cdot 2/3NH_3$ 加热至 65℃开始释放氢气，升温至 300℃后总计释放出 11.0wt%的氢气。$MgAB_2 \cdot 3NH_3$ 晶体属于正交晶系 *P4/ncc* 空间群，具体晶胞参数为：$a = 9.8908(5)$Å，$c = 20.061(1)$Å。Mg^{2+}离子存在两种配位方式：Mg^{2+}与 4 个$[NH_2BH_3]^-$离子中的 NH_2 端形成的四面体以及 Mg^{2+}和 6 个氨气分子形成八面体。由于该材料中氨气含量甚至比室温下为液相的 $MgAB_2 \cdot 2NH_3$ 更高，因此该材料只能在密闭反应器内进行热分解脱氢，以最大程度避免氨气生成。

比较有趣的是，$Mg(NH_2BH_3)_2$ 无法通过室温球磨或湿化学法将氢化镁与氨硼烷作用而制得，然而其氨合物却是稳定相。这主要是因为 Mg^{2+}作为中心金属原子，其配位数通常为 6，然而考虑到 Mg^{2+}较小的离子半径以及较大的$[NH_2BH_3]^-$阴离子尺寸，空间上难以达成六配位，因此需要更小尺寸的 NH_3 分子见缝插针地络合以稳定中心金属 Mg^{2+}。另外比较有趣的一点是，镁氨基硼烷氨合物结构中 Mg^{2+}较小的离子半径会导致配位的 NH_3 分子与邻近的$[NH_2BH_3]^-$更加靠近，因而 NH_3 分子的 $H^{\delta+}$和$[NH_2BH_3]^-$离子中的 $H^{\delta-}$作用更强，更易于引发氢气释放[3]。

如前所述，氨基化合物、亚氨基化合物以及氮化物与氨硼烷反应生成金属氨基硼烷和氨气。在这个过程中，氨气中的 N 可能有两种来源，即①来源于氨硼烷；②来源于氨基化合物、亚氨基化合物或氮化物。Chua 等[62]利用氨基钙、亚氨基镁、氨基锂与氨硼烷反应制备了相应的金属氨基硼烷氨合物。通过同位素标记实验发现该反应是通过氨硼烷分子中氨气上的 H 进攻氨基钙中的 NH_2^-，从而生成氨气和$[NH_2BH_3]^-$。这说明该类反应中所产生的氨气的 N 原子来源于氨基化合物、亚氨基化合物或氮化物。

肼（hydrazine，NH_2NH_2）的氢含量为 12.5wt%，每个分子中含有四个 $H^{\delta+}$，它与氨气性质类似，可以作为配体与金属氨基硼烷配合。$LiNH_2BH_3 \cdot N_2H_4$（$LiAB \cdot N_2H_4$）材料可通过 $LiNH_2BH_3$ 吸收等当量的 NH_2NH_2 而合成[17]，晶体结构如图 3.20 所示。其为单斜晶系 *P21/n* 空间群，具体晶胞参数为：$a = 1.00650$Å，$b = 6.3105$Å，$c = 7.4850$Å，$\beta = 107.497°$。如图 3.21 所示，$LiNH_2BH_3 \cdot N_2H_4$ 在热分解过程中会释放一部分氨气。而通过调变 N_2H_4 与 $LiNH_2BH_3$ 的比例，可制备出不同组成的锂氨基硼烷肼合物，肼含量较低的络合物在热分解过程中抑制氨气的生成。在不同比例的肼合物中，由于$[4LiNH_2BH_3\text{-}N_2H_4]$材料具有等量的正负氢物种，从而表现出最优的脱氢性能。其可以在 75℃和 170℃恒温时分别放出 1.6mol 当量和 2.5mol 当量的氢气，分别相当于 7.1wt%和 11.1wt%氢气，相较于 $LiNH_2BH_3$ 明显提高。不同于氨合物，$[4LiNH_2BH_3\text{-}N_2H_4]$即使在开放体系中进行热分解，也并没有被观察到氨气的释放，这可能是由于 NH_2NH_2 在热力学上较氨气不稳定，易反应。同时 NH_2NH_2 为双齿配体，其两端的 N 原子可以同两个金属阳离子分别配位进行活化。

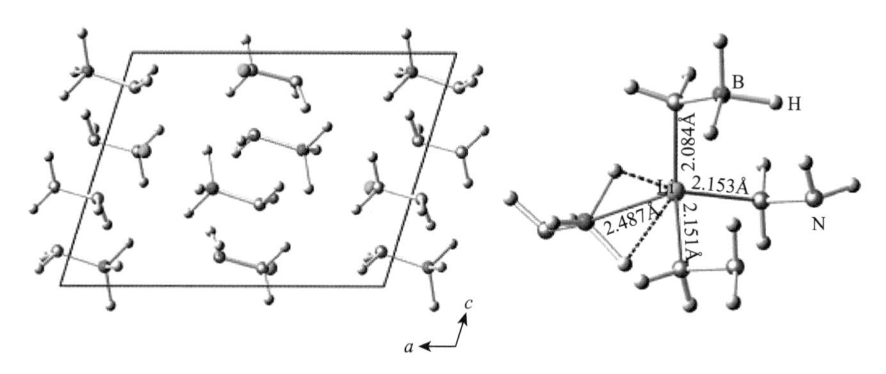

图 3.20 $LiNH_2BH_3 \cdot N_2H_4$ 的晶体结构以及 Li 的配位环境[17]

Li、N、B、H 原子分别由黄球、蓝球、绿球、白球表示

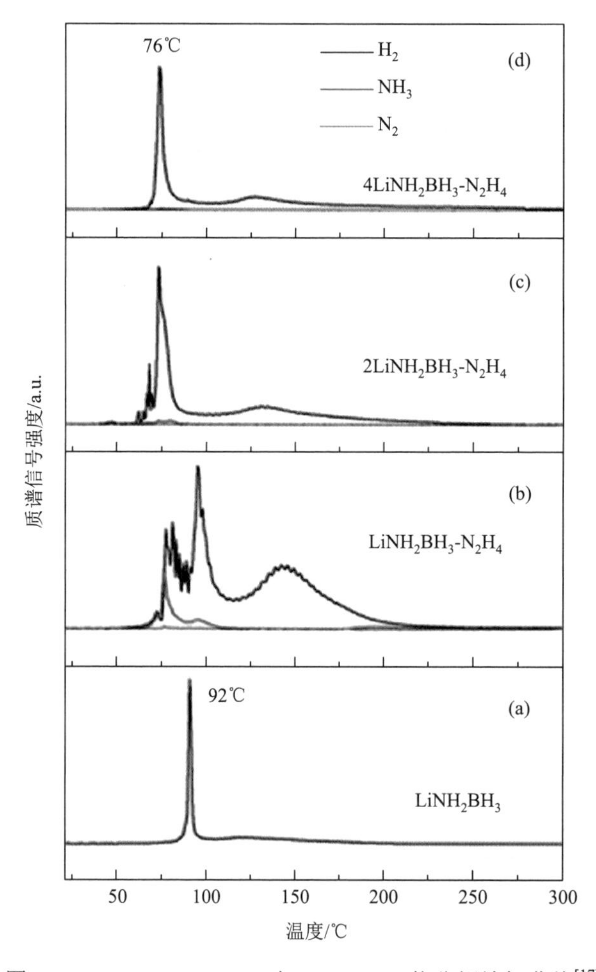

图 3.21 $n$$LiNH_2BH_3$-$N_2H_4$ 与 $LiNH_2BH_3$ 热分解放氢曲线[17]

同样，NH_2NH_2 也可以同 $Ca(NH_2BH_3)_2$ 进行络合，形成不同比例的 $[Ca(NH_2BH_3)_2\text{-}nN_2H_4]$材料[61]。其中，$Ca(NH_2BH_3)_2 \cdot 2N_2H_4$ 为正交晶系 $P2_12_12_1$ 空间群，具体晶胞参数为：$a = 6.6239(4)$Å，$b = 13.7932(6)$Å，$c = 4.7909(2)$Å，晶体结构如图 3.22 所示。在各比例中，$[Ca(NH_2BH_3)_2\text{-}1/2N_2H_4]$具有相等的正负氢物种，因此显示出最优的脱氢性能，即在 140℃时可脱除 7.9wt%氢气。

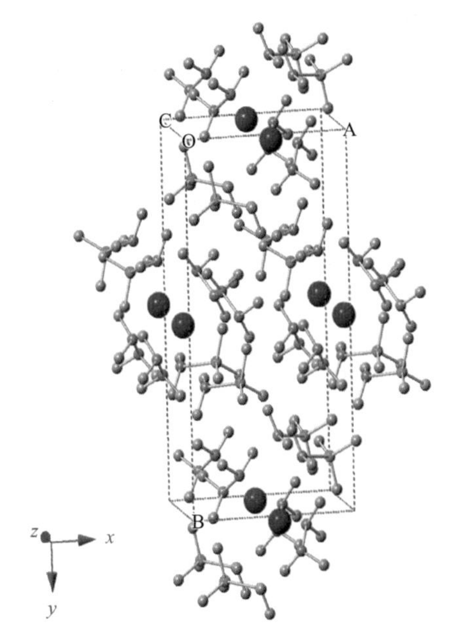

图 3.22　$Ca(NH_2BH_3)_2 \cdot 2N_2H_4$ 的晶体结构[61]

Ca、B、N、H 原子分别由蓝球、绿球、紫球、粉球表示

众所周知，$H^{\delta+}$和 $H^{\delta-}$相互结合是氨硼烷及其衍生物类材料放氢的主要驱动力之一。然而在金属氨基硼烷氨合物及肼合物中存在两种 $H^{\delta+}$物种，即$[NH_2BH_3]^-$离子中的 N—H 和配体分子（NH_3 或 NH_2NH_2）中的 N—H。明确哪种 $H^{\delta+}$物种首先与 BH_3 中的 $H^{\delta-}$物种作用释放氢气，可以为阐释脱氢的机制提供证据，并为下一步材料设计提供理论指导。Chua 等[62]通过同位素标记实验发现（图 3.23），$Ca(NH_2BH_3)_2 \cdot 2ND_3$ 在开放体系热分解过程中主要的气相产物是 NDH_2。因此他们推断 $Ca(NH_2BH_3)_2 \cdot 2ND_3$ 在合成后即可以进行 H—D 交换，生成的主要产物为 $Ca(ND_2BH_3)_2 \cdot 2NDH_2$。通过在密闭反应器中进行 $Ca(ND_2BH_3)_2 \cdot 2NDH_2$ 脱氢实验，他们发现在反应初始阶段的产物主要是 H_2，而不是 HD。这说明，该反应初始阶段的氢主要来源于 NH_3 中 $H^{\delta+}$和 BH_3 中的 $H^{\delta-}$的结合。理论计算认为 $Ca(NH_2BH_3)_2 \cdot 2NH_3$ 中 B—H 键首先断裂，之后会活化周围 NH_3 分子中的 N—H 键，从而结合生成氢气，这同实验结果相一致。

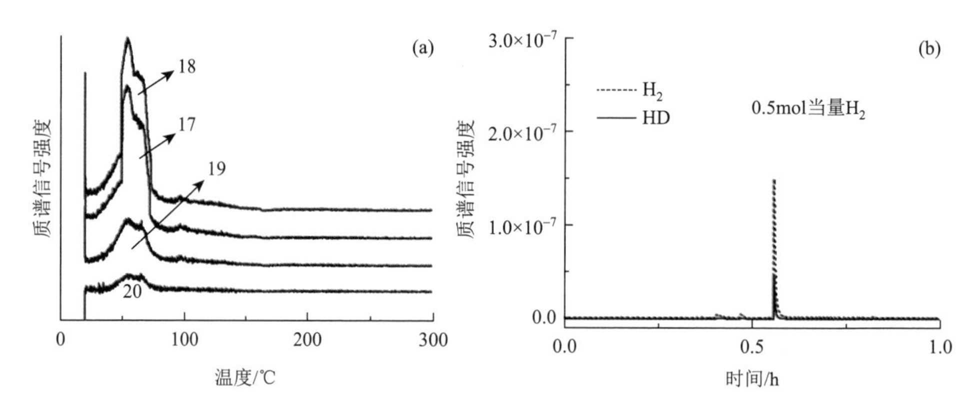

图 3.23 （a）$Ca(NH_2BH_3)_2·2ND_3$ 在开放体系 TPD 过程中的产物；（b）在密闭反应器中，$Ca(NH_2BH_3)_2·2ND_3$ 分解初始阶段气体产物组成分析[62]

同样的，Li 等[61]利用同位素标记实验表明，$[Ca(ND_2BH_3)_2\text{-}1/2N_2H_4]$和$[Ca(NH_2BD_3)_2\text{-}1/2N_2H_4]$两种材料在分解过程中分别首先释放 H_2 和 HD，如图 3.24 所示。因此他们认为$[Ca(ND_2BH_3)_2\text{-}1/2N_2H_4]$热分解初始阶段的氢来源于 NH_2NH_2 中 $H^{\delta+}$和 BH_3 中的 $H^{\delta-}$的结合，这同金属氨基硼烷氨合物相似。进一步推断 $CaAB_2·nN_2H_4$ 体系脱氢起始阶段的步骤可能是：首先 N_2H_4 均裂分解产生$·NH_2$ 自由基活性物种，随后$·NH_2$ 进攻 $Ca(NH_2BH_3)_2$ 中的 BH_3 基团，产生 H_2[61]。可以看出，无论是金属氨基硼烷氨合物还是肼合物，其脱氢起始步骤均有可能始于配体中的 N—H 与 B—H 的结合。

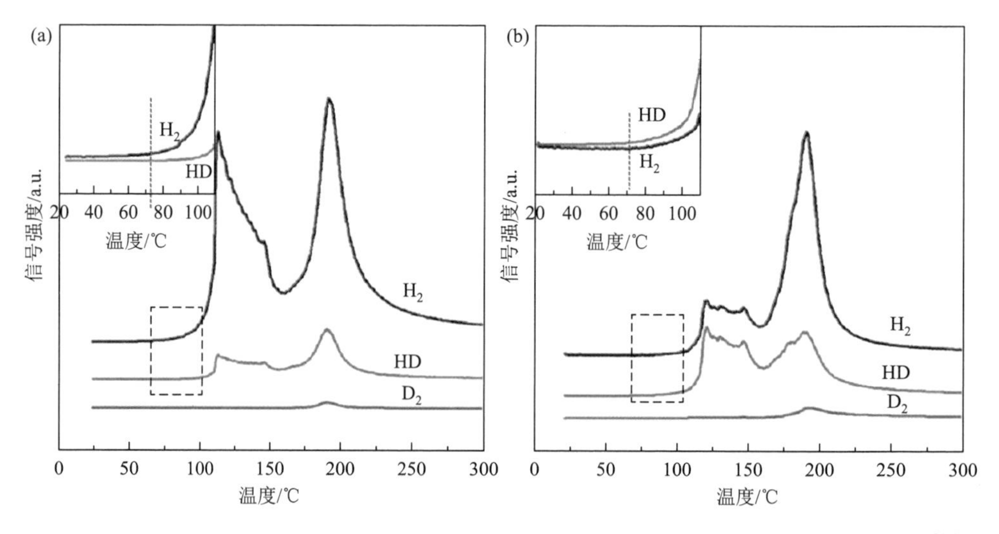

图 3.24 $[Ca(ND_2BH_3)_2\text{-}1/2N_2H_4]$（a）和$[Ca(NH_2BD_3)_2\text{-}1/2N_2H_4]$（b）材料 TPD-MS 曲线[61]

3.5　碱（土）金属硼氢化物络合物

由于 $H^{\delta+}$与 $H^{\delta-}$相互结合是氨硼烷及其衍生物放氢的主要驱动力之一，因此寻找富含 $H^{\delta+}$与 $H^{\delta-}$的材料，或者将富含 $H^{\delta+}$和 $H^{\delta-}$的材料复合，是开发高效储氢材料的有效途径之一。近年来，硼氢化物因其高含氢量被广泛研究[4, 63, 64]。硼氢化物中的氢为 $H^{\delta-}$，如果能找到富含 $H^{\delta+}$的材料与其复合或络合，可能会开发出具有优异储氢性能的新材料。硼氢化物与氨基化合物复合材料体系已经在第 2 章进行了介绍，本节主要对硼氢化物络合材料体系进行阐述。该类材料主要包括碱（土）金属硼氢化物氨合物体系、碱（土）金属硼氢化物肼合物体系，代表性材料列于表 3.3。

表 3.3　几种代表性的碱（土）金属硼氢化物氨合物及肼合物

材料种类与组成	代表性材料	代表材料晶体结构信息	放氢温度/℃	放氢条件	放氢量/wt%	参考文献
$LiBH_4 \cdot nNH_3$（$n=1, 3$）	$LiBH_4 \cdot NH_3$	正交晶系 *Pnma* 空间群	140～250	密闭容器、Co 基催化剂（$LiBH_4 \cdot 4/3NH_3$）	17.8	[65]
$Mg(BH_4)_2 \cdot nNH_3$（$n=1, 2, 3, 6$）	$Mg(BH_4)_2 \cdot 2NH_3$	正交晶系 *Pcab* 空间群	120～400	开放体系	13.6	[18]
$Ca(BH_4)_2 \cdot nNH_3$（$n=1, 2, 4, 6$）	$Ca(BH_4)_2 \cdot 2NH_3$	正交晶系 *Pbcn* 空间群	250	密闭反应器	11.3	[66, 67]
$Sr(BH_4)_2 \cdot nNH_3$（$n=1, 2, 4$）	$Sr(BH_4)_2 \cdot 2NH_3$	正交晶系 *Pnc*2 空间群	—	分解放氨	—	[66]
$Li_2Al(BH_4)_5 \cdot 6NH_3$		六角晶系 *P*3-*c*1 空间群	120	开放体系	＞10.0	[20]
$LiBH_4 \cdot nNH_2NH_2$（$n=1/3, 1/2, 1, 2$）	$LiBH_4 \cdot NH_2NH_2$	单斜晶系 *Cc* 空间群	60～140	密闭反应器、Fe 基催化剂	13.0	[21]
$NaBH_4 \cdot nNH_2NH_2$（$n=1, 2$）	$NaBH_4 \cdot NH_2NH_2$	单斜晶系 $P2_1/c$ 空间群	—	肼首先脱附并分解	—	[22]
$Mg(BH_4)_2 \cdot 3NH_2NH_2$	$Mg(BH_4)_2 \cdot 3NH_2NH_2$	三角晶系 $P\overline{3}1c$ 空间群	100～240	开放体系 ($Mg(BH_4)_2 \cdot 4/3NH_2NH_2$)	12.5	[22]
$Ca(BH_4)_2 \cdot 2NH_2NH_2$	$Ca(BH_4)_2 \cdot 2NH_2NH_2$	单斜晶系 *C*2/*m* 空间群	150～240	密闭反应器 [$Ca(BH_4)_2 \cdot 4/3NH_2NH_2$]	10.8	[68]

3.5.1　硼氢化物氨合物材料

利用 NH_3 同硼氢化物配位可以形成富含 $H^{\delta+}$和 $H^{\delta-}$的材料。$Mg(BH_4)_2$ 可以与

NH_3 相互作用形成络合物 $Mg(BH_4)_2·6NH_3$，该络合物升温可脱出 4mol 当量 NH_3，生成 $Mg(BH_4)_2·2NH_3$[18]。$Mg(BH_4)_2·2NH_3$ 形成了空间群为 *Pcab* 正交晶系晶体，$a = 17.4872(4)$Å，$b = 9.4132(2)$Å，$c = 8.7304(2)$Å，$Z = 8$，晶体结构如图 3.25 所示。由于 Mg^{2+} 络合 NH_3 的能力较强，$Mg(BH_4)_2·2NH_3$ 在升温过程中主要气体产物为氢气，只检测到微量的 NH_3 副产物，最终 $Mg(BH_4)_2·2NH_3$ 可以在 400℃下释放 13.6wt% H_2，相对于单独的硼氢化镁有明显的提升，如图 3.25 所示。

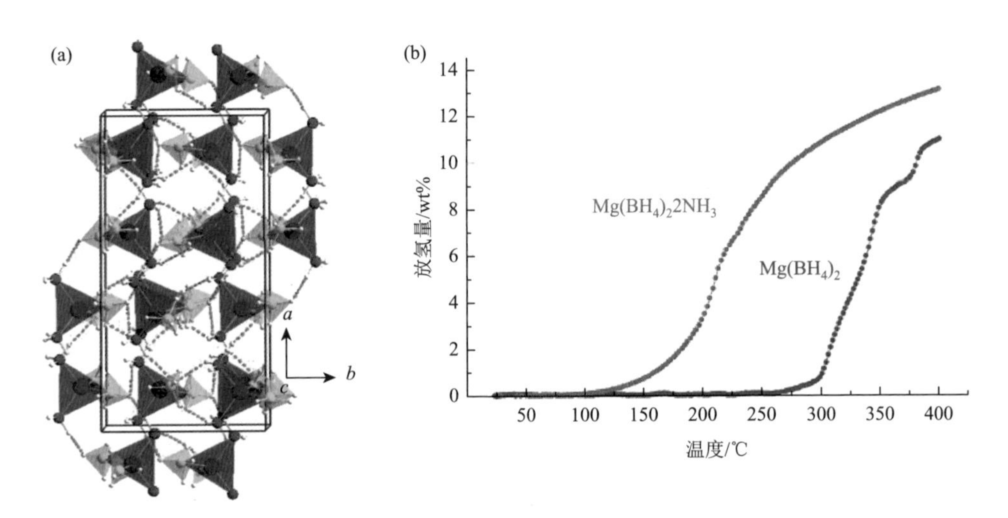

图 3.25　（a）$Mg(BH_4)_2·2NH_3$ 的晶体结构图[18]；（b）$Mg(BH_4)_2·2NH_3$ 与 $Mg(BH_4)_2$ 分解放氢对比曲线

早在 20 世纪 50 年代，人们研究了 $Li(NH_3)_nBH_4$ 体系中 NH_3 平衡分压情况，并解释了压力-组成-温度之间的对应关系以及与之相关的材料相变等问题[69]。在惰性气流中，$Li(NH_3)BH_4$ 的热分解过程只脱附 NH_3 而不产生 H_2。这说明 Li^+同氨的配位强度较弱，在升温过程中不能将 NH_3 束缚在体相中与$[BH_4]^-$发生反应[70]。Guo 等[71]在 $Li(NH_3)BH_4$ 的加热过程中发现微量的 H_2 产生，他们认为这部分 H_2 来源于 NH_3 和$[BH_4]^-$的相互作用。因此他们在 $Li(NH_3)BH_4$ 中添加了金属氯化物（$MgCl_2$、$AlCl_3$、$ZnCl_2$ 等）来固定 NH_3 分子，使 NH_3 在升温过程中与$[BH_4]^-$发生反应，释放 H_2。同样为了将 NH_3 分子束缚在体相中，Zheng 等[65]在较小的密闭反应器内尝试了 $Li(NH_3)BH_4$ 的热分解。该办法可以通过 NH_3 饱和蒸气压将大部分的 NH_3 控制在 $Li(NH_3)BH_4$ 体相中，这样可以提高$[BH_4]^-$同 NH_3 的反应机会，释放 H_2。由于该体系放氢的驱动力可能为 $H^{\delta+}$和 $H^{\delta-}$的相互结合，因此他们将 NH_3 的用量增加，合成出 $Li(NH_3)_{4/3}BH_4$，以此来平衡体系中的 $H^{\delta+}$和 $H^{\delta-}$。在纳米级 Co 基催化剂的帮助下，该体系在 140～250℃内总计释放 17.8wt% H_2，该反应的方程式见式（3.21）。如图 3.26 所示，$Li(NH_3)_{4/3}BH_4$ 在惰性气流下和密闭反应器中表现出不同的分解路径。

$$3[Li(NH_3)_{4/3}BH_4] = Li_3BN_2 + 2BN + 12H_2 \quad (3.21)$$

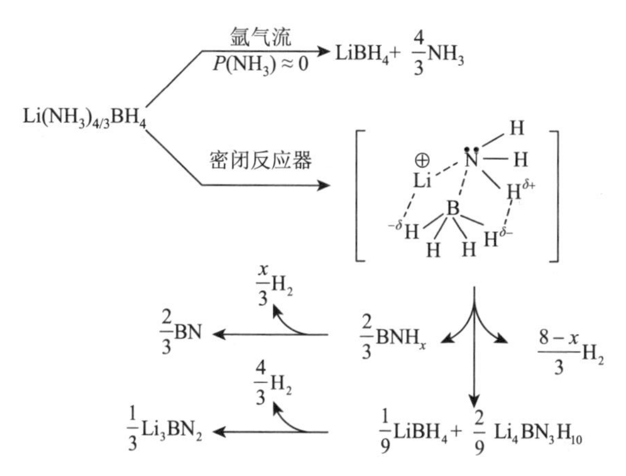

图 3.26 $Li(NH_3)_{4/3}BH_4$ 在惰性气流和封闭系统中的分解路径示意图[65]

同样，利用 $Ca(BH_4)_2$ 同 NH_3 络合，可以形成不同比例的氨合物：$Ca(BH_4)_2 \cdot nNH_3$（$n = 1, 2, 4, 6$）[66, 67]。其中 $Ca(BH_4)_2 \cdot 2NH_3$ 为空间群为 *Pbcn* 的正交晶系晶体，具体晶胞参数为：$a = 6.4160Å$，$b = 8.3900Å$，$c = 12.7020Å$，$V = 683.75Å^3$，晶体结构如图 3.27 所示[67]。如果在开放体系中加热，氨分子首先从 $Ca(BH_4)_2 \cdot 2NH_3$ 中逸出，

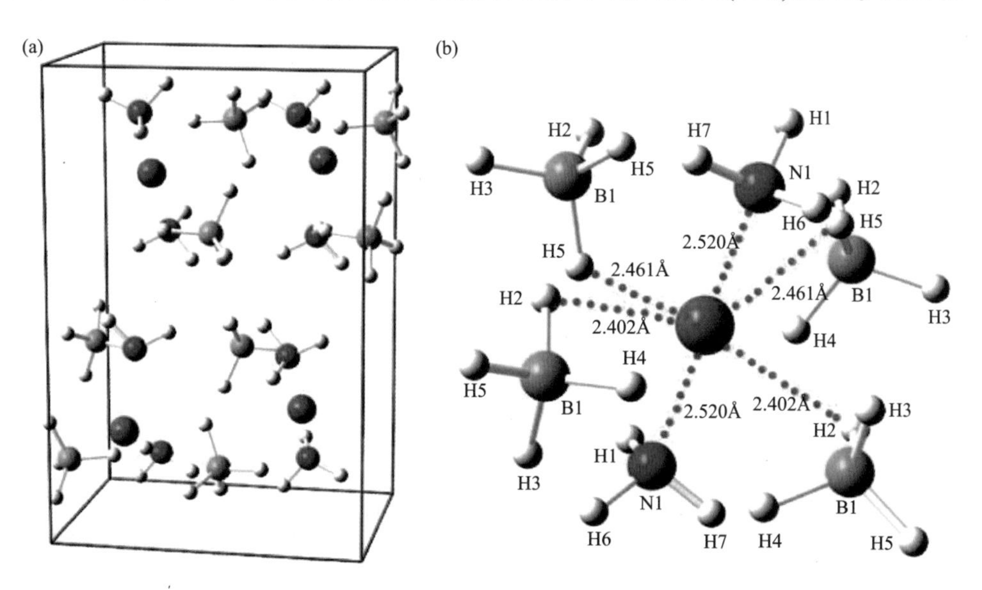

图 3.27 （a）$Ca(BH_4)_2 \cdot 2NH_3$ 的晶体结构[67]；（b）Ca^{2+} 离子周围配位环境

Ca、N、B、H 原子分别由红球、蓝球、黄球、灰球表示

并不会同$[BH_4]^-$作用放氢。如果将材料在封闭反应器内进行加热，由于 NH_3 饱和蒸气压存在，大部分 NH_3 仍然被束缚在体相中，可同$[BH_4]^-$相互作用释放氢气。在 250℃下，约有 11.3wt%氢气可以从 $Ca(BH_4)_2·2NH_3$ 材料中脱附，而 $Ca(BH_4)_2$ 在相同的条件下并不能脱附出氢气，如图 3.28 所示。

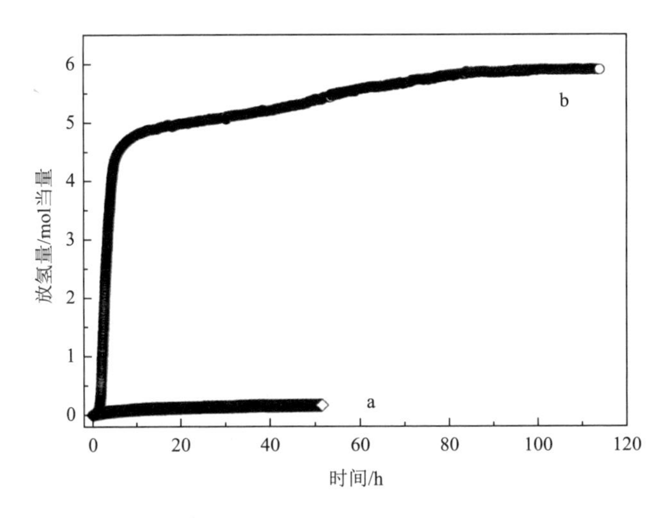

图 3.28 $Ca(BH_4)_2$（a）与 $Ca(BH_4)_2·2NH_3$（b）在 250℃下分解放氢比较图[67]

与 $Ca(BH_4)_2$ 相似，$Sr(BH_4)_2$ 也可以同 NH_3 形成多种络合物，如 $Sr(BH_4)_2·nNH_3$（$n = 1, 2, 4$）[66]。当 $Sr(BH_4)_2·2NH_3$ 在惰性的开放体系中加热时，NH_3 分子会首先脱附出来，分步形成 $Sr(BH_4)_2·NH_3$ 和 $Sr(BH_4)_2$，之后 $Sr(BH_4)_2$ 会进行热分解放氢。然而这种条件下的 $Sr(BH_4)_2$ 热分解放氢温度相较于单独的 $Sr(BH_4)_2$ 会有所降低，这说明所释放出来的 NH_3 参与了 $Sr(BH_4)_2$ 分解放氢反应。这同 $Ca(BH_4)_2·2NH_3$ 中的情况非常类似。

从上述 $LiBH_4·NH_3$、$Ca(BH_4)_2·nNH_3$、$Sr(BH_4)_2·nNH_3$ 的例子可以看出，锂离子、钙离子、锶离子对氨的络合能力较弱，导致在升温过程中氨气首先脱附，不能有效地参与放氢反应。而利用上述 NH_3 饱和蒸气压的策略可以将 NH_3 束缚在体相中，实现了材料的直接脱氢反应，这与上一节中金属氨基硼烷氨合物的情况相似。同样地，如果利用具有强配位能力的阳离子来替代锂离子、钙离子、锶离子，可以在升温过程中将氨分子束缚在体相中，从而使材料脱附出氢气。在本节中提到的 $Mg(BH_4)_2·2NH_3$ 便是其中一个成功的例子。而利用对氨气分子具有更强络合能力的铝离子可以更好地在体相中固定氨分子。$Al(BH_4)_3$ 可以同六分子的 NH_3 配位，生成在空气中稳定的 $Al(BH_4)_3·6NH_3$。该化合物可以在 160℃下 1h 内释放出 11.9wt%氢气[72]，但是所释放的氢气中杂质较多。因此，Guo 等[20]利用双金属硼

氢化物 $Li_2Al(BH_4)_5$ 同 NH_3 配位，合成了 $Li_2Al(BH_4)_5·6NH_3$ 材料。该材料是以$[Al(NH_3)_6]^{3+}$和$[Li_2(BH_4)_5]^{3-}$两个离子基团结合成为一个六角晶系晶体，其晶体结构如图 3.29（a）所示。由于双金属的调变，该硼氢化物氨合物展现了完全不同的脱氢性能：它可以在 120℃下 2h 内释放高于 10wt%的氢，且氢气中未检测到杂质[图 3.29（b）]。作者认为$[BH_4]^-$阴离子中的 $H^{\delta-}$和 NH_3 中的 $H^{\delta+}$相互结合是放氢的主要驱动力之一。

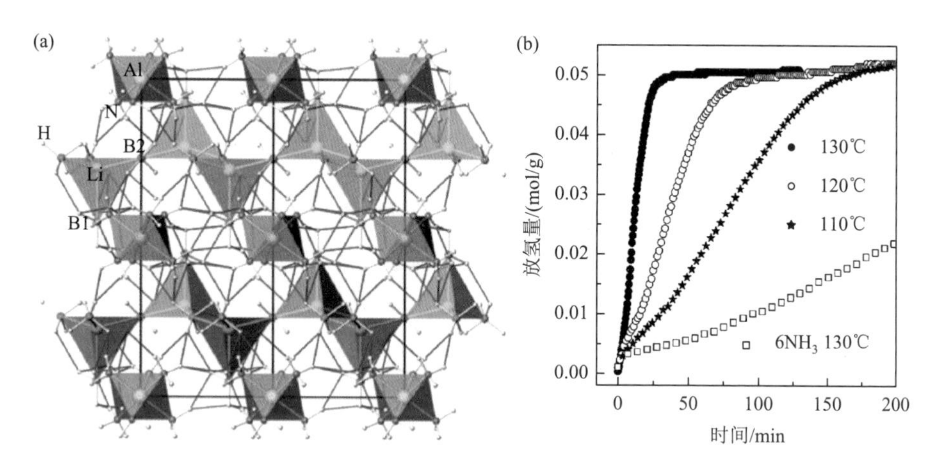

图 3.29　（a）$Li_2Al(BH_4)_5·6NH_3$ 的晶体结构；（b）$Li_2Al(BH_4)_5·6NH_3$ 在不同温度下的放氢曲线[20]

除了主族金属硼氢化物氨合物外，研究人员合成了多种类的过渡金属硼氢化物氨合物、双金属硼氢化物氨合物等，如 $Zn(BH_4)_2·nNH_3$[19]、$Y(BH_4)_3·nNH_3$[73]、$Mn(BH_4)_2·nNH_3$[74]等。本章主要关注碱（土）金属硼氢化物复合材料，因此对其他主族及过渡金属硼氢化物将不进行详细讨论。近期，Paskevicius 等[4]对硼氢化物氨合物进行了非常全面的总结。读者如果有兴趣，可以参考他们最近发表的综述文章。

3.5.2　硼氢化物肼合物材料

肼的含氢量为 12.5wt%，每个分子中含有四个 $H^{\delta+}$，通常被用作航天推进剂[75, 76]。肼的分解是通过两个相互竞争的反应来进行的，生成含 H_2、N_2 和 NH_3 的混合气，如反应式（3.22）和式（3.23）。同 NH_3 分子类似，如果将肼同硼氢化物进行络合，不仅会改善肼的分解放氢选择性，同时还可以提升硼氢化物的放氢性能。

$$N_2H_4 = N_2 + 2H_2 \tag{3.22}$$

$$3N_2H_4 \xlongequal{} N_2 + 4NH_3 \qquad (3.23)$$

研究发现，肼可以同硼氢化锂配位形成四种新的结构[21, 22]，即 $3LiBH_4 \cdot NH_2NH_2$、$2LiBH_4 \cdot NH_2NH_2$、$LiBH_4 \cdot NH_2NH_2$、$LiBH_4 \cdot 2NH_2NH_2$。它们的晶体结构如图 3.30 所示。当肼的含量超过 2mol 当量时，$LiBH_4 \cdot nNH_2NH_2$（$n>2$）会变为黏稠的浆状物。受 $H^{\delta+}$ 与 $H^{\delta-}$ 结合释放氢气机制的启发，具有等量 $H^{\delta+}$ 与 $H^{\delta-}$ 的 $LiBH_4 \cdot NH_2NH_2$ 受到研究者的关注[21]。

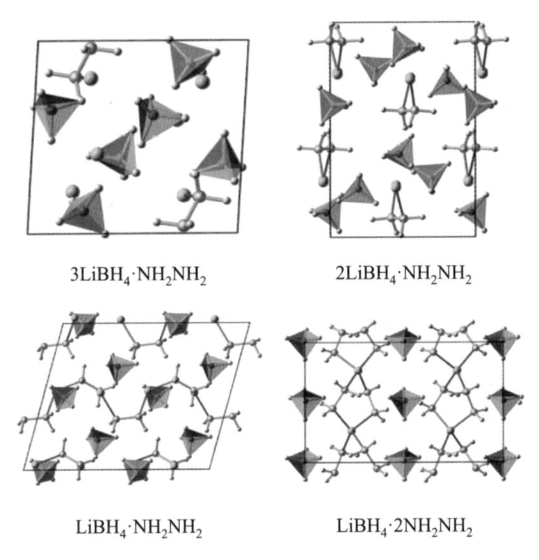

图 3.30　$LiBH_4 \cdot nNH_2NH_2$（$n = 1/3, 1/2, 1, 2$）的晶体结构图

$LiBH_4 \cdot NH_2NH_2$ 晶体属于单斜晶系 Cc 空间群，具体晶胞参数为：$a = 12.1423$Å，$b = 6.7217$Å，$c = 10.3680$Å，$\beta = 104.79°$。从晶体结构可以看出，NH_2NH_2 分子一端的 N 原子通过孤对电子同中心离子（Li^+）形成配位键而相互连接，而另外一端的 N 原子通过孤对电子同另外相邻的中心离子配位，形成了一种相互交联的结构。每个 Li^+ 离子周围被 2 个 $[BH_4]^-$ 离子和 2 个 NH_2NH_2 分子包围，构成变形的四面体。表 3.4 统计了 $LiBH_4 \cdot NH_2NH_2$ 中不同键的键长信息，并同 NH_2NH_2 和 $LiBH_4$ 进行对比。肼配合物中 B—H 和 N—H 平均键长相对于 $LiBH_4$ 和 NH_2NH_2 均有所增长，说明 NH_2NH_2 与硼氢化物的结合同时弱化了 B—H 键和 N—H 键，这同谱学表征结果一致。值得一提的是，该肼合物中 $H^{\delta+}$ 与 $H^{\delta-}$ 的最短间距为 2.066Å，表明双氢键形成，这与氨硼烷晶体结构中的情况类似。众所周知，双氢键对于氨硼烷晶体稳定性及分解放氢性能有重要影响。因此，肼合物中的双氢键、离子键以及由孤对电子与金属阳离子形成的配位键是稳定肼合物晶体的主要因素，并且对于肼合物的热分解具有重要的作用。

表 3.4　室温下 $LiBH_4 \cdot NH_2NH_2$ 晶体结构中的原子间距与 NH_2NH_2、$LiBH_4$ 的比较（单位：Å）

原子间距	$LiBH_4 \cdot NH_2NH_2$	NH_2NH_2	$LiBH_4$
B···H	1.217～1.231	—	1.208～1.225
N···H	1.025～1.036	1.021	—
N···N	1.447～1.452	1.449	—
Li···B	2.322～2.600	—	2.475～2.542
Li···N	2.131～2.427	—	—
最短 $H^{\delta+}\cdots H^{\delta-}$	2.066	—	—

然而 $LiBH_4 \cdot NH_2NH_2$ 在开放系统中进行热分解会首先脱附肼分子，所脱附的肼分子自分解生成氢气、氮气和氨气混合物。这主要归因于锂离子同肼的配位能力较弱，不能在升温过程中将肼保持在体相中，这同硼氢化物氨合物的热分解情况是类似的。如果使材料在密闭反应器中进行热分解，那么利用较低的肼饱和蒸气压便可以将肼束缚在体相中，从而使得肼有机会同 $LiBH_4$ 发生反应。如图 3.31 所示，$LiBH_4 \cdot NH_2NH_2$ 的热分解非常不同于肼和 $LiBH_4$。在 140℃下，约有 0.55mol 当量氢气、氮气、氨气混合气从 $LiBH_4 \cdot NH_2NH_2$ 中释放出来。氢气的生成说明 $H^{\delta+}$和 $H^{\delta-}$在该条件下可以相互作用而发生反应。如果在体系中加入 Fe 基催化剂，$LiBH_4 \cdot NH_2NH_2$ 可以在相同条件下选择性地生成氢气和氮气，反应方程式如式（3.24）所示。最终，$LiBH_4 \cdot NH_2NH_2$ 在 140℃、Fe 基催化剂作用下可以释放出 13.0wt%的氢气。

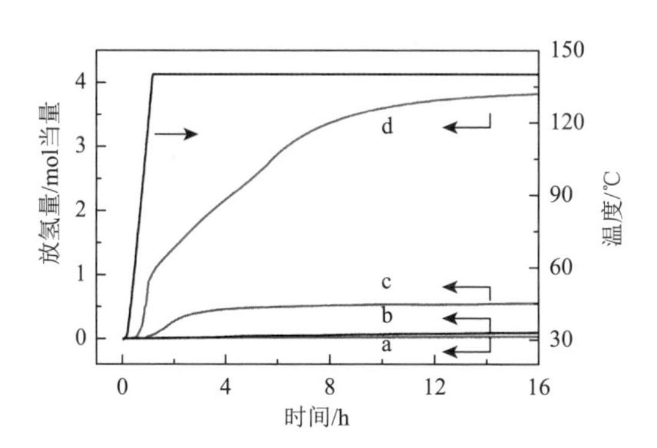

图 3.31　140℃下 $LiBH_4$（a）、NH_2NH_2（b）、$LiBH_4 \cdot NH_2NH_2$（c）和 5.0mol% $FeCl_3$（d）掺杂的 $LiBH_4 \cdot NH_2NH_2$ 分解释放气体曲线[21]

$$3(LiBH_4 \cdot NH_2NH_2) = Li_3BN_2 + 2BN + N_2 + 12H_2 \tag{3.24}$$

硼氢化钠肼合物可以通过混合硼氢化钠和肼而获得[22, 77]。目前已经报道了两种比例的硼氢化钠肼合物，即 $NaBH_4 \cdot NH_2NH_2$ 和 $NaBH_4 \cdot 2NH_2NH_2$。由于钠离子相对锂离子对肼的束缚能力更弱，因此在该类材料的热分解过程中，肼首先脱附并进行自分解，之后表现出硼氢化钠自分解行为。Li 等[68]利用肼同硼氢化钙配合，合成了 $Ca(BH_4)_2 \cdot 2NH_2NH_2$。该配合物形成了空间群为 *C2/m* 的单斜晶系，具体晶胞参数为：$a = 10.1385Å$，$b = 8.6342Å$，$c = 4.6384Å$，$\beta = 106.467°$。每个 Ca^{2+}离子与两个$[BH_4]^-$阴离子和两个肼分子配位，构成了变形的四面体结构，如图 3.32 所示。硼氢化钙肼合物在开放体系中热分解可以明显观察到氢气的释放，且温度低于单独硼氢化钙的分解温度。这说明在低温下，肼分子已经同$[BH_4]^-$离子发生相互作用，并释放氢气。而在 240℃的密闭反应器中，$Ca(BH_4)_2 \cdot 2NH_2NH_2$ 经过 12h 可以释放出氢气、氮气和氨气。而如果降低肼的配位数至 4/3 或 1 时，硼氢化钙肼合物可以仅释放氢气或有少部分氮气。这说明在 $Ca(BH_4)_2 \cdot 2NH_2NH_2$ 中的肼并不能完全与硼氢化物相互作用，释放氢气。进一步的研究发现，$Ca(BH_4)_2 \cdot 4/3NH_2NH_2$ 在密闭反应器内分解过程中生成 $Ca(BH_4)_2 \cdot 2NH_3$。这说明肼在密闭反应器内分解后生成的氨气被吸附到 $Ca(BH_4)_2$ 中，形成了 $Ca(BH_4)_2 \cdot 2NH_3$，进而进行热分解放氢。

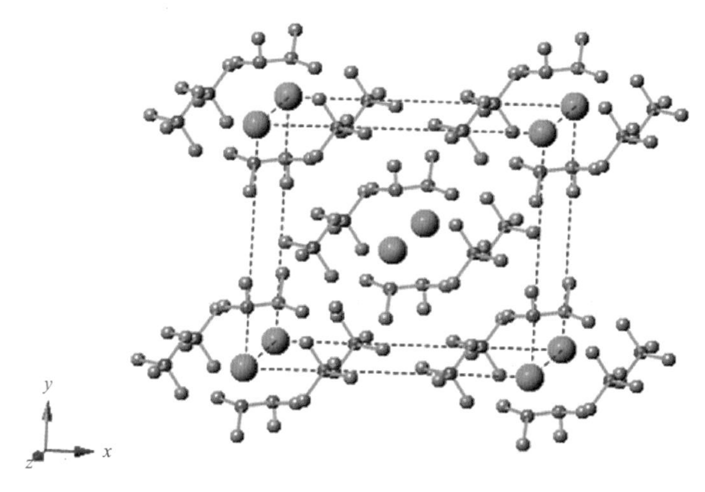

图 3.32 $Ca(BH_4)_2 \cdot 2NH_2NH_2$ 晶体结构图[68]

Ca、N、B、H 原子分别由绿球、蓝球、紫球、粉球表示

从硼氢化物氨合物的分解放氢行为可知，金属阳离子对氨吸附较弱时，氨分子在开放体系会首先脱附出体相材料，生成相应的硼氢化物。而当金属阳离子对氨吸附较强时，即使在开放体系中，氨分子仍然可被束缚在体相中，同硼氢化物进行作用释放氢气。同理，利用对肼具有较强络合能力的 Mg^{2+}替换 Li^+、Na^+、Ca^{2+}，可以实现硼氢化物肼合物的直接脱氢[22]。当 $Mg(BH_4)_2$ 和肼的比例为 1∶3 时，$Mg(BH_4)_2 \cdot 3NH_2NH_2$ 形成空间群为 $P\bar{3}1c$ 的三角晶系，晶胞参数：$a = 13.8385Å$，$c = 7.8284Å$，$V = 1298.32Å^3$。每个 Mg^{2+}离子与 6 个肼分子络合形成一个八面体，

该八面体同 12 个$[BH_4]$离子配位，晶体结构如图 3.33 所示。由于Mg^{2+}具有较强的肼配位能力，因此硼氢化镁肼合物表现出了完全不同于硼氢化钠肼合物、硼氢化锂肼合物的热分解性质。例如，$[Mg(BH_4)_2\text{-}2NH_2NH_2]$可以在开放体系中于 240℃下直接释放氢气，而避免了肼分子的逸出，反应方程式为式（3.25）。

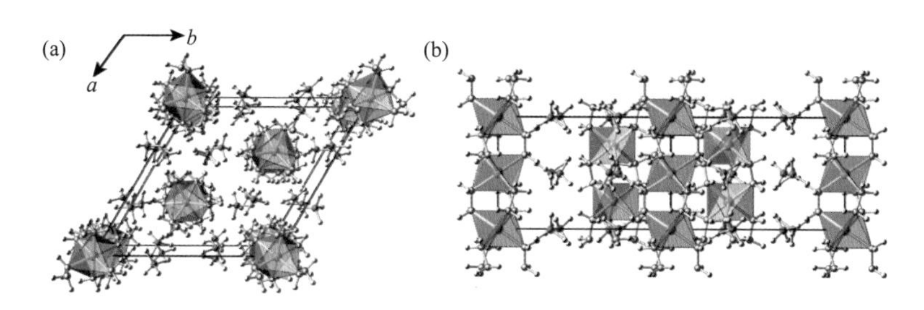

图 3.33　$Mg(BH_4)_2\cdot 3NH_2NH_2$ 的晶体结构图[22]

（a）[110]面视图；（b）[001]面视图

$$3[Mg(BH_4)_2\text{-}2NH_2NH_2] \longrightarrow Mg_3(BN_2)_2 + 4BN + 2N_2 + 24H_2 \qquad (3.25)$$

通过对比不同金属阳离子（Li^+、Na^+、Mg^{2+}）对硼氢化物肼合物的分解行为，发现硼氢化物肼配合物中阳离子的 Pauling 电负性越高，其束缚肼的能力越强，并在升温过程中抑制肼的流失和自分解，实现$H^{\delta+}$（肼）和$H^{\delta-}$（$[BH_4]^-$）相互作用释放H_2。同位素标记实验发现$Mg(BD_4)_2\cdot 2NH_2NH_2$在分解过程中会同时产生$H_2$、HD 和$D_2$，但是 HD 为主要成分（图 3.34），表明$H_2$的释放可能遵循了$H^{\delta+}$和$H^{\delta-}$相互结合这一机制。而$H_2$和$D_2$的存在可能归因于在升温过程中固相中发生了 H-D 交换。

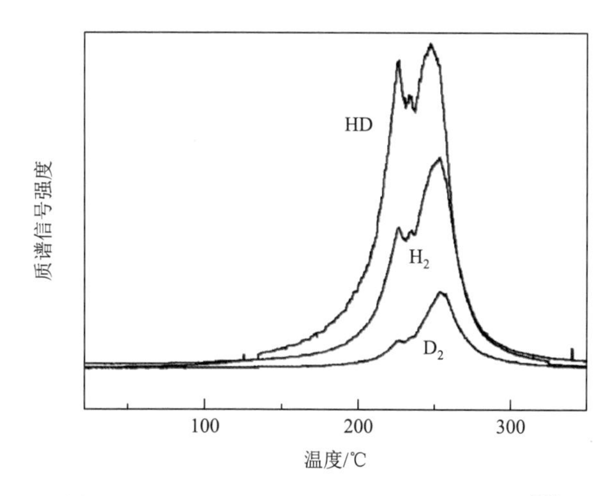

图 3.34　$Mg(BD_4)_2\cdot 2NH_2NH_2$ 的 TPD-MS 曲线[22]

除了上述 NH_3 和 NH_2NH_2 无机配体外，近些年来，一些有机胺配体同样可以同硼氢化物进行配位而形成新型化合物，如硼氢化物乙二胺配合物等[78-80]。这些材料主要是通过氮原子上的孤对电子同金属阳离子进行配位形成的。同时这类材料通常认为是通过 $H^{\delta+}$ 和 $H^{\delta-}$ 的相互作用进行氢气的释放，并形成稳定的 B—N 键。因此一般情况下，此类材料放氢为放热反应，为不可逆放氢体系。因此，该类材料当前最大的挑战仍然是材料的再生。

3.6　总结与展望

早在 20 世纪 30 年代，研究人员就开始关注碱金属氨基硼烷。直到 21 世纪初，人们才将以氨硼烷、金属氨基硼烷、硼氢化物络合物等为代表的硼氮基材料应用于储氢研究领域。而在短短的 15 年内，科研人员相继开发出金属氨基硼烷、金属氨基硼烷氨合物、金属氨基硼烷肼合物、硼氢化物氨合物、硼氢化物肼合物等一系列结构新颖、性能各异的储氢材料。该类材料的快速发展使人们对材料的结构、性能有了更深入的认识，也极大地推动了化学氢化物储氢材料的发展。

在未来，研究人员应在材料的低成本制备、产氢纯度及材料再生等方面进行深入的研究。该类材料最大的优势是含氢量高，然而金属硼氮类储氢材料属于化学氢化物储氢体系，为一次性供氢材料。只有通过复杂的化学还原过程，才可以将脱氢产物再生。因此该类材料的再生技术是制约金属硼氮类储氢体系（包括氨硼烷和肼硼烷材料）应用的最大挑战。Sutton 等[81]利用肼通过一步法从聚硼吖嗪（PB）再生氨硼烷，氨硼烷收率高达 85%，这为氨硼烷及其衍生物的再生提供了较为简单可行的方法，值得深入研究。另外，相对于氨硼烷，部分金属氨基硼烷和双金属氨基硼烷脱氢过程为吸热过程[50]，已经显示出材料可逆储放氢的潜力。因此，继续探索双金属或多金属氨基硼烷储氢材料将有可能实现氨硼烷类材料可逆吸放氢。

参考文献

[1] Stephens F H，Pons V，Baker R T. Ammonia-borane：The hydrogen source par excellence？J Chem Soc，Dalton Trans，2007，25：2613-2626.

[2] Staubitz A，Robertson A P M，Manners I. Ammonia-borane and related compounds as dihydrogen sources. Chem Rev，2010，110：4079-4124.

[3] Chua Y S，Chen P，Wu G，et al. Development of amidoboranes for hydrogen storage. Chem Commun，2011，47：5116-5129.

[4] Paskevicius M，Jepsen L H，Schouwink P，et al. Metal borohydrides and derivatives-synthesis，structure and properties. Chem Soc Rev，2017，46：1565-1634.

[5] Hügle T，Kühnel M F，Lentz D. Hydrazine borane：A promising hydrogen storage material. J Am Chem Soc，2009，

131：7444-7446.

[6] Wu H，Zhou W，Pinkerton F E，et al. Metal hydrazinoborane $LiN_2H_3BH_3$ and $LiN_2H_3BH_3{\cdot}2N_2H_4BH_3$：Crystal structures and high-extent dehydrogenation. Energ Environ Sci，2012，5：7531-7535.

[7] Heldebrant D J，Karkamkar A，Linehan J C，et al. Synthesis of ammonia borane for hydrogen storage applications. Energ Environ Sci，2008，1：156-160.

[8] Schlesinger H T，Burg A B. Hydrides of boron Ⅷ the structure of the diammoniate of diborane and its relation to the structure of diborane. J Am Chem Soc，1938，60：290-299.

[9] Myers A G，Yang B H，David K J. Lithium amidotrihydroborate，a powerful new reductant. Transformation of tertiary amides to primary alcohols. Tetrahedron Lett，1996，37：3623-3626.

[10] Xiong Z，Yong C K，Wu G，et al. High-capacity hydrogen storage in lithium and sodium amidoboranes. Nature Mater，2008，7：138-141.

[11] Diyabalanage H V K，Shrestha R P，Semelsberger T A，et al. Calcium amidotrihydroborate：A hydrogen storage material. Angew Chem Int Ed，2007，46：8995-8997.

[12] Wu H，Zhou W，Yildirim T. Alkali and alkaline-earth metal amidoboranes：Structure，crystal chemistry，and hydrogen storage properties. J Am Chem Soc，2008，130：14834-14839.

[13] Zhang Q A，Tang C X，Fang C H，et al. Synthesis，crystal structure，and thermal decomposition of strontium amidoborane. J Phys Chem C，2010，114：1709-1714.

[14] Chua Y S，Wu G，Xiong Z，et al. Calcium amidoborane ammoniate-synthesis，structure，and hydrogen storage properties. Chem Mater，2009，21：4899-4904.

[15] Xiong Z，Chua Y，Wu G，et al. Interaction of ammonia borane with Li_2NH and Li_3N. Dalton Trans，2010，39：720-722.

[16] Kang X，Wu H，Luo J，et al. A simple and efficient approach to synthesize amidoborane ammoniates：Case study for $Mg(NH_2BH_3)_2(NH_3)_3$ with unusual coordination structure. J Mater Chem，2012，22：13174-13179.

[17] He T，Wu H，Wu G，et al. Lithium amidoborane hydrazinates：Synthesis，structure and hydrogen storage properties. J Mater Chem A，2015，3：10100-10106.

[18] Soloveichik G，Her J H，Stephens P W，et al. Ammine magnesium borohydride complex as a new material for hydrogen storage：Structure and properties of $Mg(BH_4)_2{\cdot}2NH_3$. Inorg Chem，2008，47：4290-4298.

[19] Gu Q，Gao L，Guo Y，et al. Structure and decomposition of zinc borohydride ammonia adduct：Towards a pure hydrogen release. Energ Environ Sci，2012，5：7590-7600.

[20] Guo Y，Wu H，Zhou W，et al. Dehydrogenation tuning of ammine borohydrides using double-metal cations. J Am Chem Soc，2011，133：4690-4693.

[21] He T，Wu H，Wu G，et al. Borohydride hydrazinates：High hydrogen content materials for hydrogen storage. Energ Environ Sci，2012，5：5686-5689.

[22] He T，Wu H，Chen J，et al. Alkali and alkaline-earth metal borohydride hydrazinates：Synthesis，structures and dehydrogenation. Phys Chem Chem Phys，2013，15：10487-10493.

[23] Klooster W T，Koetzle T F，Siegbahn P E M，et al. Study of the N−H···H−B dihydrogen bond including the crystal structure of BH_3NH_3 by neutron diffraction. J Am Chem Soc，1999，121：6337-6343.

[24] Stowe A C，Shaw W J，Linehan J C，et al. *In situ* solid state ^{11}B MAS-NMR studies of the thermal decomposition of ammonia borane：Mechanistic studies of the hydrogen release pathways from a solid state hydrogen storage material. Phys Chem Chem Phys，2007，9：1831-1836.

[25] Shaw W J，Linehan J C，Szymczak N K，et al. *In situ* multinuclear NMR spectroscopic studies of the thermal

decomposition of ammonia borane in solution. Angew Chem Int Ed，2008，47：7493-7496.

[26] Gutowska A，Li L，Shin Y，et al. Nanoscaffold mediates hydrogen release and the reactivity of ammonia borane. Angew Chem Int Ed，2005，44：3578-3582.

[27] Feaver A，Sepehri S，Shamberger P，et al. Coherent carbon cryogel-ammonia borane nanocomposites for H_2 storage. J Phys Chem B，2007，111：7469-7472.

[28] Jaska C A，Temple K，Lough A J，et al. Rhodium-catalyzed formation of boron-nitrogen bonds：A mild route to cyclic aminoboranes and borazines. Chem Commun，2001，（11）：962-963.

[29] Denney M C，Pons V，Hebden T J，et al. Efficient catalysis of ammonia borane dehydrogenation. J Am Chem Soc，2006，128：12048-12049.

[30] Boddeker K W，Shore S G，Bunting R K. Boron-nitrogen chemistry. I. Syntheses and properties of new cycloborazanes，$(BH_2NH_2)_n$. J Am Chem Soc，1966，88：4396-4401.

[31] Staubitz A，Soto A P，Manners I. Iridium-catalyzed dehydrocoupling of primary amine-borane adducts：A route to high molecular weight polyaminoboranes，boron-nitrogen analogues of polyolefins. Angew Chem Int Ed，2008，47：6212-6215.

[32] Blaquiere N，Diallo-Garcia S，Gorelsky S I，et al. Ruthenium-catalyzed dehydrogenation of ammonia boranes. J Am Chem Soc，2008，130：14034-14035.

[33] Käβ M，Friedrich A，Drees M，et al. Ruthenium complexes with cooperative PNP ligands：Bifunctional catalysts for the dehydrogenation of ammonia-borane. Angew Chem Int Ed，2009，48：905-907.

[34] Stephens F H，Baker R T，Matus M H，et al. Acid initiation of ammonia-borane dehydrogenation for hydrogen storage. Angew Chem Int Ed，2007，46：746-749.

[35] Himmelberger D W，Yoon C W，Bluhm M E，et al. Base-promoted ammonia borane hydrogen-release. J Am Chem Soc，2009，131：14101-14110.

[36] He T，Xiong Z，Wu G，et al. Nanosized Co- and Ni-catalyzed ammonia borane for hydrogen storage. Chem Mater，2009，21：2315-2318.

[37] He T，Wang J，Wu G，et al. Growth of crystalline polyaminoborane through catalytic dehydrogenation of ammonia borane on FeB nanoalloy. Chem Eur J，2010，16：12814-12817.

[38] He T，Wang J，Liu T，et al. Quasi *in situ* Mössbauer and XAS studies on FeB nanoalloy for heterogeneous catalytic dehydrogenation of ammonia borane. Catal Today，2011，170：69-75.

[39] Toche F，Chiriac R，Demirci U B，et al. Ammonia borane thermolytic decomposition in the presence of metal（Ⅱ）chlorides. Int J Hydrogen Energy，2012，37：6749-6755.

[40] Kalidindi S B，Joseph J，Jagirdar B R. Cu^{2+}-induced room temperature hydrogen release from ammonia borane. Energ Environ Sci，2009，2：1274-1276.

[41] Wu C，Wu G，Xiong Z，et al. Stepwise phase transition in the formation of lithium amidoborane. Inorg Chem，2010，49：4319-4323.

[42] Wu C，Wu G，Xiong Z，et al. $LiNH_2NH_3 \cdot NH_3BH_3$：Structure and hydrogen storage properties. Chem Mater，2009，22：3-5.

[43] Xiong Z，Wu G，Chua Y S，et al. Synthesis of sodium amidoborane（$NaNH_2NH_3$）for hydrogen production. Energ Environ Sci，2008，1：360-363.

[44] Diyabalanage H V K，Nakagawa T，Shrestha R P，et al. Potassium（Ⅰ）amidotrihydroborate：Structure and hydrogen release. J Am Chem Soc，2010，132：11836-11837.

[45] Luo J，Kang X，Wang P. Synthesis，formation mechanism，and dehydrogenation properties of the long-sought

$Mg(NH_2BH_3)_2$ compound. Energ Environ Sci，2013，6：1018-1025.

[46] Fijalkowski K J，Genova R V，Filinchuk Y，et al. $Na[Li(NH_2BH_3)_2]$——the first mixed-cation amidoborane with unusual crystal structure. Dalton Trans，2011，40：4407-4413.

[47] Li W，Miao L，Scheicher R H，et al. Li-Na ternary amidoborane for hydrogen storage：Experimental and first-principles study. Dalton Trans，2012，41：4754-4764.

[48] Wu H，Zhou W，Pinkerton F E，et al. Sodium magnesium amidoborane：The first mixed-metal amidoborane. Chem Commun，2011，47：4102-4104.

[49] Kang X，Luo J，Zhang Q，et al. Combined formation and decomposition of dual-metal amidoborane $NaMg(NH_2BH_3)_3$ for high-performance hydrogen storage. Dalton Trans，2011，40：3799-3801.

[50] Chua Y S，Li W，Wu G，et al. From exothermic to endothermic dehydrogenation-interaction of monoammoniate of magnesium amidoborane and metal hydrides. Chem Mater，2012，24：3574-3581.

[51] Kang X，Fang Z，Kong L，et al. Ammonia borane destabilized by lithium hydride：An advanced on-board hydrogen storage material. Adv Mater，2008，20：2756-2759.

[52] Fijalkowski K J，Grochala W. Substantial emission of NH_3 during thermal decomposition of sodium amidoborane，$NaNH_2BH_3$. J Mater Chem，2009，19：2043-2050.

[53] Kim D Y，Singh N J，Lee H M，et al. Hydrogen-release mechanisms in lithium amidoboranes. Chem Eur J，2009，15：5598-5604.

[54] Luedtke A T，Autrey T. Hydrogen release studies of alkali metal amidoboranes. Inorg Chem，2010，49：3905-3910.

[55] Kang X，Ma L，Fang Z，et al. Promoted hydrogen release from ammonia borane by mechanically milling with magnesium hydride：A new destabilizing approach. Phys Chem Chem Phys，2009，11：2507-2513.

[56] Genova R V，Fijalkowski K J，Budzianowski A，et al. Towards $Y(NH_2BH_3)_3$：Probing hydrogen storage properties of YX_3/MNH_2BH_3（X = F，Cl；M = Li，Na）and $YH_{x\sim3}/NH_3BH_3$ composites. J Alloys Compd，2010，499：144-148.

[57] Chua Y S，Wu H，Zhou W，et al. Monoammoniate of calcium amidoborane：Synthesis，structure，and hydrogen-storage properties. Inorg Chem，2012，51：1599-1603.

[58] Chua Y S，Wu G，Xiong Z，et al. Synthesis，structure and dehydrogenation of magnesium amidoborane monoammoniate. Chem Commun，2010，46：5752-5754.

[59] Graham K R，Kemmitt T，Bowden M E. High capacity hydrogen storage in a hybrid ammonia borane-lithium amide material. Energ Environ Sci，2009，2：706-710.

[60] Xia G，Yu X，Guo Y，et al. Amminelithium amidoborane $Li(NH_3)NH_2BH_3$ a new coordination compound with favorable dehydrogenation characteristics. Chem Eur J，2010，16：3763-3769.

[61] Li Z，He T，Wu G，et al. Synthesis，structure and the dehydrogenation mechanism of calcium amidoborane hydrazinates. Phys Chem Chem Phys，2016，18：244-251.

[62] Chua Y S，Li W，Shaw W J，et al. Mechanistic investigation on the formation and dehydrogenation of calcium amidoborane ammoniate. ChemSusChem，2012，5：927-931.

[63] Züttel A，Rentsch S，Fischer P，et al. Hydrogen storage properties of $LiBH_4$. J Alloys Compd，2003，356-357：515-520.

[64] Züttel A，Wenger P，Rentsch S，et al. $LiBH_4$ a new hydrogen storage material. J Power Sources，2003，118：1-7.

[65] Zheng X，Wu G，Li W，et al. Releasing 17.8wt% H_2 from lithium borohydride ammoniate. Energ Environ Sci，2011，4：3593-3600.

[66] Jepsen L H，Lee Y S，Černý R，et al. Ammine calcium and strontium borohydrides：Syntheses，structures，and properties. ChemSusChem，2015，8：3472-3482.

[67] Chu H，Wu G，Xiong Z，et al. Structure and hydrogen storage properties of calcium borohydride diammoniate. Chem Mater，2010，22：6021-6028.

[68] Li Z，He T，Wu G，et al. The synthesis，structure and dehydrogenation of calcium borohydride hydrazinates. Int J Hydrogen Energy，2015，40：5333-5339.

[69] Sullivan E A，Johnson S. The lithium borohydride–ammonia system PCT relationships and densities. The Journal of Physical Chemistry，1959，63：233-238.

[70] Johnson S R，David W I F，Royse D M，et al. The monoammoniate of lithium borohydride，$Li(NH_3)BH_4$：An effective ammonia storage compound. Chem Asian J，2009，4：849-854.

[71] Guo Y，Xia G，Zhu Y，et al. Hydrogen release from amminelithium borohydride，$LiBH_4NH_3$. Chem Commun，2010，46：2599-2601.

[72] Guo Y，Yu X，Sun W，et al. The hydrogen-enriched Al–B–N system as an advanced solid hydrogen-storage candidate. Angew Chem Int Ed，2011，50：1087-1091.

[73] Jepsen L H，Ley M B，Černý R，et al. Trends in syntheses，structures，and properties for three series of ammine rare-earth metal borohydrides，$M(BH_4)_3{\cdot}nNH_3$（M = Y，Gd，and Dy）. Inorg Chem，2015，54：7402-7414.

[74] Jepsen L H，Ley M B，Filinchuk Y，et al. Tailoring the properties of ammine metal borohydrides for solid-state hydrogen storage. ChemSusChem，2015，8：1452-1463.

[75] Chen X，Zhang T，Ying P，et al. A novel catalyst for hydrazine decomposition：Molybdenum carbide supported on γ-Al_2O_3. Chem Commun，2002，(3)：288-289.

[76] Contour J P，Pannetier G. Hydrazine decomposition over a supported iridium catalyst. J Catal，1972，24：434-445.

[77] Mao J，Gu Q，Guo Z，et al. Sodium borohydride hydrazinates：Synthesis，crystal structures，and thermal decomposition behavior. J Mater Chem A，2015，3：11269-11276.

[78] Chen J，He T，Wu G，et al. Lithium borohydride ethylenediaminates：A case study of solid-state $LiBH_4$-organic amine complexes. J Phys Chem C，2014，118：13451-13459.

[79] Chen J，Chua Y S，Wu H，et al. Synthesis，structures and dehydrogenation of magnesium borohydride-ethylenediamine composites. Int J Hydrogen Energy，2015，40：412-419.

[80] Roedern E，Jensen T R. Synthesis，structures and dehydrogenation properties of zinc borohydride ethylenediamine complexes. ChemistrySelect，2016，1：752-755.

[81] Sutton A D，Burrell A K，Dixon D A，et al. Regeneration of ammonia borane spent fuel by direct reaction with hydrazine and liquid ammonia. Science，2011，331：1426-1429.

第 4 章　碱（土）金属有机氢化物储氢体系

如第 1 章所述，自 20 世纪 70 年代发现金属合金具有可观的储氢能力后，储氢材料的研发在全世界范围内开展起来[1]。在前期对金属及其合金氢化物的研究基础上，自 1997 年始，越来越多的科研力量赋予了轻质元素无机氢化物的研究，以下面 3 个体系为代表：①络合氢化物。1997 年 Bogdanović 和 Schwickardi[2]报道了 Ti 修饰的 $NaAlH_4$ 可以进行氢气的可逆存储，拉开了络合氢化物储氢的序幕。继 $NaAlH_4$ 之后，$LiBH_4$[3, 4]，$Mg(BH_4)_2$[5, 6]等也成为竞相研究的热点材料。②复合氢化物。2002 年 Chen 等[7]开创了 $LiNH_2$-LiH 这一可逆储氢材料，引发了后续多个复合氢化物材料体系的建立，如 $Mg(NH_2)_2$-LiH[8-10]和 $LiBH_4$-MgH_2[11, 12]等。③化学氢化物。Autrey 等[13]通过将 NH_3BH_3 限域于 SBA-15 孔道中实现了高选择性放氢，也触发了化学氢化物的研究热潮。后续的热点材料包括金属氨基硼烷[14-16]和氨合物[17]等。而在有机氢化物材料方面则以芳香烃-环烷烃可逆吸放氢为代表的体系上有相关的研究进展[18]。2006 年，美国 Air Product 气体公司在专利中指出，向有机氢化物中掺入杂原子（如 N）可以有效地降低材料的脱氢焓变，从而调变脱氢温度[19]。这为优化有机材料的热力学提供了思路，并引发了后续氮杂环液态储氢体系的建立。

从化学储氢材料发展历程不难看出，无机储氢材料研究相对成熟，研究人员逐渐开发出金属氢（M-H）、金属铝氢（M-Al-H）、金属氮氢（M-N-H）和金属硼氢（M-B-H）等体系；而有机液态材料研究较少，如开发出环烷烃（C-H）和氮杂环（C-N-H）两个体系[20, 21]。近二十年，一系列具有代表性的新型材料不断涌现，极大地推动着储氢材料研究的蓬勃发展，也为下一代储氢材料的研发奠定基础。然而纵观储氢材料发展历程，无机储氢材料和有机储氢材料研究相对独立，而将二者进行结合的例子鲜有报道。近些年，作者与合作者提出了金属取代有机化合物中活泼氢策略，发展了金属碳氢（M-C-H）储氢新体系，并将其命名为金属有机氢化物（metalorganic hydride，MOH）[22]，其可归属为金属有机化合物。本章将详细介绍金属有机氢化物储氢材料的最近研究进展。由于该类材料研发时间较短，目前仅有碱（土）金属有机氢化物被报道，因此本章中所涉及的金属有机氢化物是指碱（土）金属有机氢化物。

4.1　金属有机氢化物介绍

4.1.1　金属有机氢化物的定义与归类

金属有机氢化物是指用金属取代有机氢化物中的一个或多个氢而生成的一类含有金属、氮（氧）、碳、氢等化学元素的化合物。作为储氢材料，该金属有机氢化物可以在适当温度下可逆吸放氢。该类氢化物从组成上接近于络合氢化物，如铝氢化物、硼氢化物、氨基化合物等。络合氢化物通常可表示为 $M(XH_n)_m$，其中 M 为金属阳离子，X 为硼、氮、铝、过渡金属（TM）等。H 与 X 之间可通过离子键或共价键结合形成种类繁多、电子结构各异的复合阴离子$[XH_n]^{y-}$。按照这样的定义，金属有机氢化物也可表示为 $M(XH_n)_m$。其中，X 为碳、氮、氧等，氢与碳、氮、氧等中心元素形成复杂的阴离子。由于有机底物种类繁多，由其衍生的金属有机氢化物也可多种多样，为低温可逆储氢材料的开发提供了广阔的空间。

4.1.2　材料设计策略

高效的储氢材料要求能够在温和条件下可逆地储存与释放可观量的氢气。这其中的关键问题是如何在保持高储氢容量的基础上（＞5wt%），将材料的脱氢热力学调变到合适的范围（即脱氢焓值 ΔH_d 约为 $30kJ/mol_{H_2}$）。在储氢材料发展方面，虽然无机储氢材料研究较为成熟，但遗憾的是，到目前为止，仅有少量过渡金属合金氢化物的脱氢焓值接近 $30kJ/mol_{H_2}$，但该类材料的质量储氢容量较低，通常小于 2wt%。基于 Al、Mg、N、B 等轻质元素的无机氢化物具有较高的储氢量，但是在脱氢过程中需要打破较强的 Al—H 键、Mg—H 键、N—H 键、B—H 键，因此其脱氢焓值通常较高（ΔH_d＞$40kJ/mol_{H_2}$）。相对于无机材料，有机氢化物如环烷烃（C-H）和氮杂环（C-N-H）体系，由于脱氢过程需要打断较强的 C—H 键或 N—H 键，因此有机体系也存在脱氢焓值高和/或动力学阻力大等问题。

相比于环烷烃，杂环化合物的储氢热力学性能较好。研究发现，随着环内 N 原子数目增多[19, 23]，其脱氢焓值显著降低。然而有机环内 N 原子数量过多会导致有机物不稳定，不适合作为储氢材料。Cui 等[24]研究发现，向环烷烃或杂环引入外接供电子基团，可以有效增加环中电子密度，从而降低该有机物的脱氢焓变。环外基团供电子能力越强，其理论脱氢温度越低，如图 4.1 所示。然而有机基团的供电子能力有限，不能够有效地调节材料的热力学性能。上述两种策略均具有一定的局限性。例如，目前研究较多的乙基咔唑体系[20, 25]结合了上述两种调节手段（即杂原子掺杂和供电子基团），其脱氢焓值也仍然高于 $50kJ/mol_{H_2}$。

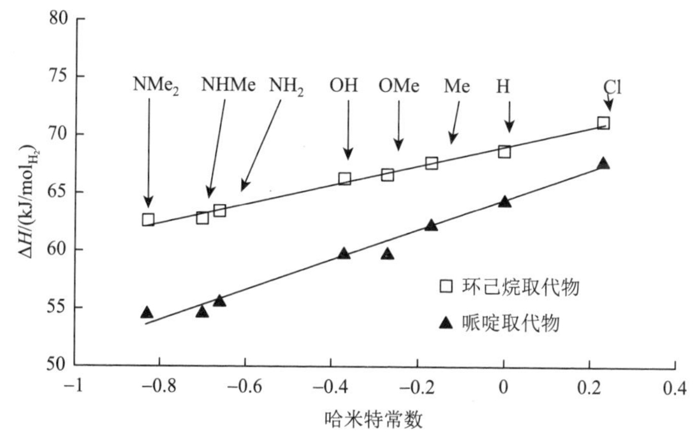

图 4.1　外接基团对环己烷和哌啶脱氢焓变的影响规律

哈米特常数表示该基团供电子能力的大小

本书第 2 章讨论了金属氨基化合物-金属氢化物复合储氢材料体系的研究进展。该类材料中既含有正氢的氨基化合物，又含有带负氢的碱（土）金属氢化物，通过正氢（$H^{\delta+}$）和负氢（$H^{\delta-}$）的相互作用[7]而释放氢气。这促使作者和合作伙伴思考用脂肪族有机胺（如乙二胺）来替代无机金属氨基化合物，并使其与金属氢化物反应。众所周知，有机胺自分解脱氢焓变较高，需要在高温下进行。同时，其高温下脱氢反应选择性低，除生成氢气外，还有氨气和碳氢化合物等一系列副产物生成，因此该类物质本身并不具备作为储氢所需的特性。而将有机胺同碱（土）金属氢化物反应，则可以选择性地放氢，生成金属化有机胺盐。该反应熵增、放热、单向自发非可逆[26]。然而，上述反应揭示了有机胺中 N 上的活泼 H 与金属氨基化合物中的 H 类似，可以与碱金属氢化物中的 H 发生氧化还原反应而放氢，更为重要的是，所生成的金属化有机胺盐是一类富含氢的金属有机氢化物。

含有活泼氢的有机物，如脂肪族和芳香族（含杂环）的胺或醇，均有可能与碱（土）金属或其氢化物/氢氧化物等反应，使得碱（土）金属取代活泼 H 而与 N 或 O 键合，从而生成相应的金属有机氢化物，如图 4.2 所示。相比于 H 和其他有

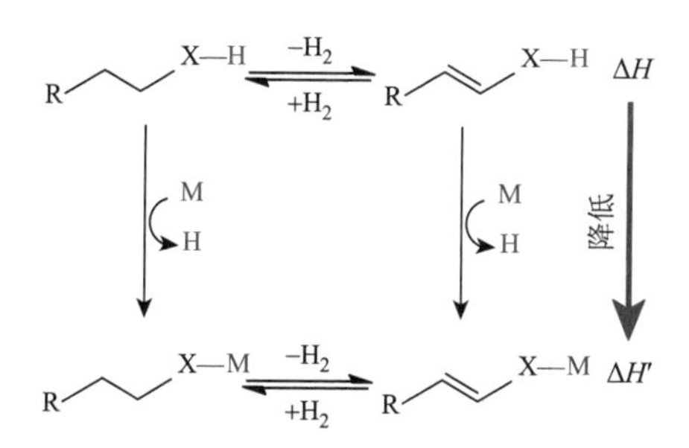

图 4.2　金属有机氢化物储氢材料合成策略示意图（X = N 或 O）[22]

机基团，碱（土）金属具有较强的供电子性质，可能会显著地降低有机物的脱氢焓变，提高脱氢选择性，避免副反应发生。同时，有机物种类繁多，可调变性大，使用上述金属取代策略，可合成出大量性能各异的化合物，这为寻找热力学适宜的储氢材料提供了极大的研发空间。

4.1.3　碱（土）金属有机氢化物的合成方法

一般有机胺、醇和杂环化合物中的活泼氢具有一定酸性，因此选择具有强碱性的金属盐，可以同该有机物进行酸碱中和反应，生成目标金属有机氢化物。目前已有的碱性金属盐主要包括金属烷基化合物、氢化物、氢氧化物、氨基化合物等几类，它们同有机物的反应方程式如式（4.1）～式（4.4）所示。以上几类反应通过固相机械球磨/搅拌或者湿化学法完成。对于氮杂环化合物、含羟基或氨基环状化合物，通常在贫氢状态下具有芳香性（如吡咯、咪唑、咔唑、苯酚、苯胺等），此时活泼氢的酸性要明显强于富氢状态（如四氢吡咯、四氢咪唑、十二氢咔唑、环己醇、环己胺等）中的活泼氢。因此，可以利用具有芳香性的有机物同碱性金属盐反应，合成目标产物。例如，利用吡咯和氢化钠按照摩尔比1∶1反应，可以在室温下得到吡咯钠。而在同样条件下，四氢吡咯同氢化钠很难发生反应。

$$\mathrm{RXH + MR' \longrightarrow RXM + R'H} \quad (\mathrm{X = O}\text{ 或 }\mathrm{N}) \tag{4.1}$$

$$\mathrm{RXH + MH \longrightarrow RXM + H_2} \quad (\mathrm{X = O}\text{ 或 }\mathrm{N}) \tag{4.2}$$

$$\mathrm{RXH + MOH \longrightarrow RXM + H_2O} \quad (\mathrm{X = O}\text{ 或 }\mathrm{N}) \tag{4.3}$$

$$\mathrm{RXH + MNH_2 \longrightarrow RXM + NH_3} \quad (\mathrm{X = O}\text{ 或 }\mathrm{N}) \tag{4.4}$$

下文中金属有机氢化物基本采用金属氢化物与有机底物固相球磨反应制备，该方法具有如下优势：①有机物与金属氢化物的反应可以不使用溶剂，无需分离和纯化；②原料中所使用的金属氢化物相比于传统的有机金属等（如丁基锂）价格低廉、性质稳定、容易保存；③可通过监测气体产物跟踪反应进程，反应可控；④该方法热力学驱动力较大，普适性强。元素周期表中多数金属均存在氢化物，可通过其与有机底物的反应获得相应的金属有机化合物。其中有机底物可以分为脂肪族有机分子和环状有机分子，因此可以简单地将金属有机氢化物分为脂肪族金属有机氢化物和环状金属有机氢化物两类。而在环状金属有机氢化物中，金属可以直接同有机环作用，也可以通过环外基团间接与有机环作用，因此环状金属有机氢化物又分为上述两种情况。本章将分别就脂肪族金属有机氢化物、环外和环上金属有机氢化物的研发进展进行介绍。

4.2　脂肪族金属有机氢化物材料

Chen 等[26, 27]发现，氢化锂同乙二胺以摩尔比 2∶1 反应可逐步生成 $LiNHCH_2CH_2NH_2$（简写为 LiEDA）、$LiNHCH_2CH_2NHLi$（简写为 Li_2EDA），反应如式（4.5）所示。Li_2EDA 结晶为空间群 *C2/c* 的单斜晶系晶体，具体晶胞参数为：$a = 11.128(1)Å$，$b = 12.518(1)Å$，$c = 8.069(1)Å$，$\beta = 134.022(3)°$，$V = 808.3(1)Å^3$，晶体结构如图 4.3 所示。在 Li_2EDA 晶体中，Li 具有两种不同的配位环境，其中 Li1 与 1 个 EDA 分子中的两个[NH]基团和另外两个 EDA 分子的各一个[NH]基团形成四面体配位结构，Li—N 构成了$[Li_nN_n]$三维结构的基本框架，Li 与同一 EDA 分子两端的[NH]配位时形成了[LiNCCN]五元环结构。Li2 与 Li1 不同，它仅作为桥梁连接三个独立的[LiNCCN]五元环，而不参与形成五元环。因此，Li_2EDA 中 Li 具有 LiN_4 四面体和 LiN_3 三角形两种配位结构，如图 4.3（b）所示。由于 EDA 分子两端的$[NH_2]$基团均已被 Li 取代，晶体中仅剩余含单一质子的[NH]基团，Li—N 的键合均以离子键为主，且所有 EDA 分子均与 Li 形成了[LiNCCN]五元环。

$$\begin{aligned} NH_2CH_2CH_2NH_2 + 2LiH &\longrightarrow LiNHCH_2CH_2NH_2 + LiH + H_2 \\ &\longrightarrow LiNHCH_2CH_2NHLi + 2H_2 \end{aligned} \tag{4.5}$$

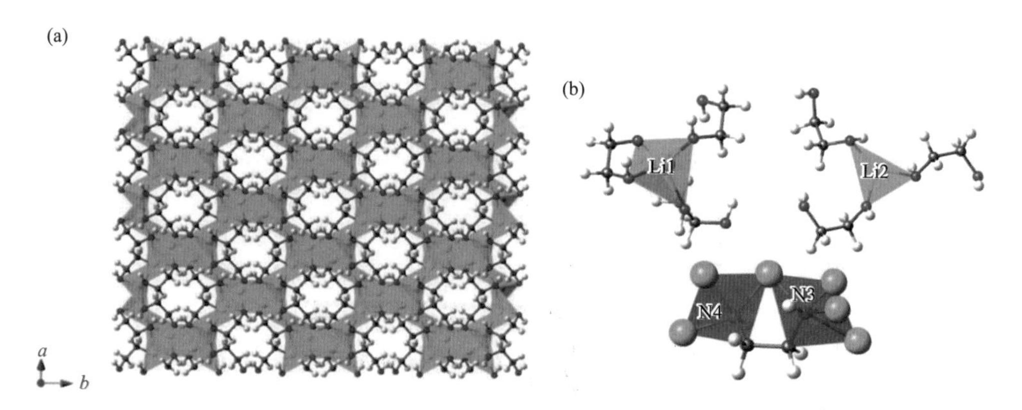

图 4.3　（a）Li_2EDA 晶体结构示意图；（b）Li_2EDA 中 Li 和 N 的配位情况

Li、N、C、H 原子分别以绿球、蓝球、黑球、白球表示

利用同样的方法可以合成多种锂化伯胺产物，如锂化乙胺（LiEA）、锂化丙胺（LiPA）、二锂化丙二胺（Li_2PDA）、锂化苯甲胺（LiBA）、二锂化对苯二胺（Li_2PX）。

理论计算发现，氢化锂与有机胺的脱氢反应为放热过程，是不可逆反应，如图 4.4 所示，即无法通过锂化伯胺直接加氢实现氢气的可逆存储。

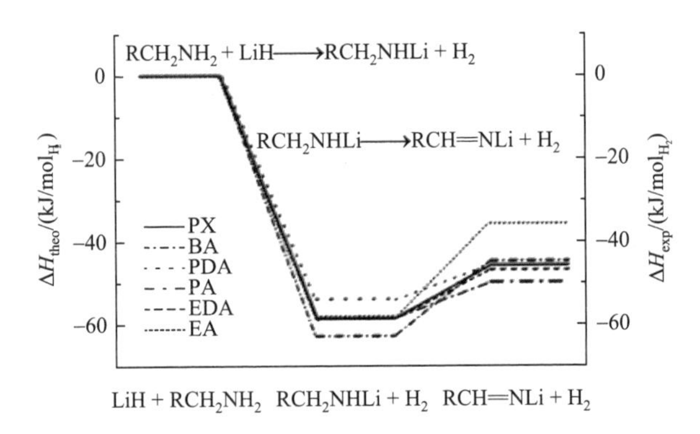

图 4.4　有机胺与氢化锂反应的焓变（理论计算结果）以及锂化有机胺的脱氢焓变（实验结果）[26]

然而，研究发现多数锂化伯胺均可以在升温过程中分解并释放可观量的氢气，如图 4.5 所示。更重要的是，热分析结果显示，该类锂化伯胺类材料的脱氢反应为吸热过程（图 4.4），因此有望实现可逆储放氢。以 Li_2EDA 为例，其在 180℃下可以高选择性地分解释放 2mol 当量的氢气，无氨气生成，固相产物组成为 $[Li_2C_2N_2H_2]$。差示扫描量热测试（DSC）结果显示，Li_2EDA 的脱氢焓值约为 $12kJ/mol_{H_2}$。在合成的锂化伯胺中，碳链较短的锂化一元伯胺拥有较高的脱氢反应焓变，例如，锂化乙胺（$LiNHCH_3$，LiEA）的脱氢焓变值为 $22kJ\,mol_{H_2}$，已接近理想可逆储氢体系对材料脱氢热力学性能的需求范围。

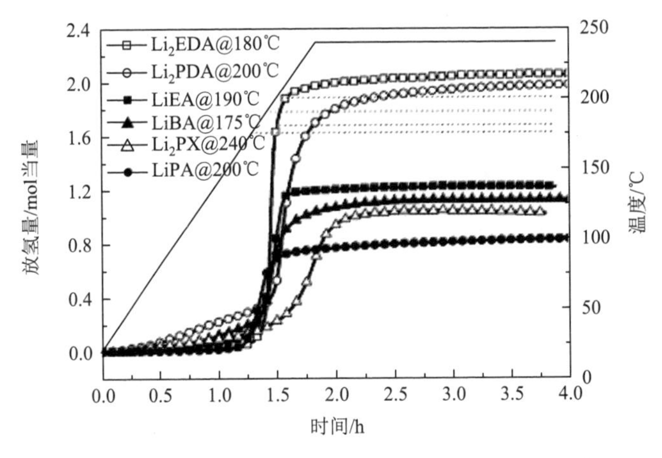

图 4.5　不同锂化伯胺在不同温度下的分解放氢曲线[26]

前期研究表明，有机锂（如丁基锂）在加热的条件下可以生成 LiH 和相应的烯烃[28]，其中 α 位的 Li 与 β 位的 H 相互作用而成键，Li 起到了活化或转移 β-H 的作用。这就是在有机化学中常见的 α,β-LiH 消除机制。而上述 Li_2EDA 选择性脱氢的主要原因也可能是 Li 在其中起到了转移 β-H 的作用，即在加热条件下 β-H 容易从—CH_2—基团转移到 Li 上形成中间态物种(H)N-Li-H。随后 Li 上的 H 与活性较高的 α-H(N)键合释放氢气，同时形成含 C═N 的双键。这个脱氢过程与第 3 章中锂氨基硼烷脱氢过程类似[29]，反应过程如图 4.6 所示。依照该机制，锂化伯胺在 Li 作用下由 α-H(N)和 β-H(C)共同作用释放氢气后产生不饱和产物 RHC═NLi，该物质可能继续通过 α,β-LiH 消除机制进一步分解成 LiH 和 RC≡N。由于 RHC═NLi 和 RC≡N 均含有不饱和键，在加热过程中易发生聚合反应而生成无定形聚合物。

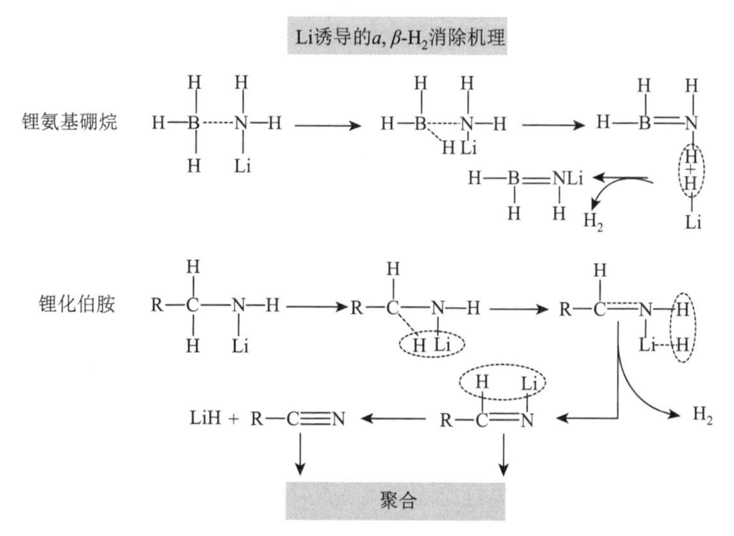

图 4.6 $LiNHCH_2CH_2NHLi$ 与 $LiNH_2BH_3$ 脱氢机制对比示意图

基于样品脱氢吸热的特性，Chen 等以 Li_2EDA 为例考察了锂化伯胺脱氢产物可逆加氢的可能性。当样品在充满常压氩气的容器中加热时，150℃下便能释放 2mol 当量氢气。而当容器中充满约 50atm 氢气时，脱氢过程被明显抑制，如图 4.7 所示。这说明 Li_2EDA 的脱氢反应受氢气分压的限制，脱氢反应可能为可逆或部分可逆。然而，收集 Li_2EDA 的脱氢产物，将其在 50atm 氢气下进行加氢反应时，却未观察到任何加氢产物的生成。其难以直接加氢的原因可能有：①脱氢反应焓变过低（$12kJ/mol_{H_2}$），加氢反应需要苛刻的条件（高压、低温），本实验的反应条件未能满足加氢要求；②脱氢产物中有聚合物，加氢反应动力学阻力大。因此，为了实现锂化伯胺对氢气的可逆存储，必须克服上述两个难点。

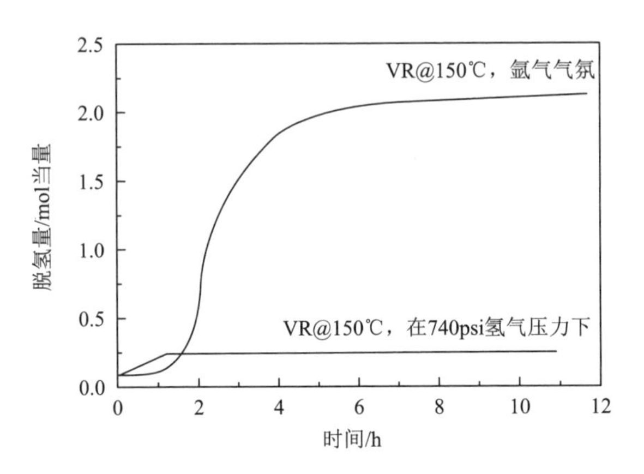

图 4.7　Li_2EDA 在常压氩气和高压氢气下的脱氢曲线

4.3　环状金属有机氢化物材料

上面提到，脂肪族金属有机氢化物脱氢过程中存在焓变过低和产物聚合等缺点，这主要是由于金属与 α 位 N 直接相连，对 C—N 键作用较强。同时每个金属（如 Li）修饰一个 C—N 键，对 C—N 键能调变过强。而环状有机底物在同一个分子内具有多个 C（或 N）原子，可以平均化金属对有机底物的影响。另外，环状有机底物不易聚合，因此环状金属有机氢化物有可能克服上述两个缺点，实现金属有机氢化物的可逆吸放氢。理论上，只要有机底物中具有活泼氢，就能够被金属取代，合成金属有机氢化物。在环状有机氢化物中，活泼氢可能位于环上或环外，因此当金属取代活泼氢后，金属可以直接（活泼氢在环上）或间接（活泼氢在环外）与有机环连接。这两种作用方式导致金属对有机底物的作用强弱显著不同。下面将按照这两种不同作用方式介绍环状金属有机氢化物的最新研究进展。

4.3.1　碱（土）金属间接作用于有机环

苯酚和环己醇是常见的有机试剂，用于生产化学品和药物，如环己酮、防腐剂、阿司匹林等。苯酚和环己醇可以通过可逆加氢脱氢实现互变，其可逆吸放氢量约为 6wt%，如式（4.6）所示。然而，至今人们并未将苯酚-环己醇视为储氢材料而进行研究，这主要是因为环己醇脱氢过程为吸热反应，焓变较大（约 $64.5kJ/mol_{H_2}$），需要在高温下进行。同时环己醇脱氢选择性差，会发生脱水或部分脱氢反应，生成环己烯、环己酮、水等副产物。不难发现，苯酚和环己醇均含有羟基，如果将苯酚和环己醇羟基中的活泼氢置换为金属，有可能会对环己醇脱氢的热力学进行调变，从而改变材料的吸放氢性能。

OH　　　　OH

$$\rightleftharpoons \quad +3H_2 \tag{4.6}$$

Yu 等[30]提出利用碱（土）金属取代苯酚或环己醇中羟基上的氢原子，生成相应的苯酚盐和环己醇盐。Wu 等对不同金属（Li、Na、K、Mg、Ca 等）修饰的材料热力学的计算结果表明，随着金属给电子能力增强，环己醇盐脱氢反应的焓变降低（图 4.8）[30]。这主要归因于金属的加入可以同时稳定苯酚和环己醇，而由于金属传递来的电子可以离域到整个苯环上，苯酚盐更加稳定，因此金属的取代在总体上降低了环己醇的脱氢焓值。上文中提到，Cui 等[24]发现环烷烃脱氢焓值与环外供电子基团的哈米特常数（σ）相关，哈米特常数能够表示有机基团供电子能力，哈米特常数越负，其供电子能力越强。金属化后所形成的氧负基团（$—O^-$）的哈米特常数为–0.81，明显负于羟基（—OH）的哈米特常数（–0.37）。由此可推测环己醇盐的脱氢焓值会较小，这与理论计算结果相一致。在这一系列氢化物中，环己醇钠和环己醇钾的脱氢焓值低至约 50kJ/mol_{H_2}，相对于环己醇降低＞20%（图 4.8）。利用热分析手段测量了苯酚钠加氢生成环己醇钠的热力学参数，发现该反应的加氢焓值约为-52kJ/mol_{H_2}，这与计算的结果非常接近。同时理论计算发现，环己醇金属盐中 α 位置的 C—H 键长随着金属电负性减小而增长，这说明 α 位置的 C—H 键有可能在脱氢反应中首先断裂。

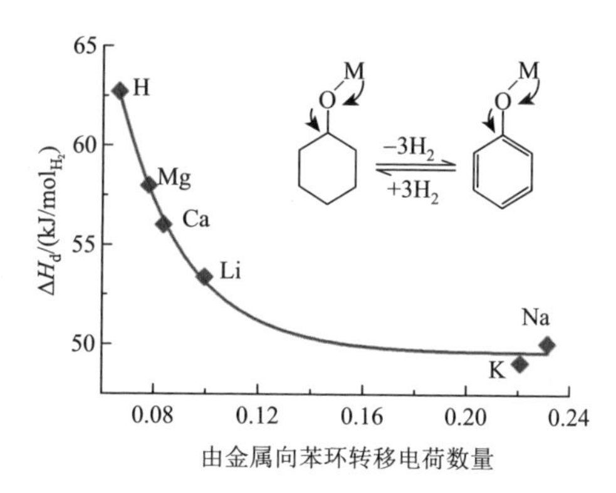

图 4.8　环己醇盐脱氢焓变与由金属向苯环转移电荷数量的关系图[30]

由理论计算可知，苯酚钠/环己醇钠储氢材料具有较高的储氢容量（4.9wt%）和较好的储氢热力学性质（$\Delta H_d = 50.4\text{kJ/mol}_{H_2}$）。因此，选取苯酚钠和环己醇钠为例，进行材料制备及储氢性能测试。研究发现，球磨等摩尔比的氢化钠与苯酚或环己醇，可分别释放约 1mol 当量的氢气。X 射线衍射表征证实，氢化钠与苯酚反应的产物为苯酚钠，如图 4.9（a）所示。环己醇钠粉末也展示出若干个衍射峰，其结构有待进一步解析。核磁共振表征发现，与氢化钠反应后，苯酚和环己醇中的羟基消失，苯酚中的 H（C）物种均明显向高场移动，而环己醇中的 H（C）只有微小的移动[图 4.9（b）]。上述 XRD、^{1}H NMR、球磨放氢量等测试结果显示苯酚钠和环己醇钠已被成功合成出来。

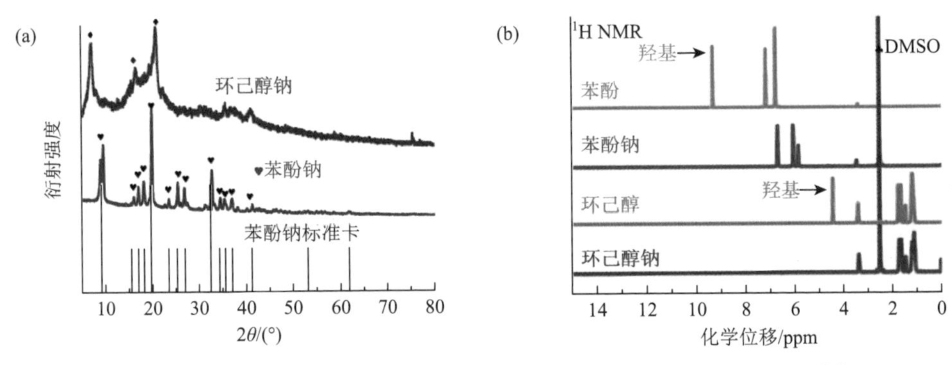

图 4.9　合成的苯酚钠、环己醇钠的 XRD（a）和 ^{1}H NMR 谱图（b）[30]

储氢性能测试结果显示，苯酚钠可以在室温、30bar 氢压和商业化 Ru 基催化剂的作用下缓慢加氢[图 4.10（a）]。当温度升至 150℃后，苯酚钠可以完全加氢，产物

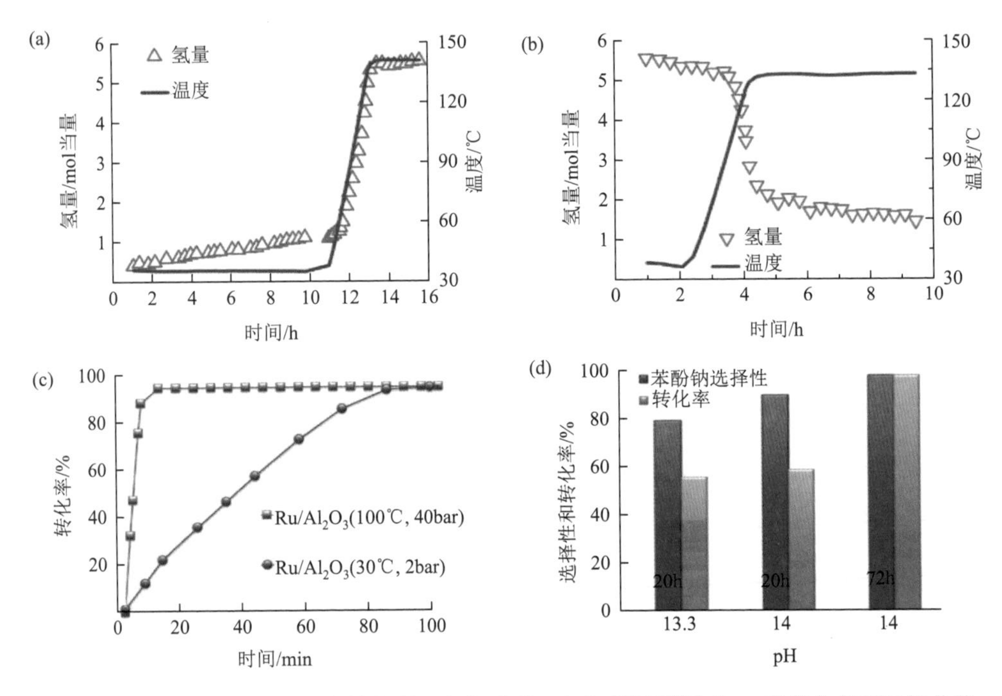

图 4.10　（a）苯酚钠在 Ru 基催化剂下加氢曲线；（b）环己醇钠在 Pt 基催化剂下脱氢曲线；（c）苯酚钠在水溶液中的加氢曲线[30]；（d）环己醇在不同 pH、Pt 基催化剂作用下的脱氢性能

为环己醇钠。在商业化 Pt 基催化剂作用下，环己醇钠可以在 140℃下进行脱氢，转化率约 80%，产物为苯酚钠[图 4.10（b）]。其储氢循环反应方程式如式（4.7）所示。

$$\text{C}_6\text{H}_{11}\text{ONa} \rightleftharpoons \text{C}_6\text{H}_5\text{ONa} + 3\text{H}_2 \tag{4.7}$$

上面提到，这种金属有机氢化物储氢材料以固态形式存在，同时材料的加氢脱氢过程需要催化剂。因此，材料在催化加氢脱氢过程中具有较高的动力学阻力。Yu 等[31]进一步提出将苯酚钠-环己醇钠的储放氢过程在水溶液中进行，以此来增强反应传质，进而提高反应速率。在水溶液中，苯酚钠可以稳定存在。在 Ru 基催化剂作用下，其可以在 100℃、40bar 氢气下，7.5min 内完成加氢反应。当温度降至室温，氢气压力降至 2bar 时，加氢反应仍可以完成，如图 4.10（c）所示。核磁共振结果显示，苯酚钠在水溶液中加氢产物为氢氧化钠和环己醇，而并非环己醇钠。因此研究人员利用环己醇和氢氧化钠混合物在水中、Pt 基催化剂作用下进行脱氢反应。研究发现，随着水溶液的 pH 增加，环己醇脱氢变得容易。当 pH = 14.0 时，环己醇经过 72h，脱氢转化率＞99%，产物为苯酚钠。因此，该反应的储氢循环反应如式（4.8）所示。

$$\text{C}_6\text{H}_{11}\text{OH} + \text{NaOH} \rightleftharpoons \text{C}_6\text{H}_5\text{ONa} + \text{H}_2\text{O} + 3\text{H}_2 \tag{4.8}$$

之后，Yu 等[31]详细考察了催化剂、氢压、反应物浓度等条件对苯酚钠-环己醇钠体系在水中储氢性能的影响。研究发现，Pd、Pt、Ru 基催化剂均可以有效催化苯酚钠加氢，产物为环己醇和氢氧化钠。其中 Ru 基催化剂性能最好。值得一提的是，Ru 基催化剂加氢行为与 Pt、Pd 基催化剂完全不同。在 Ru 基催化剂作用下，该反应相对于氢压为一级反应，相对于苯酚钠浓度为零级反应。在脱氢中，Pt 基催化剂展示出最优的催化性能。如图 4.11 所示，在无氢氧化钠存在情况下，环己醇脱氢转化约 40%，产物为环己酮和苯酚。其中目标产物苯酚的选择性仅为 20%。当在高氢氧化钠浓度下进行脱氢，环己醇转化率明显提高[图 4.11（b）和图 4.11（c）]。例如，在 pH = 14 情况下，环己醇可以在 72h 完全转化为苯酚钠。根据实验结果，研究人员推测了苯酚钠-环己醇在水中加氢脱氢可逆过程。如图 4.12 所示，在 Ru 基催化剂作用下，苯酚钠首先通过部分水解生成苯酚和氢氧化钠，之后苯酚加氢生成环己醇。在脱氢过程中，环己醇首先脱氢生成环己酮，之后环己酮可能经历两种路径脱氢：①环己酮直接脱氢至苯酚，之后苯酚与氢氧化钠反应生成苯酚钠；②环己酮异构化为烯醇，烯醇在氢氧化钠溶液中转变为烯醇钠，之后烯醇钠脱氢生成苯酚钠。

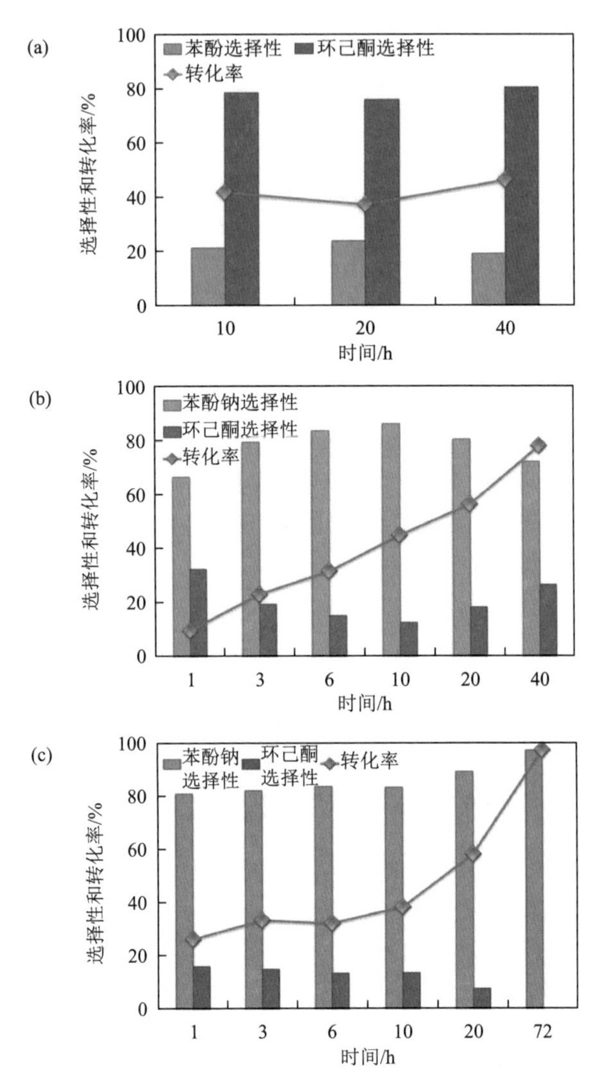

图 4.11　环己醇在不同 pH 水溶液中的脱氢曲线

（a）无氢氧化钠；（b）pH = 13.3；（c）pH = 14.0[31]

对于在水溶液中进行的苯酚钠-环己醇钠储氢过程而言，水参与了储放氢过程[式（4.8）]，降低了体系的储氢量（约降至 4.3wt%）。但是该体系作为储氢材料存在明显的优势：①该体系可以在水溶液中进行，可视为液态储氢体系；②苯酚钠可以由苯酚和氢氧化钠在水中反应即可制备，因此材料制备工艺简单；③材料中所用原料为苯酚（或环己醇）、氢氧化钠，均为廉价大宗化学品；④该体系操作条件温和，可在室温下完成加氢，沸水下实现脱氢。综合以上几项优点，该体系可以应用于大规模固定式储氢或长距离氢的运输。

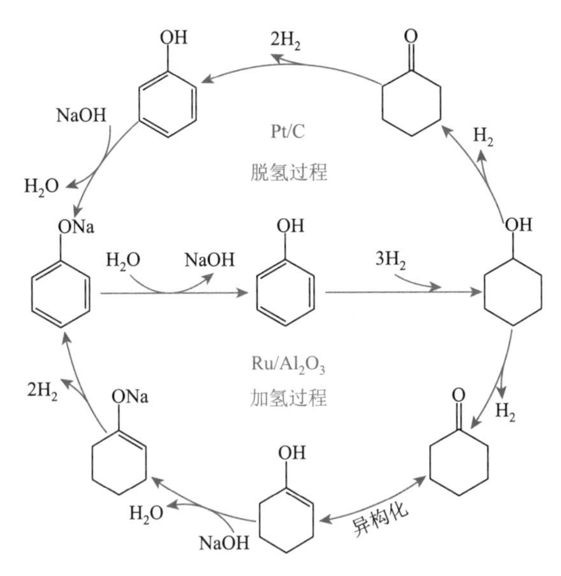

图 4.12　NaOH 水溶液中的苯酚钠-环己醇加氢脱氢的可能历程[31]

虽然上述苯酚钠-环己醇钠储氢体系脱氢焓值已经降低至 $50.4kJ/mol_{H_2}$，但是这仍然偏高。若要进一步降低材料的脱氢焓值，最直接的办法是寻找本身具有较低脱氢焓值的有机氢化物，同时结合无机金属的供电子性质，即可达到较优的热力学参数。由于—NH_2 基团与—OH 基团相比具有更强的供电子性质，因此环己胺与环己醇相比具有更低的脱氢焓值，如图 4.1 所示。因此，Jing 等[32]提出从苯胺-环己胺材料出发，合成苯胺盐-环己胺盐，以期进一步降低金属有机氢化物的脱氢焓变至理想范围内。理论计算结果表明（图 4.13），随着金属阳离子电负性的减小，环己胺盐脱氢焓变降低。这同苯酚-环己醇体系结果类似，因此焓变降低的

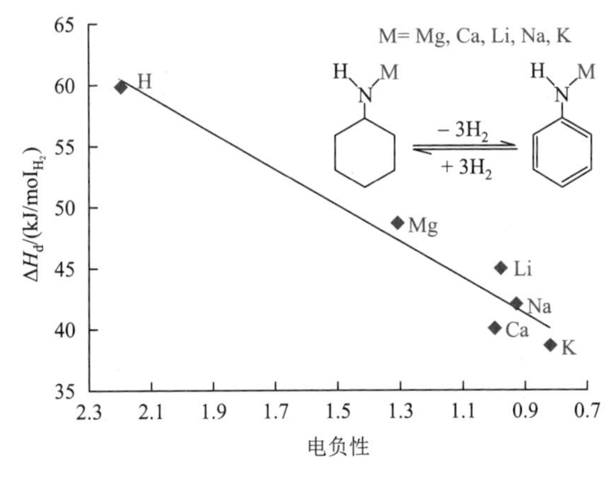

图 4.13　环己胺（金属）盐脱氢焓值与金属电负性的关系[32]

原因在此不再赘述，请参考苯酚盐-环己醇盐部分。其中环己胺钠和环己胺钾的脱氢焓值已经降低至 42.2kJ/mol_{H_2} 和 38.7kJ/mol_{H_2}，已经非常接近储氢材料的理想热力学参数范围。考虑到材料的储氢量、材料成本、合成难易程度等问题，苯胺钠和环己胺钠被选为代表，进行了材料合成、表征、储放氢性能测试等方面研究。

利用氢化钠分别同苯胺和环己胺进行湿化学法或球磨反应，均可以释放 1mol 当量氢气。核磁共振表征揭示，所合成的固体粉末为苯胺钠和环己胺钠。在储氢性能测试中，Ru、Rh、Pt 基催化剂均可催化苯胺钠加氢，然而其转化率、选择性差别较大。如采用 Na 促进的 Ru/TiO_2 催化剂，苯胺钠可以在 150℃、70bar 氢压下完全加氢，产物为环己胺钠。对于脱氢反应，在 150℃下，环己胺钠可以在 Rh/Al_2O_3 催化剂作用下完成脱氢，目标产物苯胺钠的选择性＞80%，另一副产物为 *N*-环己基苯胺。因此，苯胺钠-环己胺钠储氢循环可用反应式（4.9）表示。脱氢反应一般动力学阻力较大，因此开发高效脱氢催化剂或双向催化剂，提高反应的转化率和选择性，是一个重要的发展方向。

NHNa　⇌　NHNa　$+ 3H_2$　　（4.9）

4.3.2　碱（土）金属直接作用于有机环

从上述苯酚钠、苯胺钠两个例子可以看出，金属对有机环的热力学性质改变非常有效，但是脱氢焓变仍然未达到储氢热力学理想范围。这主要是因为金属通过取代基上的 O 或 N 与有机环链接，不能直接作用于环上。针对上述问题，Tan 等[33]选择有机环上存在活泼氢的底物（如氮杂环）与金属交换，这样金属可以直接与环上 N 原子成键，充分发挥金属的供电子性质。如图 4.14（a）所示，通过将吡咯、咪唑和咔唑等氮杂环中 N 上的 H 与碱（土）金属置换，可合成相应的吡咯盐、咪唑盐、咔唑盐等，这些氮杂环有机盐有可能是潜在的储氢材料。

对不同碱（土）金属修饰的吡咯、咪唑、咔唑体系的脱氢热力学理论计算结果显示[图 4.14（b）和图 4.14（c）]，随着金属电负性减弱，金属供电子能力增强，金属氮杂环化合物的脱氢焓变降低。进一步研究发现金属传入贫氢的芳香环中的电荷数量同脱氢焓变呈线性关系[图 4.14（c）]。氮杂环与金属氢化物反应通常为放热反应，因此金属化反应可以稳定有机物。而脱氢焓变的降低主要归因于贫氢底物具有芳香性，可以将金属传递来的电子离域到整个共轭环上，而使体系更加稳定，因此降低了脱氢反应的焓变。这同金属苯酚盐、金属苯胺盐体系一致，也同文献报道的有机环外基团供电子性越强，其脱氢焓变越低的结论一致[24]。从

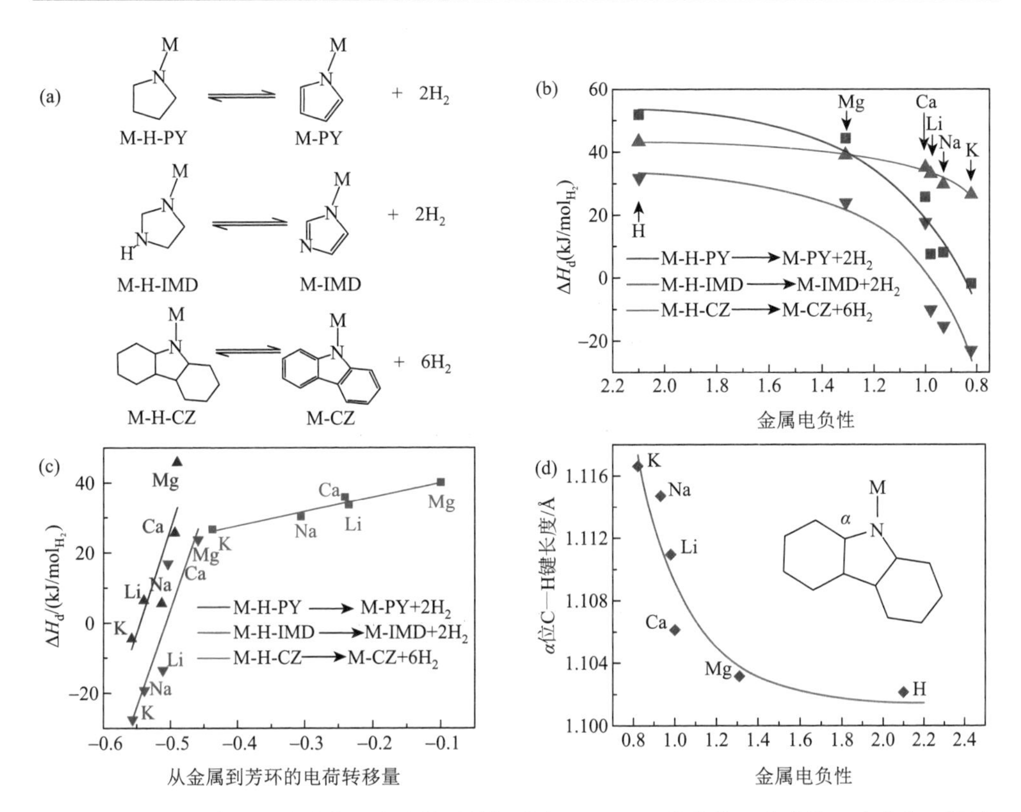

图 4.14　(a) 吡咯盐、咪唑盐、咔唑盐吸放氢反应；(b，c) 吡咯盐、咪唑盐、咔唑盐三类材料脱氢焓值与金属电负性、金属转移至贫氢产物环中电荷数量的关系；(d) 咔唑盐中 α 位 C—H 键长与金属电负性的关系[33]

图 4.14（b）和（c）中还可以看出，金属的电负性对咪唑盐和吡咯盐的脱氢焓变的调控非常有效，可以由脱氢吸热调变为放热，这证明了金属直接作用于有机环上所带来的显著作用，也表明金属的调变作用要明显强于有机基团，例如，在四氢咪唑中 N 上的 H 被甲基（$—CH_3$）取代，仅可以将其脱氢焓变由 39.7kJ/ mol_{H_2} 降低为 38.9kJ/ mol_{H_2} [24]；而以金属取代 H 的话，脱氢焓变可大幅度降为负值。相较而言，咔唑盐脱氢焓变降低的幅度较平缓，焓值均保持正值。这可能是因为咪唑和吡咯仅存在一个有机环，金属对环中电子密度影响较大。而每个咔唑分子中含有三个有机环，分散了金属传递来的电荷，从而将金属化效应进行了平均化。

锂和钠的氮杂环盐具有较高的储氢量、易于合成等优势，被作为目标化合物进行了合成表征。利用氢化钠、氢化锂分别同吡咯、咪唑、咔唑反应，可以合成相应的金属有机氢化物，即室温下球磨等摩尔比的氢化物（氢化钠或氢化锂）与具有芳香性的氮杂环（吡咯或咪唑），可释放出 1mol 当量氢气。而室温下球磨氢化物和咔唑并不能有效反应，该体系需要热处理才可释放出 1mol 当量氢气。所有反应后的产物均为固体粉末，展现出不同于初始反应物的 X 射线衍射谱图，如图 4.15 所示。^{1}H NMR 和 ^{13}C NMR 表征结果显示（图 4.16），吡咯、咪唑、咔唑在金属化后，^{1}H 与 ^{13}C 信号均有所变化。其中 H（N）信号消失，这说明金属成功取代了 N 上的活泼氢，生成了相应的金属有机化合物。所有 H（C）振动均向高场移

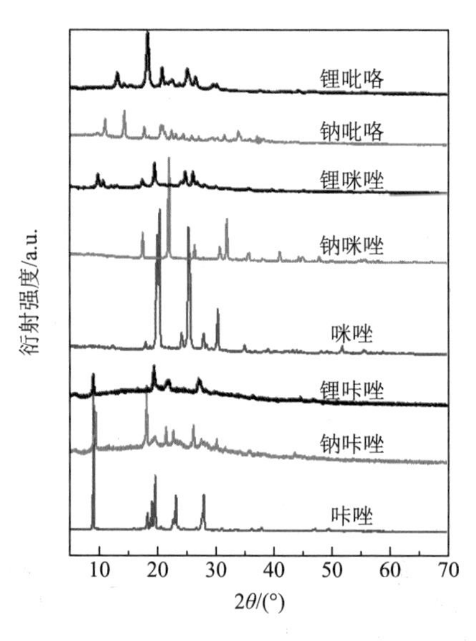

图 4.15 锂、钠金属有机氢化物的 X 射线衍射谱图[33]

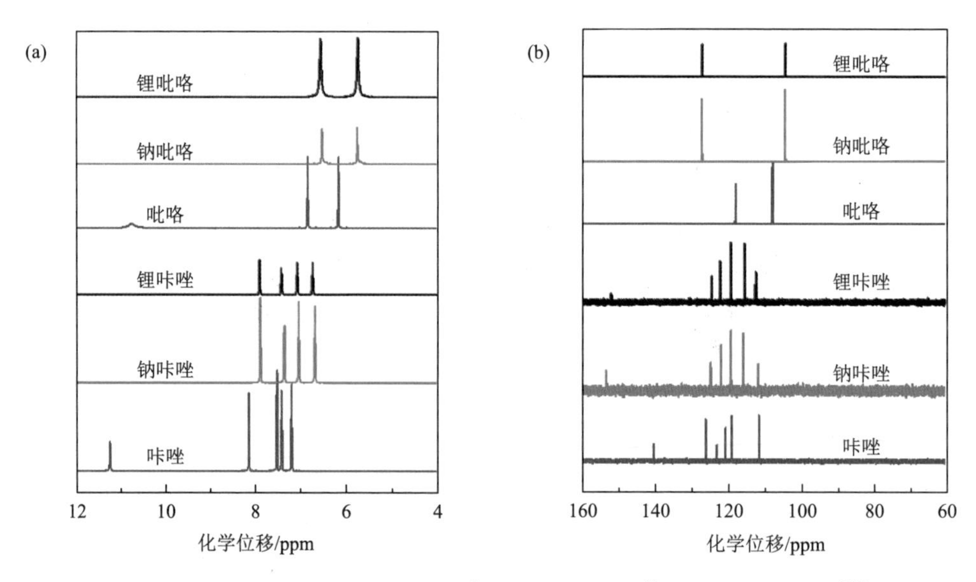

图 4.16 锂、钠金属有机氢化物的 ^{1}H NMR（a）和 ^{13}C NMR（b）谱图[33]

动，这说明有机环中电子密度明显增加。同时，在 ^{7}Li NMR 和 ^{23}Na NMR 表征中发现较强的信号，说明有可溶性的 Li 和 Na 物种存在。上述放氢实验、核磁共振、X 射线衍射等表征结果确定了吡咯、咪唑、咔唑的锂盐和钠盐的生成。

其中吡咯钠、咪唑钠的晶体结构已被解析，如图 4.17 所示。吡咯钠为 *Cc* 空间群单斜晶系，晶胞参数为：$a = 14.1123(9)$Å，$b = 9.4798(9)$Å，$c = 9.9030(9)$Å，$V = 1323.3(3)$Å^3。咪唑钠为 $Pna2_1$ 空间群正交晶系，晶胞参数为：$a = 6.7097(2)$Å，$b = 10.0708(5)$Å，$c = 5.7516(3)$Å，$V = 388.65(4)$Å^3。从两个晶体结构图中可以看出，Na 与 N 形成离子键。在咪唑钠中，Na 与邻近的四个 N 键合，形成变形的四面体结构。而咪唑钠通过这种键合作用形成相互交联的三维网状结构。同时，钠离子还同附近的芳香环形成较弱的阳离子-π 键作用。在吡咯钠晶格中，钠离子除了同氮进行离子键合外，也与邻近的芳香环进行阳离子-π 键作用。晶体结构中这种阳离子-π 键作用可以进一步稳定晶格，更有利于降低材料的脱氢焓变。

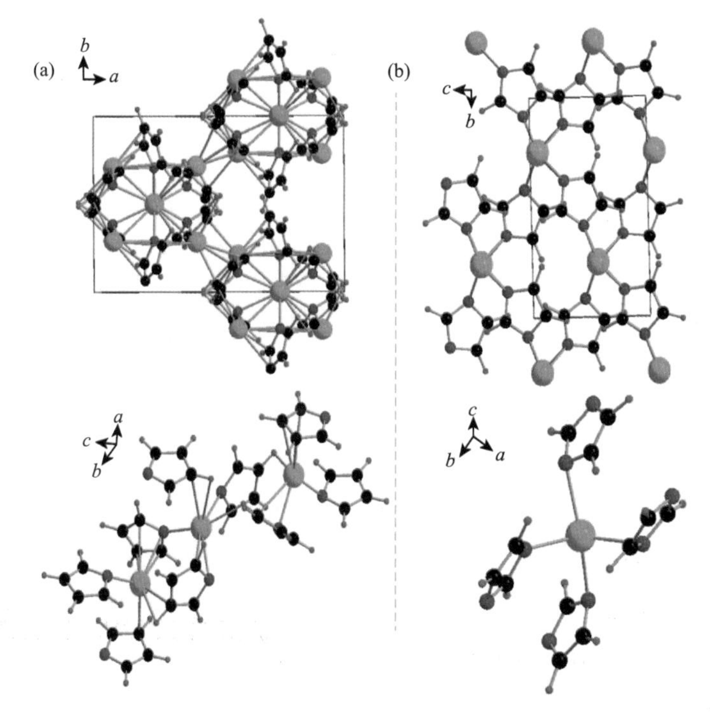

图 4.17 吡咯钠（a）和咪唑钠（b）晶体结构图及钠离子配位信息图 [33]

Na、C、N、H 原子分别由绿球、黑球、蓝球、粉球表示

从图 4.14（b）中可以看出，咔唑盐脱氢焓变均位于 26～40kJ/ mol_{H_2}，显示出较好的储氢热力学性能。特别是咔唑钠和咔唑锂的脱氢焓值分别为 30.0kJ/ mol_{H_2} 和

33.7kJ/ mol_{H_2} ，正好位于理想的储氢材料热力学范围，并且二者的储氢量分别高达 6.0wt%和 6.5wt%，因此其非常具有应用前景。鉴于咔唑锂具有较高的储氢量（>6.5wt%）和优异的脱氢热力学性能，对该材料开展了储氢性能的测试。实验结果显示，咔唑锂可以在 100℃、70bar 氢压和钌基纳米颗粒催化剂的作用下完成加氢，生成全氢咔唑锂，如图 4.18（a）和（b）所示。利用量热技术测试得出咔唑锂的加氢焓值约为–34.2kJ/ mol_{H_2} ，与理论计算的脱氢结果（33.7kJ/ mol_{H_2} ）非常吻合[图 4.18（c）]。加氢后的材料可以在 200℃，Rh 或 Pd 基催化剂下进行脱氢，转化率分别为 72%和 44%[图 4.18（d）]，反应方程式如式（4.10）所示。从理论计算结果中可以发现，全氢咔唑金属盐中 α 位置的 C—H 键长随着金属电负性的减小而增长[图 4.14（d）]，这说明 α 位置的 C—H 键在金属化后被活化，因此该位置的 C—H 键有可能是脱氢反应的起始位置。而在相同条件下，全氢咔唑并不能发生脱氢反应，这可能是由较高的脱氢热力学焓值造成的。由于咔唑锂为固态，其催化加氢脱氢过程存在传质阻力，反应过程较为缓慢，有待进一步优化。

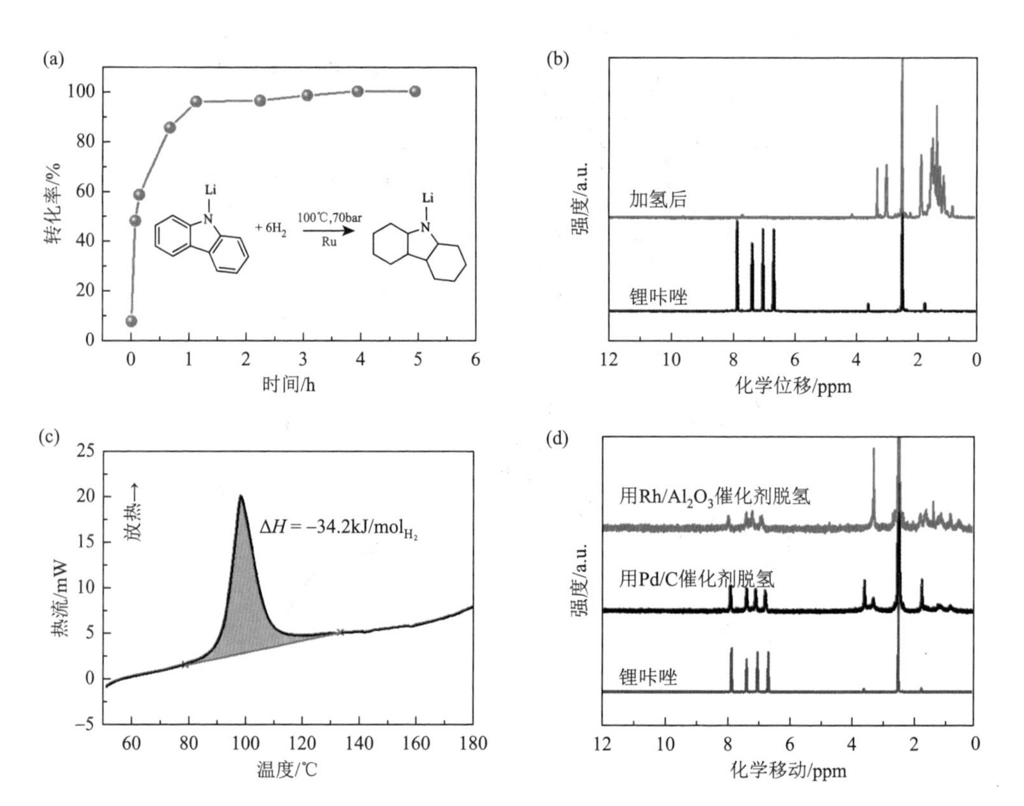

图 4.18　（a）咔唑锂在 100℃、70bar 氢压、Ru 催化剂作用下加氢曲线；（b）咔唑锂加氢后产物的 ^{1}H NMR 谱图；（c）密闭体系内咔唑锂加氢热测量；（d）全氢咔唑锂脱氢后产物的 ^{1}H NMR 谱图[33]

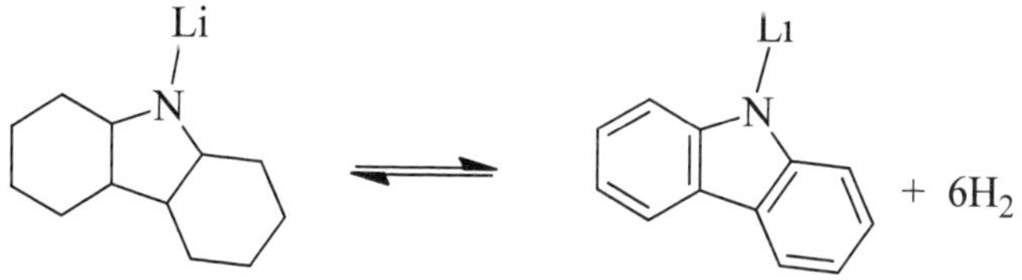

Li N ⇌ Li N $+ 6H_2$　　(4.10)

4.4　总结与展望

金属有机氢化物属于络合氢化物储氢材料中的一种，具有热力学可调变、底物种类多、价格低廉等优势，拓展了现有储氢材料的研究范围，具有较为广阔的发展空间。表 4.1 列出了具有代表性的金属有机氢化物储氢材料的优点及挑战，并与现有的具代表性的无机氢化物、液态有机氢化物进行了对比。由于金属有机氢化物材料是近期研发的体系，需要进一步拓展材料种类、提高材料储氢容量、优化材料加脱氢热力学参数，从而筛选性能更佳的体系。同时，此类材料同有机储氢材料相似，需要高效的加氢脱氢催化剂，克服吸放氢的动力学阻力。因此，研发高效的加氢脱氢催化剂，特别是加氢脱氢双向催化剂的开发，提高材料加氢脱氢反应转化率和选择性是研究的重点方向之一。

表 4.1　无机氢化物、液态有机氢化物、金属有机氢化物等化学储氢材料对比

	无机氢化物	液态有机氢化物	金属有机氢化物
代表性材料	1. 金属氢化物：$LaNi_5H_6$ 2. 铝氢化物：$NaAlH_4$ 3. 氨基化物-氢化物：$LiNH_2$-2LiH、$Mg(NH_2)_2$-2LiH 4. 硼氢化物：$LiBH_4$、$Mg(BH_4)_2$ 5. 氨硼烷及其衍生物：NH_3BH_3、$LiNH_2BH_3$	1. 芳烃： 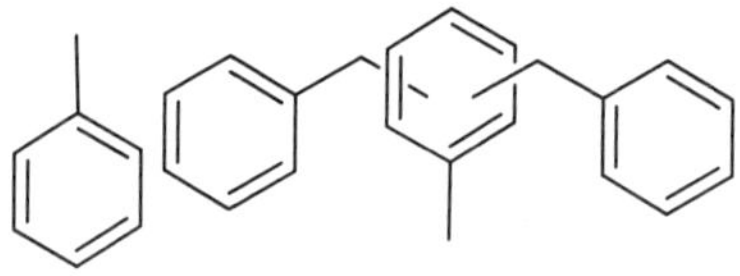 2. 氮杂环： 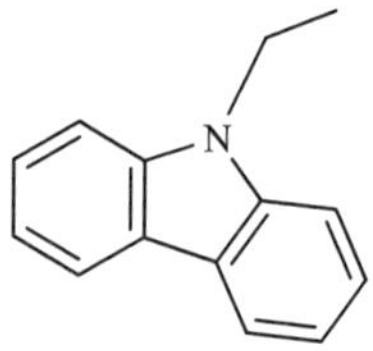 N 3. 甲醇： CH_3OH	1. 苯酚盐： 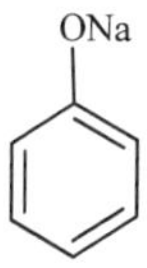 ONa 2. 咔唑盐： 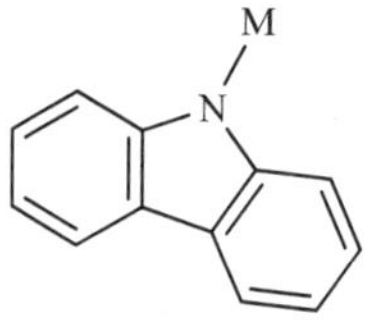 M N
材料优势	1. 储氢量高 2. 安全性好 3. 能效高	1. 储氢量高 2. 成本低 3. 液态，易于储运 4. 安全性好	1. 热力学可控调变 2. 储氢量高 3. 材料选择范围广 4. 材料成本低 5. 安全性好
存在挑战	1. 动力学性能差 2. 循环可逆性差	1. 脱氢温度高 2. 存在副反应 3. 需高效催化剂	1. 动力学性能差 2. 高效合成方法

参 考 文 献

[1] Schlapbach L，Züttel A. Hydrogen-storage materials for mobile applications. Nature，2001，414：353-358.

[2] Bogdanović B，Schwickardi M. Ti-doped alkali metal aluminium hydrides as potential novel reversible hydrogen storage materials. J Alloys Compd，1997，253-254：1-9.

[3] Züttel A，Rentsch S，Fischer P，et al. Hydrogen storage properties of $LiBH_4$. J Alloys Compd，2003，356-357：515-520.

[4] Züttel A，Wenger P，Rentsch S，et al. $LiBH_4$ a new hydrogen storage material. J Power Sources，2003，118：1-7.

[5] Nakamori Y，Li H，Miwa K，et al. Syntheses and hydrogen desorption properties of metal-borohydrides $M(BH_4)_n$（M = Mg，Sc，Zr，Ti，and Zn；n = 2～4）as advanced hydrogen storage materials. Mater Trans，2006，47：1898-1901.

[6] Chlopek K，Frommen C，Léon A，et al. Synthesis and properties of magnesium tetrahydroborate，$Mg(BH_4)_2$. J Mater Chem，2007，17：3496-3503.

[7] Chen P，Xiong Z，Luo J，et al. Interaction of hydrogen with metal nitrides and imides. Nature，2002，420：302-304.

[8] Xiong Z，Wu G，Hu J，et al. Ternary imides for hydrogen storage. Adv Mater，2004，16：1522-1525.

[9] Luo W F.（$LiNH_2$-MgH_2）：A viable hydrogen storage system. J Alloys Compd，2004，381：284-287.

[10] Leng H Y，Ichikawa T，Hino S，et al. New metal-N-H system composed of $Mg(NH_2)_2$ and LiH for hydrogen storage. J Phys Chem B，2004，108：8763-8765.

[11] Bosenberg U，Doppiu S，Mosegaard L，et al. Hydrogen sorption properties of MgH_2-$LiBH_4$ composites. Acta Mater，2007，55：3951-3958.

[12] Vajo J J，Skeith S L，Mertens F. Reversible storage of hydrogen in destabilized $LiBH_4$. J Phys Chem B，2005，109：3719-3722.

[13] Gutowska A，Li L，Shin Y，et al. Nanoscaffold mediates hydrogen release and the reactivity of ammonia borane. Angew Chem Int Ed，2005，44：3578-3582.

[14] Diyabalanage H V K，Shrestha R P，Semelsberger T A，et al. Calcium amidotrihydroborate：A hydrogen storage material. Angew Chem Int Ed，2007，46：8995-8997.

[15] Xiong Z，Yong C K，Wu G，et al. High-capacity hydrogen storage in lithium and sodium amidoboranes. Nature Mater，2008，7：138-141.

[16] Wu H，Zhou W，Yildirim T. Alkali and alkaline-earth metal amidoboranes：Structure，crystal chemistry，and hydrogen storage properties. J Am Chem Soc，2008，130：14834-14839.

[17] Chua Y S，Wu G，Xiong Z，et al. Calcium amidoborane ammoniate-synthesis，structure，and hydrogen storage properties. Chem Mater，2009，21：4899-4904.

[18] Biniwale R B，Rayalu S，Devotta S，et al. Chemical hydrides：A solution to high capacity hydrogen storage and supply. Int J Hydrogen Energy，2008，33：360-365.

[19] Pez G P，Scott A R，Cooper A C，et al. Hydrogen storage by reversible hydrogenation of pi-conjugated substrates. US patent，7101530，2006-09-05.

[20] Crabtree R H. Hydrogen storage in liquid organic heterocycles. Energ Environ Sci，2008，1：134-138.

[21] Zhu Q L，Xu Q. Liquid organic and inorganic chemical hydrides for high-capacity hydrogen storage. Energ Environ Sci，2015，8：478-512.

[22] He T，Cao H，Chen P. Complex hydrides for energy storage，conversion，and utilization. Adv Mater，2019，31：1902757.

[23] Clot E，Eisenstein O，Crabtree R H. Computational structure-activity relationships in H_2 storage：How placement of N atoms affects release temperatures in organic liquid storage materials. Chem Commun，2007，(22)：2231-2233.

[24] Cui Y，Kwok S，Bucholtz A，et al. The effect of substitution on the utility of piperidines and octahydroindoles for reversible hydrogen storage. New J Chem，2008，32：1027-1037.

[25] Preuster P，Papp C，Wasserscheid P. Liquid organic hydrogen carriers (LOHCs)：Toward a hydrogen-free hydrogen economy. Acc Chem Res，2017，50：74-85.

[26] Chen J，Wu H，Wu G，et al. Lithiated primary amine-a new material for hydrogen storage. Chem Eur J，2014，20：6632-6635.

[27] Chen J，Wu G，Xiong Z，et al. Synthesis，thermal behavior，and dehydrogenation kinetics study of lithiated ethylenediamine. Chem Eur J，2014，20：13636-13643.

[28] Schleyer P V R，Kos A J，Kaufmann E. On the structure and stability of 1, 3-dilithiopropanes and other α，ω-dilithioalkanes. The importance of lithium hydride complexes as structural alternatives and reaction intermediates. J Am Chem Soc，1983，105：7617-7623.

[29] Kim D Y，Singh N J，Lee H M，et al. Hydrogen-release mechanisms in lithium amidoboranes. Chem Eur J，2009，15：5598-5604.

[30] Yu Y，He T，Wu A，et al. Reversible hydrogen uptake/release over a sodium phenoxide-cyclohexanolate pair. Angew Chem Int Ed，2019，58：3102-3107.

[31] Yu Y，Pei Q，He T，et al. Kinetic studies of reversible hydrogen storage over sodium phenoxide-cyclohexanolate pair in aqueous solution. J Energy Chem，2019，39：244-248.

[32] Jing Z，Yu Y，Chen R，et al. Sodium anilinide-cyclohexylamide pair：Synthesis，characterization，and hydrogen storage properties. Chem Commun，2020，56：1944-1947.

[33] Tan K C，Yu Y，Chen R，et al. Metallo-N-heterocycles—a new family of hydrogen storage material. Energy Storage Mater，2020，26：198-202.

第5章　碱（土）金属（亚）氨基化合物和氢化物在氨的合成与分解中的作用

5.1　氨作为能源载体

如前面所述，氢的高效存储与输运是制约氢能大规模应用的瓶颈之一。液态氢化物，如氨、甲醇、甲基环己烷等是一类近年来逐渐引起业界关注的氢源载体。其中，氨因具有氢含量高（17.7wt%），能量密度较高（3kW·h/kg），便于储存和运输，其分解制氢过程中不产生 CO_x（$x = 1, 2$）气体，相关基础设施较为成熟等特点，被认为是一种具有潜在应用前景的能源载体，并逐渐受到业界的关注。

以风能和太阳能为代表的可再生能源具有间歇性、季节性和地域性等特点，其规模化使用需要适合的储能方式。如图 5.1 所示，如果将这些可再生能源通过合成氨反应转变为可储存的化学能，借助氨的易储运优势将其输送至用户端，再通过氨分解制氢或直接氨燃料电池等方式将化学能转变为电能，这是一个行之有效的储能过程，彰显了氨作为能源载体的含义。自 2013 年以来，世界多个发达国家的政府及企业开始在这一方面进行积极部署。如国际能源署（IEA）于 2017 年在其“renewable energy for industry（工业可再生能源）”的报告中分析了氨作为可再生能源载体的可行性；2018 年麦肯锡报告指出合成氨等工业部门的脱碳将是下一个前沿领域；日本科学技术振兴机构在 2013 年和 2014 年相继启动了“尖端低碳技术开发项目（advanced low carbon technology research and development program，ALCA）”及“战略创新推进计划（cross-ministerial strategic innovation promotion program，SIP）”，氨的生产、储运及转化是其中的关键研究项目之一；2015 年，美国能源部在召开了“sustainable ammonia synthesis（可持续氨合成）”的圆桌会议之后启动了 13 个与氨相关的 APEA-E 项目；2016 年，澳大利亚可再生能源署部署了 solar ammonia 项目；英国、荷兰、德国、丹麦等也进行了相关的研究部署。众多企业也开展了以可再生能源驱动的绿色合成氨（RE-NH_3）相关示范项目，如全球最大的合成氨企业 Yara 启动了太阳能驱动的合成氨示范项目；Gasoline、Siemens、Haldor Topsøe、BASF、ThyssenKrupp、KBR 和 OCP 等公司也已经或者计划建设 RE-NH_3 示范。作为一项新的利用方式（能源载体），氨的合成、储存和运输及利用等技术环节需在现有基础上做进一步的发展与优化。

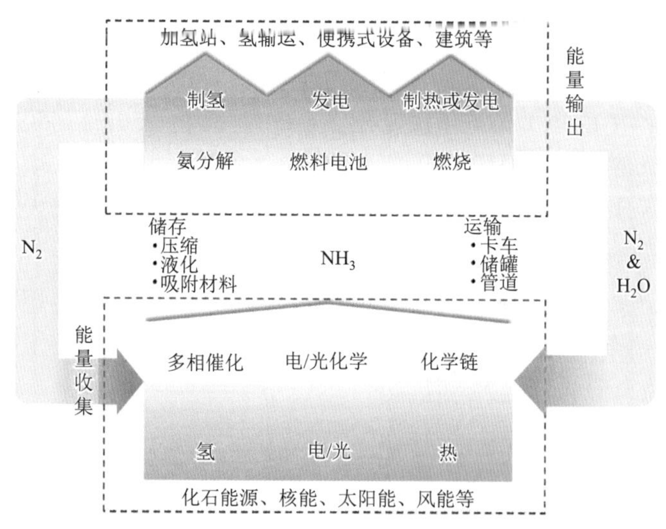

图 5.1　氨作为洁净能（氢）源载体的示意图[1]

氨作为能（氢）源载体的优势之一是工业合成氨技术经过一百多年的发展已经非常成熟。合成氨是世界上产量最大的化学工业品之一，据统计 2017 年全球氨产量为 1.5 亿吨，预计 2050 年将达到 2.7 亿吨。我国是合成氨大国，约占全球氨产量的 30%。目前氨的工业生产主要使用 Haber-Bosch 工艺，即 N_2 和 H_2 在高温（400～500℃）、高压（150～300bar）、熔铁催化剂上反应制得。合成氨过程是一高能耗过程，约消耗全球能源供应总量的 1%～2%[2]；同时由于该过程所需要的氢气主要来源于天然气或煤的重整过程，排放大量的二氧化碳。开发基于可再生能源的低能耗、低碳排放的合成氨过程是节能减排的重要举措，也是百年来催化研究工作者梦寐以求的目标[3, 4]。近期研究发现氢化物可与过渡金属产生协同作用，使得氨的合成在较为温和的条件下进行，为破解合成氨的高能耗难题提供了思路。相关内容详见 5.4 节和 5.5 节。

由于氨在 20℃时的饱和蒸气压为 8bar，较易液化，便于运输。液氨的储运技术比较成熟，可通过汽车、火车、货船、管道等实现液氨的规模化输运。因此，采用氨作为能源载体与氢相比可大幅度减少所需的基础设施建设投资。但考虑到氨对环境的污染，需要寻找合适的储存方式。如利用碱土、过渡金属卤化物、多孔材料等作为储氨介质，通过与氨形成较为稳定的配合物可以相对安全、稳定地储存和运输氨[5-7]。

氨作为能源载体的利用方式主要包括：直接氨燃料电池（direct ammonia fuel cell，DAFC）[8, 9]、氨分解制氢以及氨燃烧等。在 DAFC 中，氨可以直接作为燃料进入固体氧化物燃料电池（solid oxide fuel cell，SOFC）或碱性燃料电池（alkaline fuel cell，AFC）。SOFC 操作温度较高（400～800℃），不适用于车载系统；而 AFC

操作温度较低，可满足车载系统的需要。Ganley[10]设计了一种中温直接氨燃料电池，分别以多孔镍和多孔锂镍复合氧化物为阳极和阴极的电极材料，熔融碱金属氢氧化物（NaOH-KOH）为电解质，操作温度为 200～450℃，450℃时功率密度可达到 $40mW/cm^2$。直接氨燃料电池涉及的电化学反应为

$$\text{阳极反应：} 1/3NH_3 + OH^- \longrightarrow 1/6N_2 + H_2O + e^- \quad E^0 = +0.40V \tag{5.1}$$

$$\text{阴极反应：} 1/4O_2 + 1/2H_2O + e^- \longrightarrow OH^- \quad E^0 = +0.77V \tag{5.2}$$

$$\text{电池净反应：} 1/3NH_3 + 1/4O_2 \longrightarrow 1/6N_2 + 1/2H_2O \quad E^0 = +1.17V \tag{5.3}$$

直接氨燃料电池与氢燃料电池的理论电势（+ 1.23V）相当，但效率略高（88.7% *vs*. 83.0%，25℃）。

氨的热值和辛烷值较高，可作为燃料添加到汽油、乙醇等传统燃料中，在内燃机内混合燃烧以提供动力，可在一定程度上削减 CO_2 的排放。日本产业技术综合研究所等多个团队正对此课题开展研究。

氨的另一种较为重要的利用方式是氨在催化剂的作用下分解为氢气，氢再与氧等发生化学反应产生能量。氨分解反应方程式如下。

$$2NH_3 \longrightarrow N_2 + 3H_2 \quad \Delta H_{298K} = 92kJ/mol, \Delta S_{298K} = 198J/(mol \cdot K) \tag{5.4}$$

此反应为熵增吸热反应，在 400℃时的平衡转化率可达到 99%以上。然而该反应动力学阻力较大，工业上一般要在 600℃以上才能达到高的转化率。高效催化剂的研发也是一个挑战。近期研究结果表明碱（土）金属（亚）氨基化合物在氨分解制氢方面有独特的作用，详情见 5.3 节。

早在 1981 年，Ross 就设计了配有氨裂解装置的功率为 500W 的燃料电池。Sorensen 等[11]在 20μL 微反应器中利用 Ru 基催化剂将氨分解为氢气，成功实现了功率为 1W 的燃料电池的运行。对 AFC 而言，氨分解反应后少量残留的氨对燃料电池的性能影响不大[12]，但对低温质子交换膜燃料电池（proton exchange membrane fuel cell，PEMFC，操作温度为 60～100℃）而言，由于氨对酸性质子膜 Nafion 的毒化作用，即生成 NH_4^+，从而大大降低了 H^+的传导速率，残留的氨气需经净化处理后（达到 ppb 级别），才能进入 PEMFC。因此，在氨分解制氢-质子膜燃料电池联用发电的研发中，如何高效去除氢气中微量的氨是需要重视的课题。

5.2 碱（土）金属（亚）氨基化合物与氢化物间的相互转化

从元素组成上看，碱（土）金属（亚）氨基化合物[$M(NH_2)_x$ 或 $M(NH)_y$]可以看作 NH_3 上的一个或两个氢被碱（土）金属取代后的衍生物，与 NH_3 有着紧密的关联。除氨基化物（amide）和亚氨基化物（imide）外，碱（土）金属与 N、H

元素还可形成氮化物（nitride）、氢化物（hydride）及氮氢化物（nitride hydride）等多种化合物形式。这些化合物在一定的反应条件下可互相转化，展现出非常丰富的化学性质。表 5.1 示出了一些重要的含 N、H 元素的碱（土）金属化合物之间相互转化的化学反应。以 Li 为例（图 5.2），人们很早就发现，金属 Li 在常温下即可和 N_2 反应生成氮化锂（Li_3N）。而 Li_3N 和 H_2 在不同的温度和压力下反应可得到氨基锂（$LiNH_2$）、亚氨基锂（Li_2NH）、氢化锂（LiH）等产物[13-15]。Leng 等报道了 $LiNH_2$ 在 300℃和 10bar H_2 流中反应 4h 即可得到 LiH，同时释放出 NH_3[14]。在此需要指出的是，H_2 在 Li_3N、Li_2NH、$LiNH_2$ 上均发生异裂反应而生成 H^+和 H^-，其中 H^+与 N 原子键合，H^-则与 Li^+键合[16]，这一解离形式显著不同于 H_2 在过渡金属表面上进行的均裂机制。LiH 和 NH_3 可以发生反应生成 $LiNH_2$ 和 H_2。此外，LiH 在氮气气流中高于 400℃时会生成 Li_2NH，同时释放出 H_2（实验结果详见 5.5.3 节）。

表 5.1　一些重要的含氮、氢元素的碱（土）金属化合物之间相互转化的化学反应及其反应焓变

金属元素	化学反应	ΔH_{298K}/(kJ/mol)	参考文献
Li	$6Li + N_2 \longrightarrow 2Li_3N$	−329.2	[17]
	$2Li + 2NH_3 \longrightarrow 2LiNH_2 + H_2$	−280.6	[18]
	$Li_3N + H_2 \longrightarrow Li_2NH + LiH$	−147.9	[13]
	$Li_3N + NH_3 \longrightarrow Li_2NH + LiNH_2$	−197.7	[19]
	$Li_3N + LiNH_2 \longrightarrow 2Li_2NH$	−93.1	[19]
	$2LiNH_2 \longrightarrow Li_2NH + NH_3$	104.6	[20, 21]
	$Li_2NH + H_2 \longrightarrow LiNH_2 + LiH$	−55.3	[13]
	$LiNH_2 + H_2 \longrightarrow LiH + NH_3$	49.3	[14]
	$4LiH + N_2 \longrightarrow 2Li_2NH + H_2$	−82	[22]
	$2Li + H_2 \longrightarrow 2LiH$	−182	[17]
	$Li_3N + LiH \longrightarrow Li_4NH$	—	[23]
	$3Li_4NH + N_2 \longrightarrow 2Li_3N + 3Li_2NH$	—	[23]
	$Li_4NH + H_2 \longrightarrow 2LiH + Li_2NH$	—	[23]
Na	$2Na + 2NH_3 \longrightarrow 2NaNH_2 + H_2$	−146	[18]
	$NaNH_2 + H_2 \longrightarrow NaH + NH_3$	21.6	[24]
	$2Na + H_2 \longrightarrow 2NaH$	−112.8	[17]
K	$2K + 2NH_3 \longrightarrow 2KNH_2 + H_2$	−146	[18]
	$KNH_2 + H_2 \longrightarrow xKNH_2\text{-}(1-x)KH \longrightarrow KH + NH_3$	25.3	[25]
	$2K + H_2 \longrightarrow 2KH$	−115.6	[17]

续表

金属元素	化学反应	ΔH_{298K}/(kJ/mol)	参考文献
Rb	$RbNH_2 + H_2 \longrightarrow xRbNH_2\text{-}(1-x)RbH \longrightarrow RbH + NH_3$	—	[26]
Mg	$2MgH_2 + N_2 \longrightarrow 2MgNH + H_2$	–265.4	—
	$3MgH_2 + N_2 \longrightarrow Mg_3N_2 + 3H_2$	–235.2	[22]
	$MgNH + 2H_2 \longrightarrow MgH_2 + NH_3$	86.8	—
	$Mg(NH_2)_2 \longrightarrow MgNH + NH_3$	120	[27]
Ca	$Ca + 2NH_3 \longrightarrow Ca(NH_2)_2 + H_2$	—	[28]
	$Ca(NH_2)_2 \longrightarrow CaNH + NH_3$	—	[28]
	$Ca + H_2 \longrightarrow CaII_2$	177	[17]
	$2CaH_2 + N_2 \longrightarrow 2CaNH + H_2$	–125	[22]
	$CaNH + 2H_2 \longrightarrow CaH_2 + NH_3$	16.6	[22]
	$Ca_2NH + H_2 \longrightarrow CaNH + CaH_2$	—	[13]
Ba	$Ba + 2NH_3 \longrightarrow Ba(NH_2)_2 + H_2$	—	[29]
	$2Ba + N_2 + H_2 \longrightarrow 2BaNH$	–449.8	[30]
	$Ba + H_2 \longrightarrow BaH_2$	178.7	[17]
	$Ba(NH_2)_2 \longrightarrow BaNH + NH_3$	—	[31]
	$Ba(NH_2)_2 + 2H_2 \longrightarrow BaH_2 + 2NH_3$	58	[32]
	$2BaH_2 + N_2 \longrightarrow 2BaNH + H_2$	–92.4	[22]
	$BaNH + 2H_2 \longrightarrow BaH_2 + NH_3$	0.3	[22]

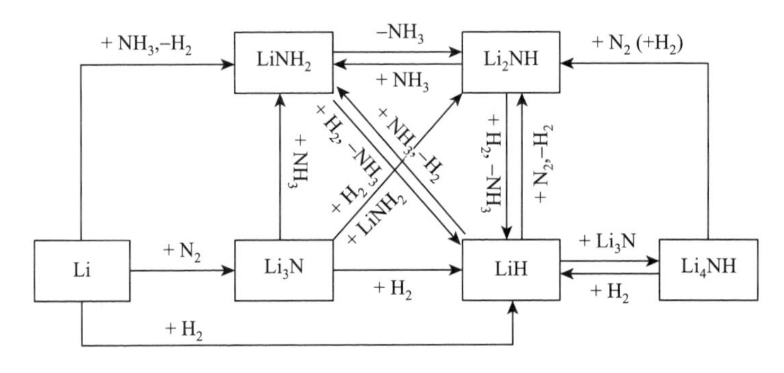

图 5.2　含有 Li、N、H 的化合物之间的相互转化

除 Li-N-H 外，由其他碱（土）金属、N、H 组成的物质之间也可通过相关反应而互相转化（表 5.1）。如 $NaNH_2$ 和 KNH_2 可加氢产氨并分别生成 NaH 和 KH，

而 NaH 和 KH 也可以和 NH_3 反应生成 $NaNH_2$ 和 KNH_2，并释放出 H_2[33]。碱（土）金属-N-H 的这一化学特性使其在氨分解及合成氨反应中扮演了非常重要的角色。

5.3　碱（土）金属（亚）氨基化合物与氨的催化分解

5.3.1　氨分解反应概述

氨分解反应是吸热熵增反应，从热力学上来看，高温低压有利于该反应的进行。根据热力学数据可以计算出常压下不同温度时氨气的平衡转化率。如图 5.3 所示，在 200℃时，氨气的平衡转化率即可达到 50%；当温度升高至 400℃时，氨气的平衡转化率可达到 99%。这说明在中低温区间内（400～600℃）实现高效氨分解制氢是可行的。

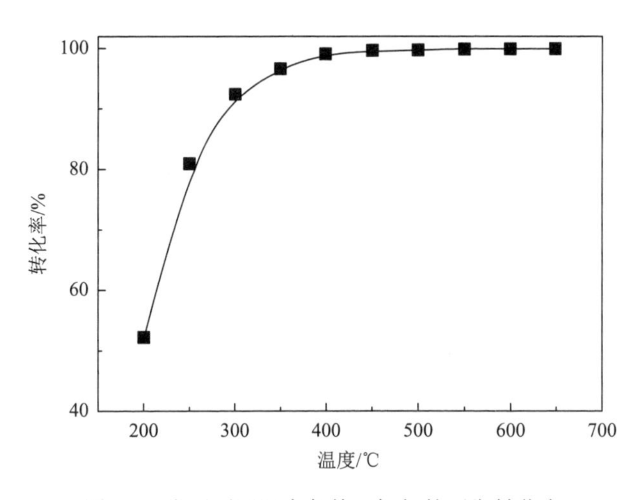

图 5.3　常压不同温度条件下氨气的平衡转化率

氨分解反应的动力学阻力较大，通常需要加入催化剂以降低反应的活化能，提高反应速率。然而即便采用工业负载型镍基催化剂，要达到高的氨分解转化率（＞99%），其操作条件也要在 700℃以上[34]。如果能够开发出中低温高活性的氨分解催化剂，则将进一步降低反应温度及能耗。动力学研究结果表明，氨的分解需经历氨的吸附、逐步脱氢及 N 和 H 原子结合脱附等多个步骤。其中第一个 N—H 键的断裂和/或表面 N 原子的结合脱附步骤是可能的速控步骤[35]。因此，设计与开发氨分解催化剂的重点在于调控催化剂表面性质来加快 N—H 键断裂及 N 原子结合脱附速率。

氨分解催化剂的发展历史与合成氨研究是密切相关的，因为二者互为逆反应，从微观可逆原理可知，一个好的氨分解催化剂也可能是一个好的合成氨催化剂。一个多世纪以来，人们对氨分解及合成氨催化剂进行了广泛而深入的研究，涉及的元素几乎遍及整个元素周期表。所研制的催化剂包括过渡金属、合金、金属氮化物、碳化物、硫化物等。其中 Ru、Fe、Ni 等Ⅷ族过渡金属及 Mo 或 W 的氮化物和碳化物表现出较好的氨分解催化活性，是目前研究较多的催化剂体系。在单一的过渡金属中，金属 Ru 表现出最佳的氨分解催化活性。根据 Sabatier 原理，对于一个理想的氨分解催化剂，N 原子在催化剂表面的吸附既不能太强，也不能太弱，因此，催化剂的氨分解活性与 N_2 的解离吸附能（dissociative N_2 adsorption energy）之间呈一经典的火山型曲线[36]。Ru 具有较为适中的 N_2 的解离吸附能，因此位于火山型曲线的顶端附近，Co_3Mo_3N 和 Co 次之，紧随其后的是 Fe 和 Ni。

贵金属 Ru 基氨分解催化剂的广泛应用受到成本及储量的限制，降低 Ru 的负载量或寻找贵金属替代催化剂是目前氨分解研究的主要内容。3d 过渡金属中，Ni 催化剂由于活性最佳、成本低廉，目前已在工业氨分解制氢反应中得以应用，但所需反应温度较高（＞700℃）。Fe 催化剂的成本更低，但其低温催化性能较差。针对这些问题，研究者通过考察过渡金属的粒径与形貌效应、选择合适载体、添加助剂等方式，深入研究催化剂的构效关系，期望开发出成本低廉、低温高活性的氨分解催化剂，并取得了许多进展。

氨分解反应是结构敏感反应[37]，即转化频率（turnover frequency，TOF）随着活性金属颗粒的尺寸大小或形貌的变化而改变。表面科学研究及理论计算结果表明，B5 位很可能是 Ru 基催化剂的活性中心[38]。1.8～2.5nm 大小的 Ru 纳米颗粒应具有最高的 B5 位密度，因而具有最高的 TOF[38]。通过控制催化剂的预处理条件，Karim 等发现 B5 位的数目与 Ru 颗粒的形貌有很大关系，其中在 7nm 长的扁平状纳米颗粒上具有最高的 TOF[39]。类似的形貌效应在其他过渡金属催化剂上也有报道，如在 Ni/Al_2O_3 催化剂上，1.8～2.9nm 的纳米金属 Ni 颗粒具有最高的 TOF[40]。将活性金属负载在另一晶格较大的金属表面形成单层双金属催化剂可改变活性金属的反应性。根据 d 带理论，过渡金属的拉伸应变可使其 d 带中心上移，增强金属表面与吸附物种间的成键，从而显著改变其表面电子性质及反应性能[41]。如 Ru(0001)表面覆盖的单层 Ni 上 CH_4 解离吸附的黏附系数较 Ni(111)表面提高了 20～30 倍[42]。较 Pt(111)面和 Ni(111)面，N 原子在 Pt 表面覆盖的单层 Ni（Ni-Pt-Pt）上的吸附更强，因而更有利于 NH_3 的活化与解离，在氨分解反应中表现出更高的催化活性[36]。这一策略为高效氨分解催化剂的开发提供了新的思路。但如何制备该类催化剂及其在反应条件下的稳定性是需要进一步研究的课题。

催化剂载体常常会显著影响活性金属的尺寸、形貌、金属-载体间相互作用等，从而影响金属的催化活性。针对氨分解反应，目前研究较多的载体主要是碳材料和氧化物。Yin 等[43]较为系统地对比了 CNTs（碳纳米管）、Al_2O_3、MgO、AC（活性炭）、ZrO_2、TiO_2 等载体对 Ru 的氨分解催化活性的影响，发现 CNTs 负载的 Ru 催化剂具有最快的氨分解反应速率，这是由于 CNTs 具有良好的导电性及较好的分散 Ru 金属的能力。碳材料的导电性与其石墨化程度有关。Li 等[44]尝试将石墨烯纳米片用作 Ru 催化剂载体，发现其催化活性高于 Ru/CNTs，石墨烯纳米片良好的导电性被认为是其具有较高催化活性的原因之一。然而，段学志等[45]对比了 CNTs 和 CNFs（碳纳米纤维）负载相似 Ru 纳米颗粒尺寸的氨分解催化活性，发现尽管 CNFs 具有较低的石墨化程度，却表现出更好的催化活性。这说明碳材料的石墨化程度或导电性并不是其作为良好载体的唯一判断标准。此外，载体的碱性被认为有利于氨分解反应的进行。Yin 等[46]合成了固体超强碱 ZrO_2-KOH，并将其作为 Ru 基催化剂载体用于氨分解反应。研究发现超强碱载体有助于金属 Ru 表面吸附 N 原子的结合脱附，从而加快了反应速率。CNTs 和 CNFs 经过氮掺杂后，其氨分解活性均有所提高[47, 48]，载体上 N 基团的给电子性质被认为是提高活性的原因之一。Chang 等将具有较高 N 含量的三嗪类有机骨架聚合物（covalent triazine-based framework，CTF）用作 Ru 载体，发现在相同 Ru 负载量及反应条件下，Ru/CTF 表现出优于 Ru/CNTs 的氨分解催化活性[49]。无机电子化物（electride）作为一种新型催化剂载体，在氨分解反应中表现出优异的特性，在相同反应条件下，Ru/electride 活性和稳定性均显著优于 K 促进的 Ru/C 催化剂[50]。电子化物具有较低的功函，因此可以将电子填到 Ru—N 键的反键轨道，从而削弱 Ru—N 键能，加快表面吸附 N 原子的结合脱附。催化剂的制备方法对氨分解活性也有显著的影响。Liu 等对比了常规浸渍法和沉淀沉积法制备的 Ru/MgO 催化剂，发现沉淀沉积法制备的催化剂上 Ru 分散度更高，因而活性更高[51]。

在合成氨催化剂中，助剂的加入常常可显著提高活性金属的催化性能。基于这一经验，人们在研究氨分解催化剂时，也有意向过渡金属中加入碱金属、碱土金属、稀土金属等助剂，以期提高过渡金属的催化活性。Yin 等[52]向 Ru/CNTs 催化剂中加入 Li、Na、K、Ca、Ba、Ce 等助剂，发现助剂的促进效应与其电负性相关，电负性越低，促进作用则越明显。Zhang 等发现，向 Ni/Al_2O_3 中添加助剂 La 可以降低活性位对反应物种的吸附，使产物更容易脱离催化剂表面，从而显著提高 Ni 基催化剂的氨分解活性[53]。但助剂的促进作用与载体的种类也有关联，如在 Ru/MgO 上，碱金属的促进作用并不显著[54]。而 Nagaoka 等在研究不同助剂对 Ru/Pr_6O_{11} 的氨分解活性的影响时，发现碱土金属及稀土金属氧化物的加入反而降低了其氨分解活性，碱金属氧化物中除 Li_2O 外，均能有效促进氨的分解，且顺序为 Na＜K＜Rb＜Cs。他们将这些氧化物的部分电荷（partial charge）与其碱性及催化活性关联起来，认为部分电荷越小，则碱性越强，其促进作用也越明显[55, 56]。关于碱（土）金属助剂的促进作用本质，研究者主要基于人们对合成氨催化剂中碱金属助剂的理解，一般认为碱金属的作用是给电子到金属 Ru 上，从而改变了 Ru 的电子性质，加快了表面 N 原子的结合脱附。

对于氨分解催化剂的最新进展，有兴趣的读者可以参阅近期发表的综述文章[57-59]。2014 年以来，David 等[60]和 Guo 等[61]分别独立报道了氨基钠（$NaNH_2$）和亚氨基锂（Li_2NH）作为非过渡金属催化剂组分在氨分解反应中的应用，为氨分解催化剂家族增添了新的成员。本节将基于笔者在氨分解催化剂研发方面的工作基础，介绍碱（土）金属（亚）氨基化合物与氨分解反应的关联，以及过渡金属与（亚）氨基化合物之间的相互作用及其在催化氨分解反应中的可能机制。

5.3.2　碱（土）金属（亚）氨基化合物的氨分解反应

2002 年，Chen 等首次报道了利用 Li_3N 的可逆吸放氢反应实现化学储氢[式（5.5）][13]。Li_3N 的加氢产物包括 $LiNH_2$、Li_2NH、LiH 以及 NH_3。这类碱（土）金属（亚）氨基化合物作为储氢材料的潜在应用前景推动了人们对该类材料的结构、物理化学性质及化学反应的深入研究[62, 63]。

碱（土）金属氨基化合物在加热过程中常常会释放出 NH_3。以 $LiNH_2$ 为例，其在温度高于 300℃时分解为 Li_2NH 和 NH_3[式(5.6)，图 5.4]。又如氨基钙[$Ca(NH_2)_2$]在 60℃即可释放出 NH_3，峰温约为 350℃，固体产物为亚氨基钙（CaNH）[式(5.7)，图 5.5][64]。氨基镁[$Mg(NH_2)_2$]在 180～300℃内分解转变为亚氨基镁（MgNH），300℃以上则进一步分解为氮化镁（Mg_3N_2）[式（5.8），图 5.5]。氨基钡[$Ba(NH_2)_2$]的分解则较为复杂，Jacobs 等曾报道在温度高于 370℃时，$Ba(NH_2)_2$ 分解为 $Ba(NH)_{1-x}N_{2/3x}$（$x = 0.1$）和 NH_3[65]。如图 5.5 所示，$Ba(NH_2)_2$ 分解过程中除检测到 NH_3 外，还检测到少量的 H_2 和 N_2，加热到 500℃时收集到的固体产物为 BaNH[31]。相较而言，氨基钠（$NaNH_2$）、氨基钾（KNH_2）、氨基铯（$CsNH_2$）等的热分解行为研究较少，在文献报道中存在争议[20, 66, 67]，这可能和这些物质较低的熔点以及易与测试过程中采用的反应器发生化学反应等有关。

$$Li_3N + 2H_2 \rightleftharpoons Li_2NH + LiH + H_2 \rightleftharpoons LiNH_2 + 2LiH \tag{5.5}$$

$$2LiNH_2 \rightleftharpoons Li_2NH + NH_3 \tag{5.6}$$

$$Ca(NH_2)_2 \longrightarrow CaNH + NH_3 \tag{5.7}$$

$$3Mg(NH_2)_2 \longrightarrow 3MgNH + 3NH_3 \longrightarrow Mg_3N_2 + 4NH_3 \tag{5.8}$$

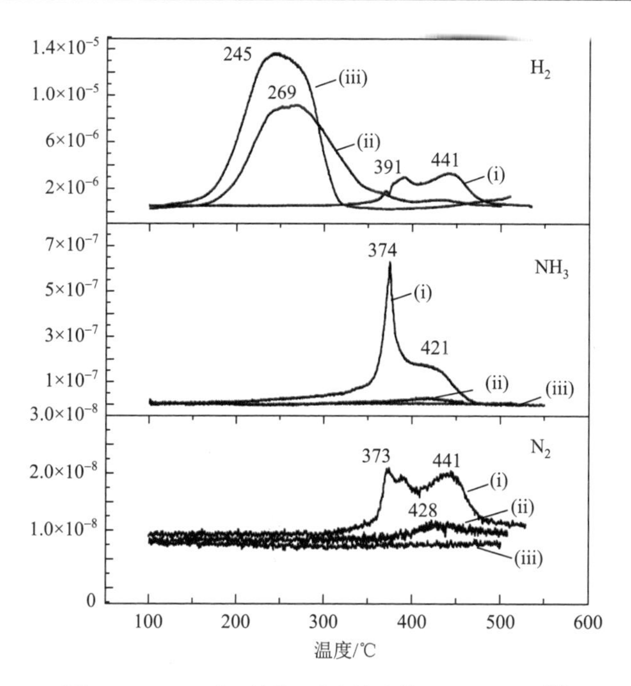

图 5.4　$LiNH_2$ 在不锈钢反应管中的 TPD-MS 图[21]

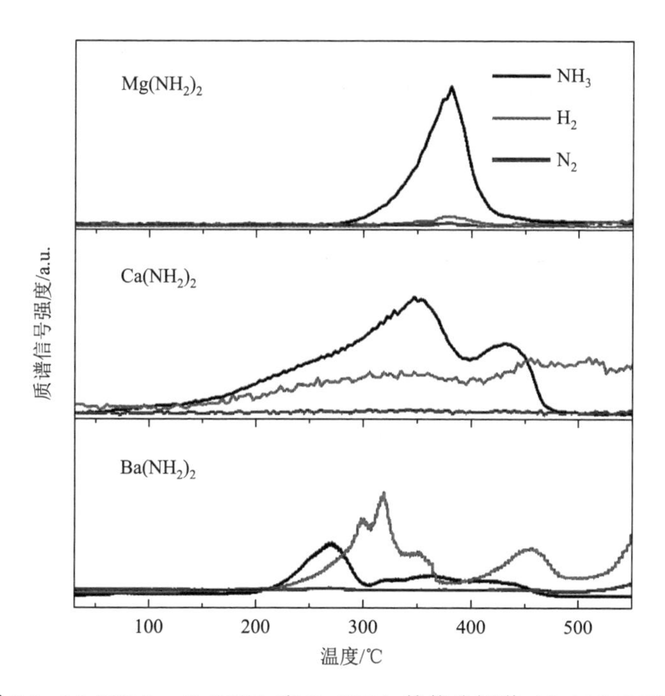

图 5.5　$Mg(NH_2)_2$、$Ca(NH_2)_2$ 和 $Ba(NH_2)_2$ 的热分解谱（Ar-TPD-MS）

反应条件：Ar 流速 40mL/min，升温速率 5℃/min[31]

然而，Xiong 等发现当温度高于 400℃时，$LiNH_2$ 的气相分解产物中，除了 NH_3 外，还存在可观量的 N_2 和 H_2（图 5.4）[21]。由于在该温度条件下，NH_3 的气相热分解转化率很低（低于质谱检测限），研究者推测这部分 N_2 和 H_2 可能来源于 NH_3 在 $LiNH_2$ 和/或 Li_2NH 作用下的催化分解。这一实验现象启发 Guo 等对碱（土）金属（亚）氨基化合物在氨分解反应中的作用开展了研究[68]。自 2009 年起，经过数年的反复验证，发现这部分 N_2 和 H_2 并非直接来源于 $LiNH_2/Li_2NH$ 的催化作用，而是与其测试过程中采用的不锈钢反应管密切相关[61]。在储氢材料研究中，由于加氢反应往往需要在高压下进行，因而需要采用不锈钢反应器。然而，正是由于不锈钢中过渡金属元素（如铁、铬、钼等）的存在，对碱金属氨基化合物的化学行为产生了显著的影响。如图 5.6 所示，在 450℃以下，石英反应管中 $LiNH_2$ 的热分解产物主要是 NH_3，而在不锈钢反应管中，除了 NH_3 以外，N_2 和 H_2 在高于 300℃时已被检测到。这个对比实验清晰地显示了反应器材质对 $LiNH_2$ 的热分解产物有着显著的影响。

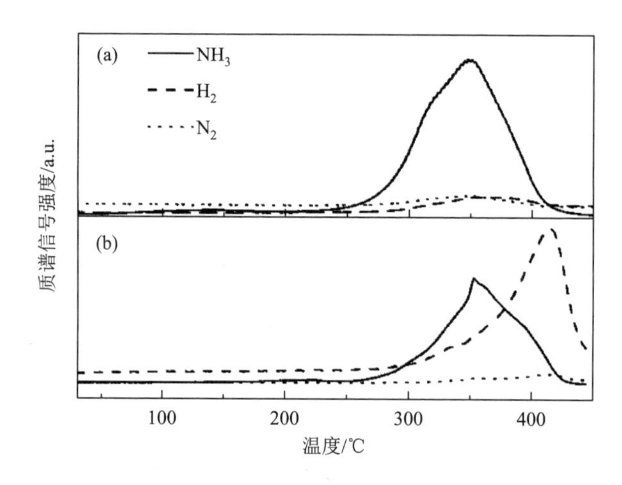

图 5.6 $LiNH_2$ 在石英反应管（a）和不锈钢反应管（b）中的 TPD-MS 图[61]

碱金属（亚）氨基化合物自身是否能够催化氨分解反应呢？图 5.7 对比了碱金属（亚）氨基化合物（Li_2NH、$NaNH_2$ 和 KNH_2）在固定床石英反应管中的氨分解活性。从图 5.7 中可以看出，在 550℃以下，参比样品 MgO 上 NH_3 的转化率接近于 0，这说明在该反应条件下，MgO 基本无催化氨分解反应活性，且 NH_3 自身的气相分解反应也可以忽略不计。而在 Li_2NH 上，当温度高于 475℃时，可检测到少量的 N_2 和 H_2，当温度达到 550℃时，NH_3 的转化率为 6.1%。这说明在高温下 Li_2NH 可以催化氨分解反应，但效率很低。KNH_2 的催化活性稍高于 Li_2NH，在 507℃时，NH_3 的转化率为 5.6%。相较而言，$NaNH_2$ 活性最高，400℃时 NH_3

的转化率已有 3%，且转化率随着温度的升高而升高。当温度高于 475℃时，$NaNH_2$ 上 NH_3 的转化率反而逐渐下降，这可能是由在高温下 $NaNH_2$ 逐渐从催化剂床层流失所致。

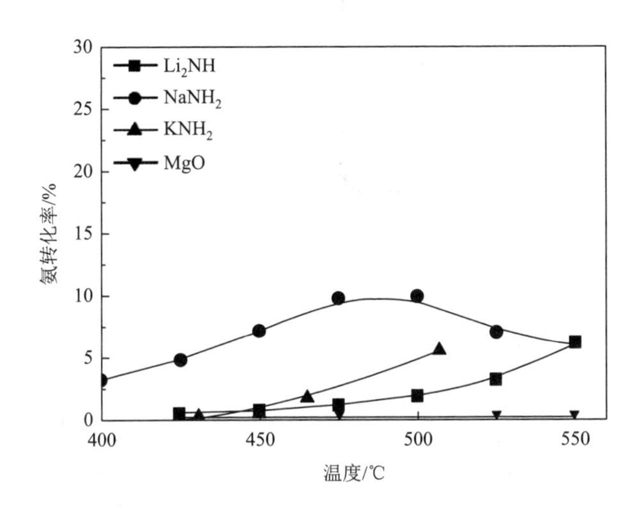

图 5.7　碱金属（亚）氨基化合物及 MgO 在稀释氨气（5vol% NH_3/Ar）中的氨分解活性

考虑到碱金属氨基化合物的熔点较低，如 $LiNH_2$、$NaNH_2$ 和 KNH_2 的熔点分别为 370℃、208℃和 338℃，为了尽量减少碱金属氨基化合物在高温反应条件下熔化流失，Chang 等设计了如图 5.8 所示的含内衬的釜式反应器，内衬的材质可根据需要进行加工。图 5.9 对比了 $LiNH_2$ 和 $NaNH_2$ 在不锈钢、镍和铜三种不同材质内衬反应管中的氨分解活性。空白实验结果表明，在 550℃、NH_3 流速为 30mL/min 的反应条件下，铜内衬反应管内 NH_3 的转化率仅为 1%，这与文献报道中铜具有极低的氨分解催化活性是一致的[69]。当向该铜内衬反应管中加入 $LiNH_2$（0.06g）时，氨分解反应的起点温度降至 450℃，且 NH_3 的转化率随着温度的升高而逐渐增加，550℃时 NH_3 的转化率为 9%。在镍内衬反应管中，氨分解反应的起点温度则降至 425℃，且 NH_3 的转化率随着温度的升高有较快的增长。相同温度条件下，NH_3 的转化率与铜内衬反应管相比有明显提高，550℃时 NH_3 的转化率可以达到 47.1%。在不锈钢内衬反应管中，NH_3 分解的起点温度进一步降低到 375℃，在 550℃时 NH_3 的转化率达到了 62.1%。以上实验结果表明，反应管材质对 $LiNH_2$ 的氨分解催化活性影响很大，并且反应管中的金属与 $LiNH_2$ 之间的相互作用可能是导致其氨分解活性差异的原因。另外，这一实验结果也告诉我们，要想获得 $LiNH_2$ 自身的氨分解活性，需要使用与 $LiNH_2$ 完全不发生化学反应的反应管。

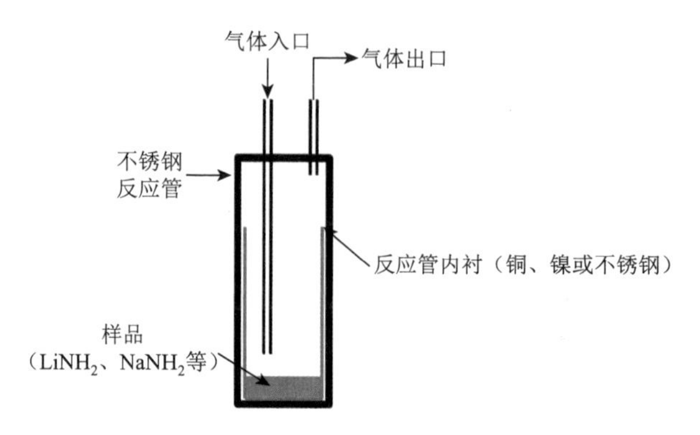

图 5.8　配有不同材质内衬的不锈钢釜式反应器

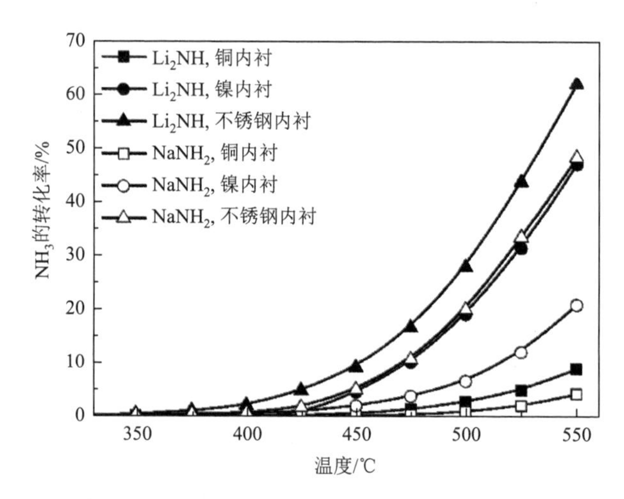

图 5.9　$LiNH_2$（0.06g，氨气流速为 30mL/min）、$NaNH_2$（0.5g，氨气流速为 60mL/min）在不同材质内衬反应管（不锈钢、镍和铜）中的 NH_3 分解活性[61]

在 $NaNH_2$ 上作者也发现了类似的现象。图 5.9 对比了在 NH_3 流速为 60mL/min 反应条件下，$NaNH_2$ 样品（0.5g）在不同材质反应管中的氨分解活性。在铜内衬反应管中，氨分解反应的起点温度为 475℃，550℃时 NH_3 的转化率为 4.3%；在镍内衬反应管中，氨分解起点温度降至 425℃，550℃时 NH_3 的转化率可以达到 20.9%；在不锈钢内衬反应管中，氨分解起点温度进一步降至 400℃，550℃时 NH_3 的转化率可以达到 48.3%。根据文献报道，早在 1894 年，Titherley[18]就曾发现 $NaNH_2$ 在高温下（>500℃）可以分解为 Na、N_2 和 H_2[式（5.9）]。而 $NaNH_2$ 可以通过金属 Na 与 NH_3 在 300℃下反应制得[式（5.10）]。因此，Na 和 $NaNH_2$ 在 NH_3 气流中的循环变化的净结果是 NH_3 分解为 N_2 和 H_2[式（5.4）][24]。这个过程本质上更接近化学链氨分解过程（关于化学链过程的具体介绍，请参看 5.5 节）。基于这一现象，2014 年，David 等[60]报道了 $NaNH_2$ 在不锈钢釜式反应器中具有较高的氨分解活性，在与图 5.9 相同的反应条件（0.5g $NaNH_2$，NH_3 流速为 60mL/min）下，450℃时其氨分解转化率可以达到约 45%，与参比催化剂 Ru/Al_2O_3 活性相当（图 5.10），该作者据此认为 $NaNH_2$ 是一种氨分解效率可与贵金属 Ru 相媲美的非过渡金属新型催化剂，并将 $NaNH_2$ 高的氨分解活性归因于 $NaNH_2$ 不同于过渡金属的独特的反应机制[式（5.9）和式（5.10）]。

$$NaNH_2 \longrightarrow Na + 1/2N_2 + H_2 \tag{5.9}$$

$$Na + NH_3 \rightleftharpoons NaNH_2 + 1/2H_2 \tag{5.10}$$

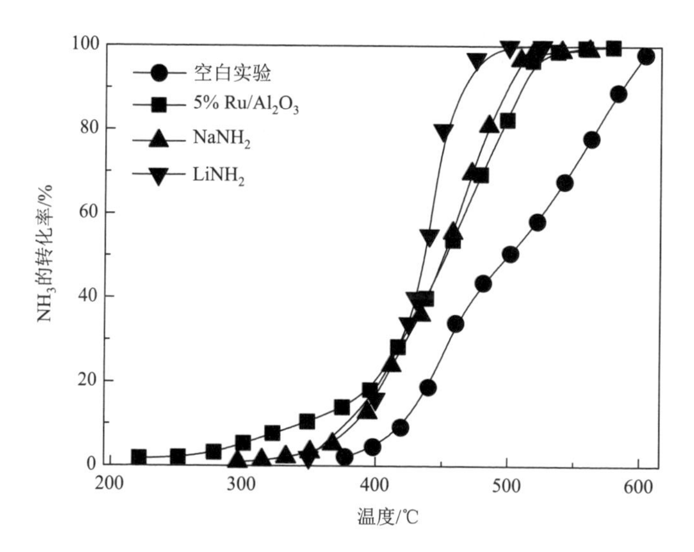

图 5.10　文献报道的 $LiNH_2$、$NaNH_2$ 及 Ru/Al_2O_3 参比催化剂在不锈钢釜式反应器中氨分解反应转化率随温度变化曲线[60, 70]

但是需要指出的是，该文献[60]中空白实验（未装有样品的不锈钢反应管）的氨分解活性很高，450℃下氨的转化率可达 26%。更重要的是，根据上述的实验结果可知，David 等在实验中观察到的 $NaNH_2$ 氨分解活性很可能并非来源于 $NaNH_2$ 本身，而是来源于 $NaNH_2$ 和不锈钢反应管中过渡金属之间的相互作用。图 5.9 中的实验结果清楚地表明，不同材质的反应管对 $LiNH_2$ 及 $NaNH_2$ 的氨分解催化活性影响显著，在不锈钢内衬反应管中，$NaNH_2$ 的确表现出较好的催化活性，但在铜内衬反应管中其氨分解活性则很低，更有可能接近于 $NaNH_2$ 自身的本征氨分解活性。近期，Bramwell 等也观察到，尽管 $LiNH_2$ 自身的氨分解活性很低，但 $LiNH_2$ 的加入使得 Ni/C 在 400℃时的氨转化率从 19%提高至 53%，Ni 与 $LiNH_2$ 的相互作用被认为是其活性提高的根本原因[71]。

5.3.3　碱（土）金属（亚）氨基化合物与过渡金属的协同催化

如上所述，反应管的材质显著影响碱金属（亚）氨基化合物的热分解行为及其催化氨分解活性。由于不锈钢中的主要过渡金属元素是 Fe，因此碱金属（亚）氨基化合物在不锈钢内衬反应管中显示出的高催化活性很可能源于其与金属 Fe 的相互作用。为验证这一设想，Guo 等首先以氯化铁（$FeCl_3$）和过量的 $LiNH_2$ 作为原料，采用机械球磨法制备了 Fe-$LiNH_2$。在球磨过程中，可能发生如式（5.11）所示的反应，用四氢呋喃洗去副产物 LiCl 后可得到 FeN_x-$LiNH_2$ 催化剂前驱体，该前驱体加热后分解为 Fe_2N 和 Li_2NH。图 5.11（a）示出了 Li_2NH 及一系列 Fe 基催化剂在纯氨气气氛中的氨分解催化活性。从图中可以看出，Li_2NH 在 500℃以下未表现出明显的氨分解催化活性，而氮化铁（Fe_2N）在温度高于 400℃时即开始显现出少量的氨分解活性，且氨分解速率随着温度的升高而增加，525℃时氨分解速率为 $4.2kg_{NH_3}/(kg_{cat}\cdot h)$。将 Fe 分散在碳纳米管表面（Fe/CNTs）可以显著提高氨分解活性，氨分解起点温度可降低至 450℃，525℃时氨分解速率为 $8.4kg_{NH_3}/(kg_{cat}\cdot h)$。而 Li_2NH-Fe_2N 氨分解的起点温度显著降低（325℃），525℃时氨分解速率可以达到 $20.1kg_{NH_3}/(kg_{cat}\cdot h)$。动力学分析结果显示，$Li_2NH$-$Fe_2N$ 上氨分解反应的表观活化能（E_a）为 50.3kJ/mol[图 5.11（b）]，较 Fe_2N（181kJ/mol）均有大幅度降低，这反映了 Li_2NH 的加入显著降低了 Fe 催化剂的氨分解反应的动力学阻力，而其本质原因在于 Fe_2N 与 Li_2NH 之间的相互作用。

$$FeCl_3 + LiNH_2 \longrightarrow FeN_x + NH_3 + LiCl \qquad (5.11)$$

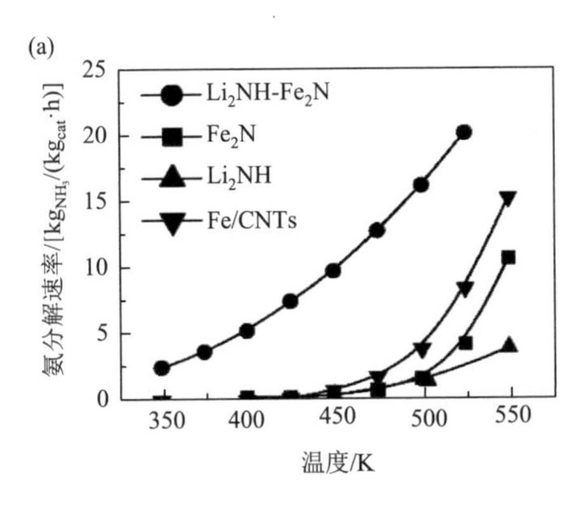

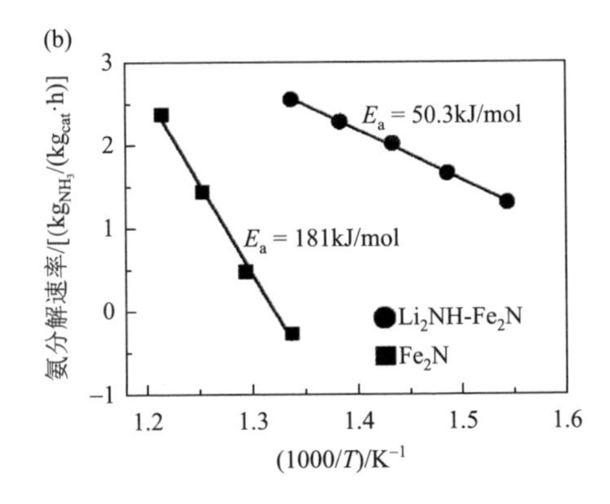

图 5.11　一系列 Fe 基催化剂及 Li_2NH 的氨分解速率（a）及表观活化能 E_a（b）

固定床石英反应器，反应条件：纯氨，空速 $60000mL_{NH_3}/(g_{cat}\cdot h)$

为了深入理解 Li_2NH 与 Fe_2N 之间的相互作用，结合 XRD、程序升温反应（TPR）、X 射线吸收精细结构谱（XAS）和稳态同位素瞬变动力学分析（SSITKA）等手段对催化剂活性相、过渡金属的化学状态与配位环境进行了研究（图 5.12）。研究发现 Fe_2N 及 Li_2NH 是反应条件下的活性相。程序升温-质谱联用实验结果显示 Li_2NH 和 Fe_2N 在 230℃以上即可发生反应，释放出 H_2，表明二者可发生氧化还原反应，其中 Li_2NH 是氧化剂[图 5.12（a）]。X 射线吸收近边结构（XANES）结果表明固体产物为 Li 的三元金属氮化物，即 Li_3FeN_2[图 5.12（b）]。因此，在高于 230℃时，Li_2NH 和 FeN 之间可以发生如式（5.12）的反应。Makepeace 等[72]采用原位中子衍射技术对 Li_2NH-$Fe_{3-x}N$ 复合物在氩气气氛升温过程中的物相变化也进行了研究，证实了三元氮化物 Li_3FeN_2 的生成。而 Li_3FeN_2 在室温条件下即能够和 NH_3 发生反应生成 $LiNH_2$ 和一无定形的 Fe 物种，X 射线吸收近边结构结果表明该无定形铁物种为富氮的氮化铁物种[图 5.12（b）]。Li_3FeN_2 加氨后固体产物的程序升温结果表明，该样品加热到 80℃时开始放出 N_2[图 5.12（a）]；收集 230℃后的固体产物并进行 XRD 表征，发现物相为 Li_2NH 和 Fe_2N。这些实验结果说明了 Li_3FeN_2 可与 NH_3 发生如式（5.13）的反应。结合式（5.12）和式（5.13）可得出氨分解反应。

R1：
$$1/2Fe_2N + 3/2Li_2NH \longrightarrow Li_3FeN_2 + 3/4H_2 \tag{5.12}$$

R2：
$$Li_3FeN_2 + 2NH_3 \longrightarrow 3LiNH_2 + FeN \longrightarrow 1/2Fe_2N + 3/2Li_2NH + 1/4N_2 + 3/2NH_3 \tag{5.13}$$

稳态同位素瞬变动力学分析通常可以给出原位反应条件下催化剂上反应物种的浓度和寿命等与反应机制相关的信息。图 5.12（d）给出了当反应物从 $^{14}NH_3$ 切换到 $^{15}NH_3$ 时，Li_2NH-Fe_2N 与对照样品 Ru/CNTs 催化剂上氮气同位素信号（$^{14}N^{14}N$、$^{14}N^{15}N$ 及 $^{15}N^{15}N$）的响应曲线。在该反应条件下，二者的氨转化率保持一致（5%）。从图中可以看出，Ru/CNTs 上的 $^{14}N^{14}N$ 信号，在 2.5min 内即迅速降回至基线，而 Li_2NH-Fe_2N 催化剂上 $^{14}N^{14}N$ 信号在 5min 后才回到基线。Ru/CNTs 催化剂上 $^{14}N^{15}N$ 信号在 15min 内降至基线，而 Li_2NH-Fe_2N 上 $^{14}N^{15}N$ 信号 15min 后仍然占氮气组分的 20%左右。而对于 $^{15}N^{15}N$ 信号，Li_2NH-Fe_2N 催化剂上其增长速度明显低于对照催化剂。氮气同位素信号在上述两个催化剂上的差异表明了 Li_2NH-Fe_2N 复合催化剂表面甚至体相中的 N 物种在较长的反应时间内都在参与氨分解反应。而当反应物从 NH_3 切换到 ND_3 时，也观察到类似的现象[图 5.12（c）]，即 Li_2NH-Fe_2N 复合催化剂表面甚至体相中的 H 都参与了氨分解反应。

以上实验证据显示 Li_2NH 很可能通过式（5.12）和式（5.13）两步反应不断消耗和再生，作为“共催化剂”（co-catalyst）催化氨分解反应；而表界面三元金

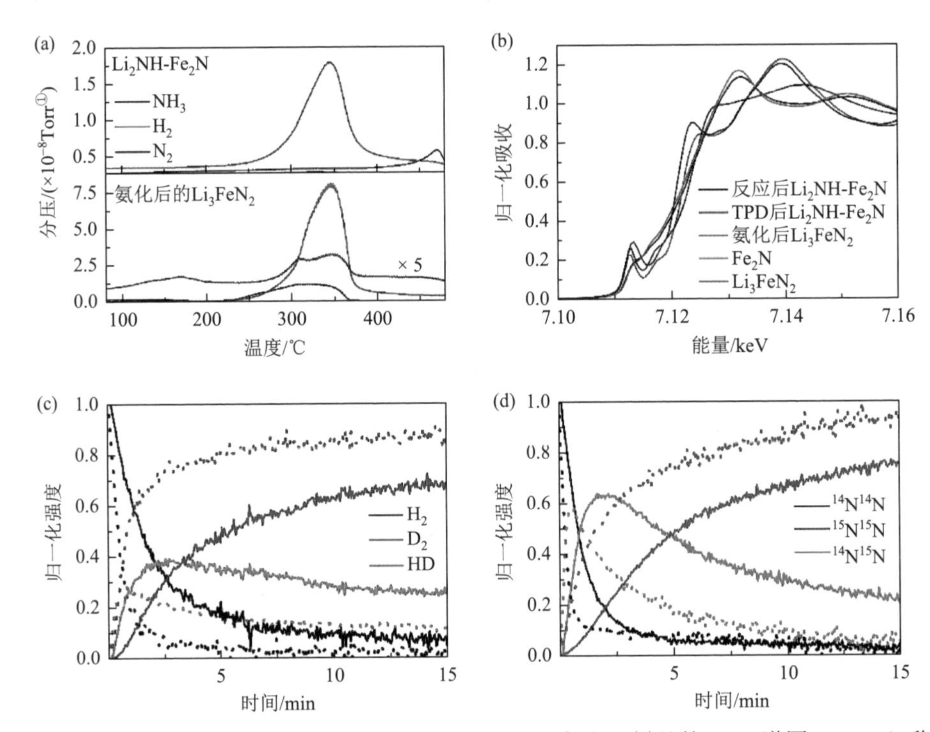

图 5.12 （a）Li_2NH 与 Fe_2N 的相互作用研究；（b）一系列 Fe 样品的 XAS 谱图；（c，d）稳态同位素瞬变动力学分析（虚线为 Ru/CNT 对照催化剂；实线为 Li_2NH-Fe_2N 催化剂）[61]

属氮化物物种的生成可能是影响其催化活性的重要因素。在常规过渡金属表面，目前较为普遍接受的观点是 NH_3 分子在表面吸附后，发生逐步脱氢反应生成 NH_x（$x=0$～2）物种，随后 NH_x 物种或 H 物种分别发生结合脱附生成 N_2 或 H_2，其中 N 物种的结合脱附及/或 NH_3 中第一个 N—H 键的断裂可能是动力学较慢的步骤[35]。而在 Li_2NH-Fe_2N 催化剂上，二者的界面处可能生成[Li-N-Fe]物种，而 NH_3 分子可能通过与 Li^+和/或 $Fe^{\delta+}$的静电或配位作用吸附在[Li-N-Fe]位上，这不同于洁净金属铁或氮化铁表面。尽管关于 NH_3 在三元氮化物表面吸附解离的微观过程尚不清楚，但实验结果显示 Li_3FeN_2 在较低温度条件下即可与 NH_3 反应释放出 N_2，可以推测在[Li-N-Fe]上 N 物种的结合脱附速率大大加快了，从而加速了氨分解的反应速率。

对 Li_2NH-Fe_2N 催化剂反应机制的认识，为进一步开发新型氨分解催化剂提供了新的思路。可以设想，如果 Li_2NH 与过渡金属或氮化物可以发生反应生成相应的三元金属氮化物（LiTMN）和 H_2（此反应标识为 R1），而三元氮化物又能与 NH_3 发生反应生成 N_2、Li_2NH 和金属或金属氮化物（此反应标识为 R2），因此可以构成氨分解反应的化学循环。三元氮化物的稳定性可作为判断其氨分解催化活

① 1Torr = 133.3223684Pa。

性高低的依据。定性来看，若三元金属氮化物过于稳定，则反应 R1 将很容易进行，但反应 R2 的进行将可能较为困难；而若三元金属氮化物难以生成，则反应 R1 将很难进行，总的反应速率也会很低。通过选择 R1 和 R2 的热力学较为适中的 TM(N)及三元金属氮化物，有可能获得具有较高氨分解活性的催化剂。根据这一思路，Guo 等考察了 Li_2NH 与不同 3d 过渡金属或氮化物的相互作用，从而筛选出性能优异的氨分解催化剂。经过调研发现，除 Fe 外，3d 过渡金属，如 Ti、V、Cr、Mn、Co、Ni 和 Cu 均存在相应较为稳定的、富氮的、含锂的三元氮化物[73]，将这些过渡金属与 Li_2NH 复合，或能发现更加高效的氨分解催化剂。

根据已知化合物的热力学数据，可以估算 Li_2NH 与 3d 过渡金属或其氮化物（Sc 和 Zn 除外）进行 R1 和 R2 的吉布斯自由能（ΔG_{R1}和ΔG_{R2}，按每摩尔 LiTMN 计算）随温度的变化趋势（图 5.13）。由图可见，①在 450℃以下，除 V 外，其他 3d 过渡金属，如 Ti、Cr、Mn、Fe、Co、Ni、Cu 或其氮化物的 R1 为$\Delta G>0$ 的反应，而 R2 为$\Delta G<0$ 的反应。考虑到计算时 NH_3、H_2 和 N_2 的气体分压均为 1bar，尽管 R1 的$\Delta G>0$，但当 H_2 或 N_2 分压小于 1bar 时，R1 的ΔG 会减小。②Li_2NH 与 3d 过渡金属，如 Ti、V、Cr、Mn、Fe、Co、Ni、Cu 或其氮化物形成的复合催化剂在合适的反应条件下均有可能发生 R1 和 R2 反应，从而表现出一定的氨分解催化活性。③Cr、Mn、Fe、Ti 在 550℃以下，反应 R1 和 R2 有可能发生，因而可能具有较好的氨分解催化活性。

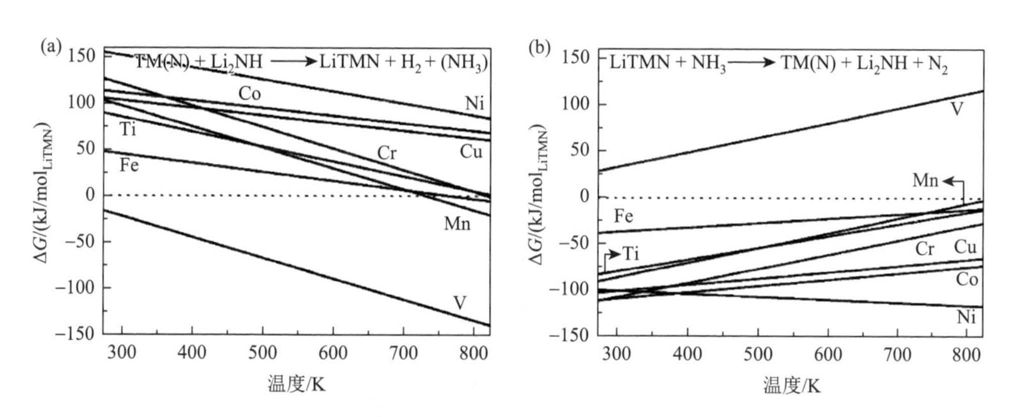

图 5.13　3d 过渡金属或其氮化物上发生 R1（a）和 R2（b）反应的热力学估算

NH_3、H_2 和 N_2 的气体分压均为 1bar。计算过程中未考虑固体熵贡献[61]

为验证这一催化剂设计思路，Guo 等考察了 Li_2NH 与一系列 3d 过渡金属形成复合物的氨分解催化活性。图 5.14 示出了 500℃纯氨反应条件下，单纯的 3d 过渡金属或其氮化物以及含 Li_2NH 催化剂（记为 Li_2NH-TM）的氨分解速率。从图中可以看出，3d 金属 Ti、V、Cr、Mn、Cu 的氨分解活性极低，这也是这些金属长期以来并未引起研究者关注的原因。早在 1957 年，Lotz 和 Sebba 系统地考察了一系列 3d 过渡金属氮化物（从 TiN 到 Ni_3N）的氨分解活性，发现 Cr、Mn 的氨分解反应的表观活化能均高于 120kJ/mol，催化活性较低[74]。随后，关于二者的氨分解反应研究鲜有报道。随着 3d 电子数的增加，Fe 和 Co 的活性逐渐增加，到 Ni 时活性达到最高值，随后 Cu 的活性则显著降低，从而表现出一火山型曲线。此结果与文献报道一致[75]，因而长期以来 Ni 基催化剂受到研究者的广泛关注。从图 5.14 可以看出，Li_2NH 的加入大幅提高了 3d 金属的氨分解活性，尤其是周期表中位于 Fe 左侧的元素。如 Li_2NH 的加入使得 Co、Ni 的氨分解活性提高了 2～3 倍，却使得 Cr、Mn 的活性提高了 1～2 个数量级。在一系列 Li_2NH-TM 催化剂中，Li_2NH-MnN 表现出了最高的活性。在 500℃和空速 60000mL$_{NH_3}$/(g_{cat}·h) 反应条件下，Li_2NH-MnN 的氨分解活性较单纯的 MnN 提高了约 40 倍，甚至可与文献报道的高活性的 Ru/CNTs 相媲美[43]。Li_2NH-CrN、Li_2NH-Fe_2N 及 Li_2NH-Co 的氨分解活性则较为接近，这一活性趋势显著不同于不含 Li_2NH 的 3d 过渡金属系列。Li_2NH 这一显著效应得到了其他研究者的进一步实验验证，如 Bramwell 等报道 400℃时 $LiNH_2$/Li_2NH 的加入使得 Ni/C 的氨转化率从 19%提高至 53%[71]。Nørskov 等在研究合成氨催化剂中碱金属助剂的促进作用时，认为在相同的反应条件下，助剂的添加不会改变火山型曲线的形状[76]，合成氨实验结果也证实了这一点。然而在 Li_2NH-TM(N)体系中，Li_2NH 的加入对火山型曲线的形状产生了显著的影响，也从侧面显示了该体系的氨分解反应机制不同于常规碱金属促进的过渡金属或氮化物催化剂体系的反应机制。

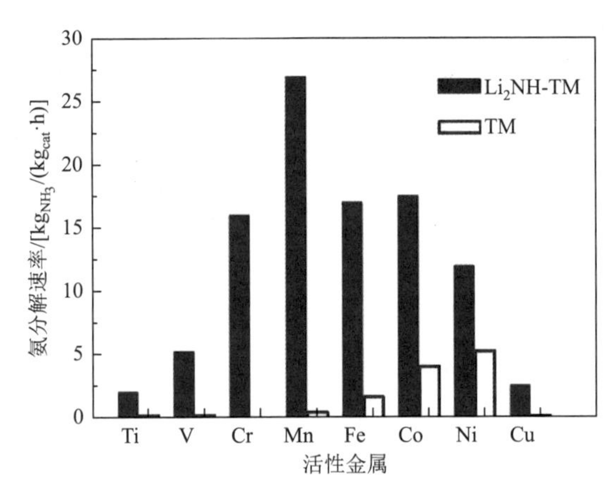

图 5.14　3d TM 及 Li_2NH-TM 的氨分解速率[68]

反应条件：500℃，空速 60000mL$_{NH_3}$/(g_{cat}·h)

除 3d 过渡金属外，$LiNH_2/Li_2NH$ 的加入也可显著提高贵金属 Ru 的氨分解催化性能。如 325℃时，$LiNH_2$-Ru/MgO 催化剂的氨分解活性较 Ru/MgO 提高了 13 倍，且优于 K^+促进的 Ru/MgO 催化剂[77]。与 3d 过渡金属不同，$LiNH_2/Li_2NH$ 与 Ru 未形成热力学稳定的三元金属氮化物（Li-N-Ru），因而 $LiNH_2/Li_2NH$ 与 Ru 的协同催化机制应不同于 Li_2NH-TM(N)复合体系。研究表明，Li^+的存在可能是稳定了 Ru 表面 NH_2 和 NH 物种（即 Li-NH_2 和 Li_2-NH，而不是 Li-N 物种），随后，这些 NH_x 物种之间发生耦合反应生成 H_2、N_2 及 Li_2NH。这一反应路径可能具有较低的反应能垒[77]。除 $LiNH_2/Li_2NH$ 外，其他碱（土）金属（亚）氨基化合物，如 $NaNH_2$、KNH_2、$RbNH_2$、CaNH、$Ca(NH_2)_2$、$Ba(NH_2)_2$ 等与过渡金属形成的复合氨分解催化剂也得到了进一步的研究[26, 31, 67, 78]。如 CaNH 的加入使得氮化锰的氨分解活性提高了一个数量级，而相同反应条件下 CaO 对氮化锰的促进效应则不显著[78]。将 Ru 纳米颗粒负载在 $Ba(NH_2)_2$、$Ca(NH_2)_2$ 载体表面，也表现出了良好的氨分解活性[31, 79]。将 $NaNH_2$、KNH_2 引入碳材料的纳米孔道中，使得 Ru 及 Ni 的氨分解反应表观活化能降低 20～30kJ/mol[80]。这一系列研究结果显示碱（土）金属（亚）氨基化合物在催化氨分解反应中有较大的发展潜力。

然而，碱（土）金属（亚）氨基化合物作为催化剂组分在实际应用过程中也存在着一些问题，如这些材料对水和氧气非常敏感，同时部分氨基化合物的熔点较低，这造成催化剂的稳定性不佳，为其实际应用带来了较大的挑战。此外，催化剂的合成也受到合成方法的制约。如何制备高活性、高稳定性的过渡金属-氨基化合物复合催化剂仍需要更多的研究工作。

5.4　碱（土）金属氢化物与氨的催化合成

5.4.1　合成氨反应概述

氨分解反应的逆反应，即合成氨反应具有更为重要的科学研究意义以及工业应用价值，Haber-Bosch 合成氨过程更是被誉为 20 世纪人类最伟大的发明之一[81]。从 1913 年世界上第一座合成氨装置投产以来，合成氨工业已历经百年，所涉及的 Fe 基催化剂及工艺流程得到了系统优化；直到 1992 年，第二代以贵金属 Ru 为催化剂的凯洛格（kellogg advanced ammonia process，KAAP）合成氨工艺得以实现商业化运行，但其反应条件仍然非常苛刻（350～500℃，50～300bar）。尽管以氮气和氢气为原料的合成氨反应在常温常压下是热力学可行的，但其动力学阻力巨大。为了解释这种热力学与动力学“矛盾”的根源，并使得这一过程更加高效，“温和条件下氨的合成”是化学工作者不懈探索的研究课题[4]。这一研究课题极大地推动了现代催化科学、表面科学、配位化学、固氮酶化学等相关学科的发展。一个世纪以来，人们借助动力学分析、同位素示踪、原位谱学表征、表面科学及理论计算等多种手段，对过渡金属上合成氨过程的微观反应机制进行了广泛而深入的研究，这些研究成果为低温高效合成氨催化剂的设计和开发提供了许多非常重要的启示。

目前对于过渡金属催化的合成氨反应机制已比较清楚。Ertl 等采用现代表面科学技术手段详细考察了金属铁表面 N_2、H_2、NH_3 的吸附以及中间物种的生成与转化过程，构建了铁表面合成氨反应的位能图，从原子层面上较为清晰地揭示了该反应的微观历程[82]。目前普遍接受的观点是，N_2 和 H_2 在过渡金属表面分别发生吸附和解离生成 N 原子（N_{ad}）和 H 原子（H_{ad}），随后 N 原子逐步发生加氢反应生成 $NH_{x,\,ad}$（$x = 0\sim3$）物种，最后 NH_3 从催化剂表面脱附。其中 N_2 分子的解离化学吸附通常被认为是合成氨反应的速控步骤。不过在低温条件下，氮原子的加氢（$N_{ad} + H_{ad} \longrightarrow NH_{ad}$）也可能成为速控步骤[82]。但也有学者认为，在添加助剂的情况下，氢助分子态氮的解离（$N_2H_{ad} \longrightarrow N_{ad} + NH_{ad}$ 或 $N_2H_{2ad} \longrightarrow NH_{ad}$）可能是反应速控步骤，即缔合式氢助机制[83]。

关于过渡金属上合成氨反应的活性中心本质，基于许多实验事实及理论计算，研究人员也提出了较为合理的模型。与氨分解反应一样，合成氨反应也是结构敏感反应。目前一般认为，过渡金属上 N_2 的活性位点由相邻的多个金属原子组成，如金属 Fe 的活性位点由 7 个相邻的 Fe 原子构成（C7 位，图 5.15）[84]，Ru 的活性位点则由位于台阶处的 5 个相邻 Ru 原子构成（即 B5 位，图 5.15）[85]。根据 Wulff 规则，尺寸为 2nm 的 Ru 纳米颗粒具有最多的 B5 位，因而将具有较高的合成氨催化活性，小于 1nm 的 Ru 颗粒则基本无催化活性[86]。随着纳米催化化学的发展，这一认识在近期受到了一些新的研究结果的挑战，如根据文献报道金属有机框架材料（MIL-101）负载的 Ru 亚纳米团簇（约 1nm）的合成氨催化活性优于 Ru 粒径为 2～4nm 的 Ru/MgO 或 Ru/AC，作者认为其较高活性的原因是 Ru 团簇的结构不同于 Wulff 结构，表面发生重构生成了较多 B5 活

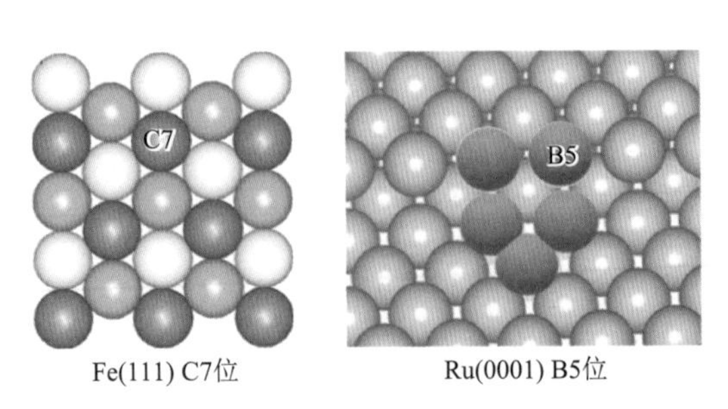

图 5.15　Fe C7 位及 Ru B5 位的结构模型

性位[87]。尺寸更小的团簇物种有可能难以实施 N≡N 键的断裂，在这种情况下，缔合式氢助解离式合成氨路径似乎是可能的。理论计算结果表明，在 $Fe_3/\theta\text{-}Al_2O_3$ 以及 Rh_1Co_3/CoO（011）表面团簇上，N_2 发生直接解离的能垒较高，因而更易于加氢生成 N_2H 物种[88, 89]。

相较于传统 Fe 基催化剂，Ru 基合成氨催化剂具有低温、低压、高活性等优势，因而是目前研究最多的活性金属。研究人员从活性金属、载体、助剂、制备方法等方面对 Ru 基催化剂进行了广泛而深入的研究。尤其是在载体方面，开发了氧化物、氮化硼、碳材料、无机电子化物（inorganic electride）、氧氢化物（oxyhydride）等一系列载体[90-97]。碳材料因具有较大的比表面积、良好的电导能力、丰富的表面官能团等特征，作为合成氨催化剂载体得到了较多的关注[93, 98-101]。近期，理论计算结果显示碳纳米管作为载体时在合成氨反应中表现出显著的限域效应[94]。位于碳纳米管腔内的过渡金属的 d 带中心下移，削弱了 N_2 的解离吸附，致使催化反应的火山型曲线向高结合能的方向偏移。目前工业用 Ru 基合成氨催化剂采用的载体是经过高温预处理的一种石墨化碳材料，具有很好的稳定性。但对于活性炭等其他碳材料载体而言，合成氨气气氛下的甲烷化反应仍是制约其工业应用的难题。而采用氧化物作载体则可避免这一问题。目前研究较多的氧化物包括碱土金属氧化物、稀土金属氧化物、复合氧化物等。Aika 等考察了在 400℃、0.8bar 反应条件下，不同氧化物负载的 Ru 催化剂的合成氨性能，发现活性顺序是：$MgO > CaO > Al_2O_3 > Nb_2O_5 \approx TiO_2$[102]，其中 MgO 具有较强的表面碱性，被认为是有效的合成氨及氨分解反应载体而得到了较多的关注[54, 90]。近期研究发现，稀土氧化物如 CeO_2[97, 103, 104]、La_2O_3[103, 105]、Pr_2O_3[106]、$La_{0.5}Ce_{0.5}O_{1.75}$[105]、$La_{0.5}Pr_{0.5}O_{1.75}$[107]等负载的 Ru 催化剂的活性要显著优于 Ru/MgO 催化剂，其可能的原因是稀土氧化物经高温还原后生成的低价态物种与 Ru 之间存在较强的金属-载体相互作用，增加了 Ru 的电子密度而有助于 N_2 的吸附活化。Hosono 等近期报道了一类无机电子化物（如 C12A7：e^-、Y_5Si_3、Ca_2N：e^-等）负载的 Ru 催化剂[96, 108, 109]。这类电子化物具有与碱金属类似的较低的功函，可将电子传递至 Ru 的 d 轨道，继而反馈到 N_2 分子的反键轨道，从而加速了 N≡N 键的断裂以及氨的生成。此外，活化的 H 原子被认为可溢流到载体上而形成负氢物种（H^-），从而使得 Ru 催化剂上常见的氢中毒现象得到一定程度的抑制。Kageyama 等报道了 TiH_2、BaTiOH 及其负载的 Ru、Co 和 Fe 催化剂在合成氨反应中表现出独特的性质。当 $BaTiO_3$ 载体中的 O^{2-}部分被 H^-取代形成氧氢化物后（$BaTiO_{3-x}H_x$），其负载的 Ru、Fe 和 Co 催化剂较未取代的催化剂分别提高了约 4 倍、70 倍和 400 倍[110, 111]。将 H^-引入稀土氧化物（氧化钐、氧化钆）载体中，可使得 Ru 合成氨催化活性得到进一步提高，如 400℃和 50bar 时，Ru/GdHO 的合成氨速率可达 $168 mmol_{NH_3}/(g \cdot h)$，较 Cs-Ru/MgO 提高了约 70 倍[112]。尽管在催化剂方面取得了许多新的进展，如何实现温和条件下氨的催化合成仍是一项极具挑战性的研究课题。

合成氨研究领域另一非常重要的进展是催化剂表面吸附物种的吸附能间线性相关规律的发现[113]。基于理论计算和微观动力学模拟，Nørskov 等揭示了过渡金属表面吸附的 NH_x($x = 0, 1, 2$)物种的吸附能与反应过渡态能垒间的对应关系[113]，即基元反应的反应能垒（如 N_2 的解离吸附能垒 $E_{N—N}$）与反应中间物种 NH_x 的吸附能（E_{NH_x}）之间以及 E_{NH_x} 之间存在着能量线性相关关系[式(5.14)和式(5.15)，图 5.16（a）]。

$$E_{N—N} = aE_N + b \tag{5.14}$$

$$E_{NH_x} = cE_N + d \tag{5.15}$$

式中，a、b、c 和 d 均为常数。

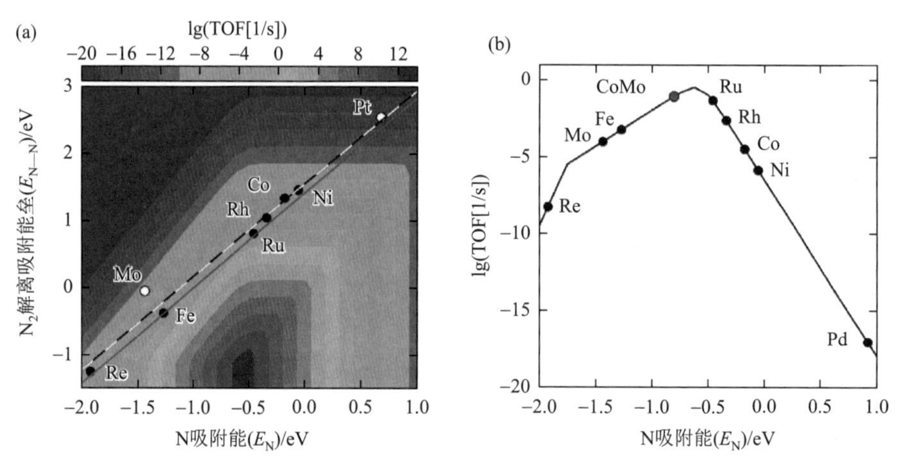

图 5.16　（a）过渡金属表面 N 的吸附能（E_N）和 N_2 解离吸附能垒（$E_{N—N}$）之间的线性相关关系；（b）部分过渡金属合成氨活性的火山型曲线[114]

具体而言，当过渡金属表面具有较强的吸附 N 原子能力（即 E_N 值较负）时，N_2 分子解离吸附的能垒（$E_{N—N}$）就会较低，反之亦然。这两种线性关系的揭示可以较为合理地解释过渡金属合成氨活性的火山型曲线[图 5.16（b）]，即前过渡金属，如 Mo、Re 等因具有较强的 N 吸附能，N_2 分子解离活化能较低，但同时吸附 N 原子过于稳定，难以继续加氢成氨，因而合成氨活性较低；而后过渡金属如 Ni、Pd 等的 N 吸附能较弱，因而 N_2 解离活化能较高，合成氨活性也较低；只有那些具有较为适中 N 吸附能的金属或金属合金，如 Fe、Ru、CoMo 才表现出较好的合成氨催化性能。这一规律所传递出来的另一更为重要的信息是，由单一过渡金属构成的催化剂表面无法同时降低 N_2 解离活化能垒和削弱 NH_x 物种的吸附能，而这恰恰是实现低温高效合成氨的必要条件[115]。因而，只有设法避开或打破过渡金属上吸附物种间的能量对应关系，才有可能实现温和条件下氨的高效合成[115]。这一规律的发现为研究者寻找和开发高效合成氨催化剂及过程指明了方向。

而如何避开过渡金属上的能量对应关系已成为合成氨以及其他重要催化过程研究中的前沿课题[114]。针对这一问题，研究人员作了一些有益的尝试。通过对活性金属的组成、结构、反应微环境等的调变，都有可能在一定程度上改变原有金属的表面性质，从而避开原有过渡金属上的能量关系。如 Nørskov 等通过理论计算，认为工业催化剂中常常加入的碱金属电子助剂的本质是改变过渡金属上吸附物种间的能量关系，使得催化剂在稳定 N 物种、降低 N_2 解离活化能的同时，削弱了 NH、NH_2 等物种的吸附能，从而加快了 NH_3 的生成速率[114]。在合成氨过程中施加等离子体场作用，可以使本征活性较差的后过渡金属（如 Au、Ag、Pt、Pd 等）的产氨速率大幅度提高（图 5.17），表明了等离子体在促进作用下改变了过渡金属表面吸附物种间的能量关系[116, 117]。向过渡金属中加入第二非过渡金属组分，如氢化锂（LiH）等，形成双活性中心，使 N_2 的活化解离、N 物种加氢产氨分别发生在过渡金属及氢化物上，也是改变过渡金属吸附物种吸附能关系的策略之一（详见 5.4.2 节）。

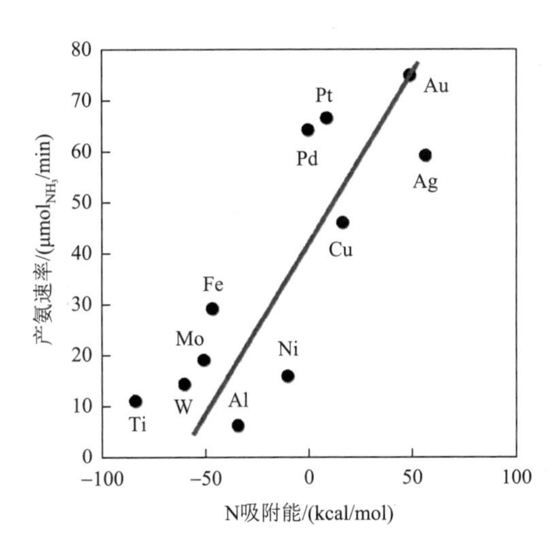

图 5.17　一系列金属上等离子体协同催化的产氨速率与 N 吸附能的关系[116]

在 5.3 节中，详细介绍了碱（土）金属（亚）氨基化合物在氨分解反应中的应用。根据微观可逆原理，一个好的氨分解催化剂也可能是一个好的合成氨催化剂。氨基化合物-过渡金属复合氨分解催化剂在催化氨分解反应中表现出独特的催化性能，那么其在合成氨反应中的行为如何呢？由于在合成氨反应中，氢气分压较高，金属氨基化合物在反应条件下大多转化为相应的氢化物（表 5.1），故而在本章节中，将探讨碱（土）金属氢化物在催化合成氨反应中的应用。

5.4.2 碱（土）金属氢化物与过渡金属协同催化的合成氨

由于碱（土）金属（亚）氨基化合物，如 $LiNH_2$ 在合成氨气氛（N_2-H_2）中会转变为 LiH（表 5.1），前面所述的氨基化物-过渡金属复合氨分解催化剂相应地将转变为氢化物和过渡金属的复合物。此外，为避免（亚）氨基化合物中的氮对合成氨活性测试的干扰，直接合成由过渡金属与氢化物组成的催化剂是非常必要的。以过渡金属氯化物与过量的 LiH 反应可获得粒径相对较小的过渡金属纳米颗粒与 LiH 形成的复合催化剂。

图 5.18（a）是采用这种方法合成的 TM-LiH 复合催化剂及 Ru/MgO 参比催化剂的产氨速率。从图中可以看出，在 150～350℃内，Cr、Mn、Fe 和 Co 分别与 LiH 复合后催化剂的产氨速率均显著高于 Ru/MgO，而 V-LiH、Ni-LiH 的活性虽然低于参比样品，却显示出催化合成氨反应的能力。如图 5.18（b）所示，单纯的 3d 过渡金属如 V、Cr、Mn、Fe、Co、Ni 或其氮化物（记为 3d TM）的合成氨活性很低，除 Fe 外，其他金属在 300℃和 10bar 的反应条件下采用电导率仪均未检测到 NH_3 的生成。而 LiH 的加入使得 3d 过渡金属的合成氨活性提高了 1～4 个数量级[118]，其中 Fe-LiH 和 Co-LiH 在 150℃的低温条件即可检测到 NH_3 的生成[产氨速率分别为 69 $\mu mol_{NH_3}/(g\cdot h)$ 和 56$\mu mol_{NH_3}/(g\cdot h)$]。需要指出的是，V、Cr、Mn 等过渡金属作为合成氨催化剂，长期以来并未受到研究者的广泛关注，究其原因在于前述的过渡金属上吸附物种的能量关系。简言之，在洁净的金属表面，V、Cr、Mn 等具有较强的 N 吸附能，因而 N_2 解离较为容易，甚至形成体相氮化物，而表面 N 物种难以与 H_2 反应而加氢产氨，因而催化活性很低。而 LiH 的加入使得 Cr-LiH、Mn-LiH 的合成氨催化活性与 Fe-LiH、Co-LiH 相当，甚至优于现有的 Ru 基催化剂。根据文献报道，Cs 促进的 Ru 催化剂（Cs-Ru/MgO）是目前活性最高的可作为参比的合成氨催化剂之一[102]，而 Cr-LiH 和 Mn-LiH 在 300℃和 10bar 下的催化活性可达 Cs-Ru/MgO 的 2～3 倍，在 250℃时则高出一个数量级[图 5.18（c）]。需要指出的是，LiH 的存在使得 Cr、Mn、Fe、Co 的催化活性趋于相近，这与单独的 3d 过渡金属催化剂上存在的火山型活性曲线有显著不同，表明 LiH 的引入使得催化剂的催化活性不再仅仅依赖于过渡金属的电子性质，而是与 LiH 密切相关。而这种独特的活性趋势暗示了 LiH 的加入可能在很大程度上干扰了单一过渡金属上反应物种的吸附能间的能量对应关系。

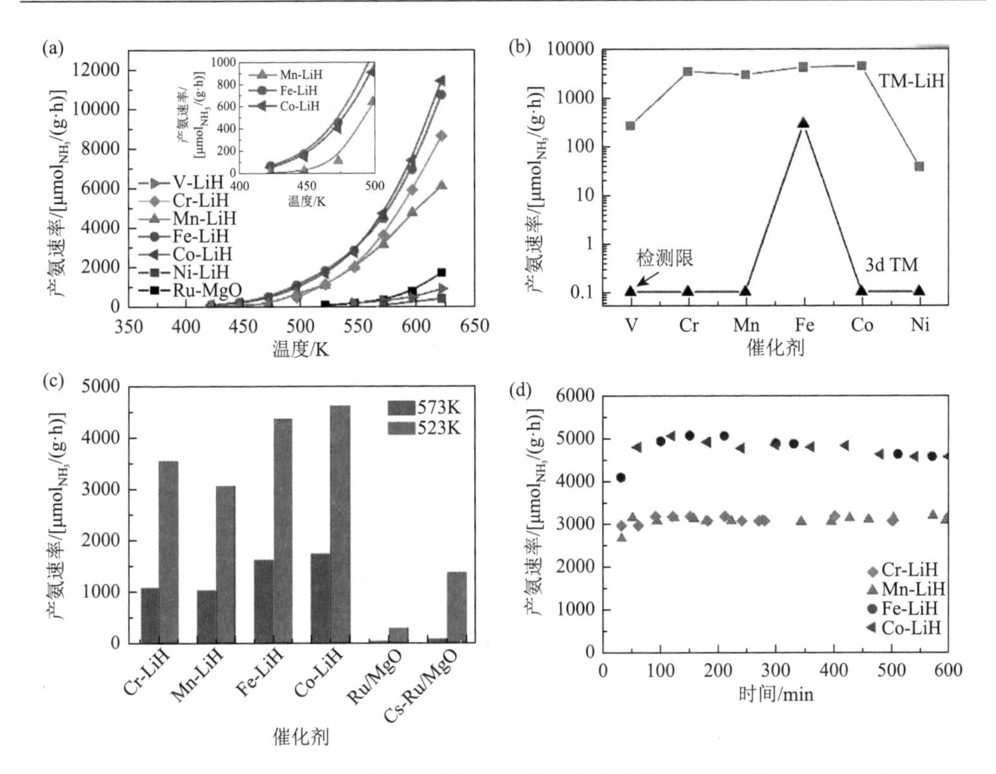

图5.18 （a）TM-LiH及Ru/MgO的产氨速率随温度的变化曲线；（b）300℃时3d TM及TM-LiH产氨速率的对比；（c）Cr-LiH、Mn-LiH、Fe-LiH、Co-LiH与Ru催化剂产氨速率的对比；（d）稳定性测试[118]

LiH自身在该反应条件下的合成氨催化活性可忽略不计，在与过渡金属复合后催化剂活性大幅度提高的本质原因很可能是过渡金属与LiH之间的协同作用。考察TM-LiH与N_2、H_2的相互作用，有助于揭示LiH在合成氨催化中所扮演的角色。此外，与Fe、Cr、Co相比，Mn具有更为丰富的氮化物物相（如MnN、Mn_3N_2、Mn_2N、Mn_4N等），考察Mn在合成氨反应气氛中的物相变化，可能更有助于揭示过渡金属与LiH的相互作用。接下来，将以Mn-LiH为例，重点讨论其与N_2的相互作用，并在此基础上提出可能的合成氨催化反应机制。

为了考察Mn-LiH与N_2的相互作用，首先研究了Mn-LiH在N_2中焙烧后的物相变化。从图5.19的（a）和（b）可以看出，Mn-LiH在N_2中275℃焙烧可以生成氮化锰（Mn_2N）以及$LiNH_2/Li_2NH$，表明N_2在Mn-LiH上实现了N≡N键的断裂以及Mn—N键、N—H键、Li—N键的生成。在相同反应条件下，单纯的LiH却无法实施N_2的活化解离，如图5.19（b）所示，在LiH上未检测到N—H键的生成。这一实验事实表明了N_2的活化位点应与Mn相关，一种可能的情形是N_2在Mn表面发生吸附和解离生成表面N物种，这是不难理解的，因为Mn具有较高的 N 吸附能[119]；另一种可能的情形也是值得考虑的，即在 Mn 与 LiH 的界面处发生 N_2 的活化。从漫反射傅里叶红外光谱（DRIFTS）结果来看，与 N_2 反应后，在不同的 TM-LiH 样品上均检测到了类似的 NH_x 物种，其中 3258cm^{-1} 和 3312cm^{-1} 可归属为 $LiNH_2$ 中 N—H 伸缩振动，而 3178cm^{-1} 归属为 Li_2NH 中 N—H 的伸缩振动，显示了这些 NH_x 物种与 Li 原子发生了键合（记为[Li-N-H]），并且受过渡金属的影响不大。这一结论在 H_2-TPR 实验中得到了进一步的佐证。如图 5.19（c）所示，H_2-TPR 实验结果显示加氮后的 Mn-LiH 样品（其产物记为 Mn-[Li-N-H]）在 200～400℃内释放出 NH_3，这说明在前述的漫反射傅里叶红外实验中观测到的 NH_x 物种可以和 H_2 反应释放出 NH_3，且放氨行为与 $LiNH_2$ 十分类似。这一结果表明了 Mn 的存在对 NH_x 物种的加氢产氨过程影响较小。同时也发现 Fe、Co、Cr 等不同的过渡金属对加氢产氨速率的影响并不显著，这一点印证了上面的红外光谱结果。如果 N_2 的解离发生在 Mn 表面，那么[Li-N-H]物种的生成将涉及 N 物种从过渡金属上迁移（溢流）至 LiH 上。为验证这一设想，将相对富氮的 Mn_2N 与 LiH 球磨后在惰性氩气流中作程序升温反应，可明显看到产物中有 H_2 放出，收集 300℃反应后的样品进行 XRD 表征，发现生成了贫氮的 Mn_4N 相[图 5.19（a）]。这一结果表明 LiH 具有强的还原性，可与 Mn_2N 发生氧化还原反应，从而将表面和晶格中的 N 原子移除，同时生成[Li-N-H]物种。同理可知，在真实催化反应条件下，在过渡金属表面活化后产生的 N 原子有可能被 LiH 及时移除，形成[Li-N-H]，之后经过加氢生成氨，再生 LiH。基于这些实验证据，提出如图 5.19（d）所示的合成氨反应机制[式（5.16）～式（5.18）]。即 N_2 在过渡金属表面发生解离生成吸附 N 原子，随后 N 原子在 LiH 的作用下转移至 LiH 上生成[Li-N-H]物种，最后，[Li-N-H]物种加氢产氨并再生 LiH，完成催化循环。在这一机制中，过渡金属和 LiH 均作为催化剂的活性组分协同催化合成氨反应，即构成双活性中心。如何理解 LiH 的加入大幅度提高过渡金属合成氨活性的事实呢？这可以从以下两个方面进行理解。一方面，LiH 具有强的还原性，可以及时移除金属表面的 N 物种。Scholten 等在单促进的铁催化剂上发现 N_2 解离活化能随着表面 N 物种覆盖度的提高而增加[120]。该实验现象可从 d 带理论得到解释。根据 d 带理论，随着表面 N 覆盖度的提高，金属表面的 d 带中心下移，从而削弱了过渡金属与 N_2 分子间的电子转移程度，从而导致 N_2 解离活化能的提高。而 LiH 的存在可将金属表面的 N 物种移除，使得金属表面保持低的氮含量，从而使得 N_2 的解离活化能较低，这从实验测得的表观活化能（50～60kJ/mol）低于大多数合成氨催化剂这一事实即可得到验证。另一方面，双中心催化剂上，N_2 和 H_2 的吸附分别发生在不同的活性位上，即 N_2 吸附在过渡金属上，而 H_2 在[Li-N-H]上吸附并发生异裂生成 NH_3 和 LiH，从而在一定程度上削弱了 N_2 和 H_2 的竞争吸附问题，也是此类材料具有较好合成氨催化活性的可能原因之一。综上所述，由于 LiH 的存在，N、NH 和 NH_2 等物种分别吸附在不同的活性中心上，从而使得吸附物种的吸附能不再受控于单一的过渡金属，也就避开了过渡金属上的能量限制关系的限制，使得氨的合成可以在较为温和的条件下实现。

$$N_2 + 2^* \longrightarrow 2N^* \tag{5.16}$$

$$N^* + LiH \longrightarrow * + [LiNH] \tag{5.17}$$

$$[LiNH] + H_2 \longrightarrow LiH + NH_3 \tag{5.18}$$

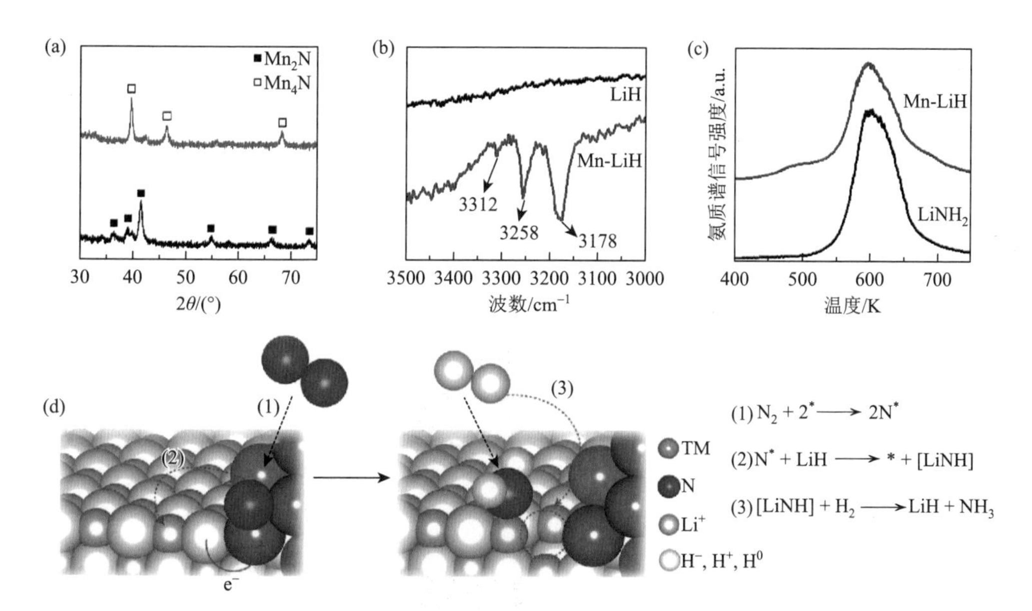

图 5.19　（a）Mn_2N-LiH 及 Mn_2N-LiH 加热至 275℃后样品的 XRD 谱图；（b）LiH 和 Mn-LiH 在 N_2 中加热至 275℃后样品的 IR 谱图；（c）在 N_2 中加热至 275℃后 Mn-LiH 样品及 $LiNH_2$ 的 H_2-TPR 谱图；（d）可能的 TM-LiH 双中心催化剂的合成氨作用机制[118]

在常规的多相合成氨催化剂上，N_2 的解离化学吸附通常被认为是反应的速控步骤。LiH 的存在是否直接参与过渡金属上 N_2 的活化呢？TM-LiH 复合催化剂上氮的活化和转移转化的微观机制如何呢？以上基于催化剂相结构变化的实验证据还无法回答这些微观机制问题，而 TM-LiH 催化剂由于化学性质活泼而不易进行样品转移和相关原位谱学表征。原子团簇具有制备可控、可重复、结构明确等特点，结合质谱、光电子能谱、红外光解离光谱等实验手段以及量子化学计算，可以考察反应物分子在原子团簇上的吸附与转化过程，从而获得团簇的几何结构与电子结构、反应通道、反应速率、反应中间体以及反应机制等重要信息，进而为理性设计和开发高效催化剂提供有益的启示。作者利用团簇质谱与光谱联用实验装置，以 Fe-LiH 复合催化剂为研究对象考察了 Fe 与 LiH 的相互作用[121]。图 5.20（a）是 Fe-LiH 样品表面在氦气中进行激光溅射形成的气相团簇物种，其中，质荷比（m/z）为 90 和 97 的两种团簇物种的强度最高，其化学组成可推测为$[Li_4FeH_6]^-$和$[Li_5FeH_6]^-$。通过对这两种负离子团簇进行光电子能谱表征，可得到二者的垂直电离能（VDE）分别为 1.22eV 和 1.63eV[图 5.20（b）]。结合密度泛函理论计算，可得到这两个团簇的结构，如图 5.20（b）所示。除了质荷比为 90 和 97 的团簇外，还可以看到很多其他三元氢化物物种，如$[(Li_4FeH_6)(LiH)_3]^-$，$[(Li_5FeH_6)(LiH)_3]^-$等。分析该氢化物团簇的结构，可以发现单一的中心 Fe 原子与周围多个 H^-离子配位，形成$[FeH_x]$配合物物种，而 Li^+通过静电诱导作用稳定$[FeH_x]$物种。事实上，由 Fe、LiH 和 H_2 反应生成 Li_4FeH_6 物相的反应[式（5.19）]可以在超高压实验中实施[122]。虽然在合成氨反应条件下催化剂的活性相中并未观察到三元氢化物，但上述这些团簇物种的产生表明 Fe 与 LiH 在界面处存在较强的相互作用。

$$Fe + 4LiH + H_2 \rightleftharpoons Li_4FeH_6 \quad \Delta H = -54kJ/mol \tag{5.19}$$

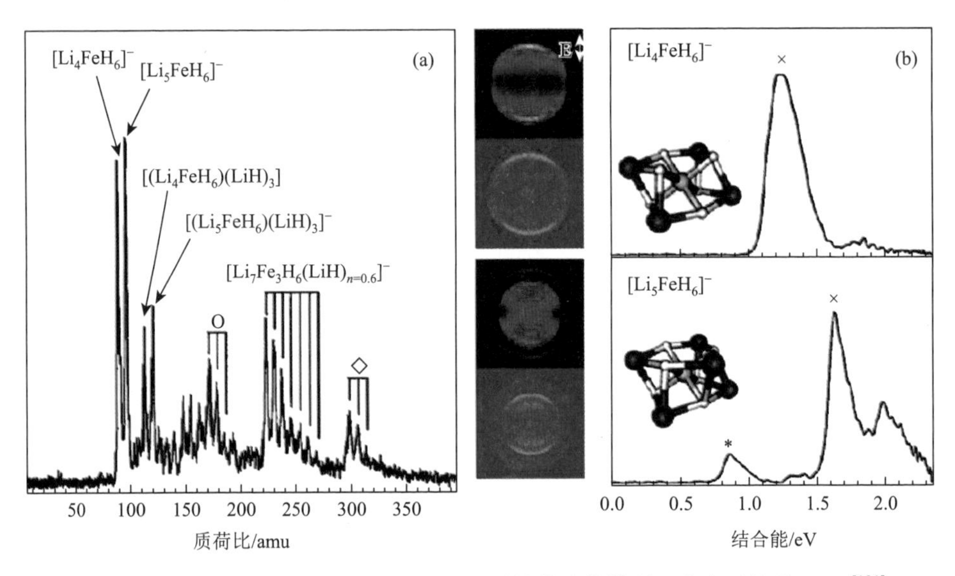

图 5.20 Fe-LiH 团簇质谱图（a）及部分团簇的结构模型、光电子能谱（b）[121]

这些三元氢化物团簇与 N_2 会发生相互作用吗？接下来作者考察了 Fe-LiH 复合催化剂在氮气气氛下生成的团簇类型，得到了与 He 气中截然不同的团簇物种(图 5.21)。从图上可以看出，在质谱中检测到的团簇主要有：$FeNH_2{\cdot}[(LiNH_2)_2H_2]^-$，$FeNH_2{\cdot}Li{\cdot}[(LiNH_2)_2H_2]^-$以及 $Li_5FeH_6{\cdot}[(LiNH_2)_2H_2]^-$等。从这些团簇组成及结构可以看出，Fe-LiH 复合催化剂与 N_2 反应生成了含有[Fe-(NH_2)-Li]和[LiNH_2]的物种，实现了对 N_2 的解离、部分加氢及向 Li 的转移。在[Fe-(NH_2)-Li]团簇结构中，NH_2 同时与 Fe 和 Li 成键，这种结构很可能是氮转移过程中 Fe-LiH 两相界面上形成的中间状态。同时，三元氢化物中与 Fe 结合带负电荷的氢则转化为与 N 结合带正电荷的氢，完成了两电子转移。这些基于团簇反应的研究结果暗示了在 Fe-LiH 表（界）面形成的[Li-Fe-H]很可能是 N_2 分子的催化活性中心，而 N_2 的活化机制则有可能从传统 Fe 基催化剂 C7 位上进行的均裂过程转变为“氢助解离”机制。

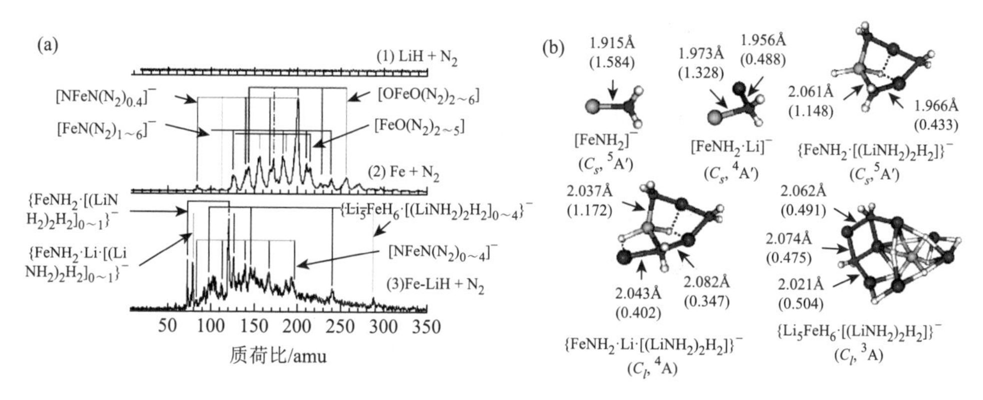

图 5.21　LiH、Fe 及 Li-Fe-H 与 N_2 反应后产物团簇质谱图（a）及部分产物团簇的结构模型（b）[121]

LiH 在合成氨反应中展现出非常独特的作用，这一研究结果很自然地引导我们去思考，除 LiH 外，其他碱（土）金属氢化物的存在对过渡金属的合成氨催化性能的影响如何呢？接下来仍以 Mn 为例进行介绍。

与 Fe、Co、Ru 等活性金属相比，关于 Mn 合成氨催化剂的研究要少得多。在合成氨研究早期，Mittasch 曾考察过 Mn 的合成氨活性，发现在 550℃和 100bar 的反应条件下，单纯的 Mn 具有催化合成氨的能力，但其催化活性低于 Fe、Os、Mo 等金属，而且容易被氧化，因而后续并未得到进一步研究[123]。如图 5.22 所示，在相对温和的条件下，如 10bar、空速 60000mL/(g·h)和 300℃，Mn_4N 的本征合成氨催化活性事实上非常低。为了便于对比不同碱（土）金属氢化物在合成氨反应中的作用，通过简单的机械球磨向 Mn_4N 中引入碱（土）金属氢化物。如图 5.22 所示，不同氢化物的加入可将 Mn_4N 的催化活性提高 1～3 个数量级，如 Mn_4N-LiH 和 Mn_4N-BaH_2 的产氨速率分别为 $2250\mu mol_{NH_3}/(g\cdot h)$ 和 $1320\mu mol_{NH_3}/(g\cdot h)$，相同条件下，高活性的 Cs-Ru/MgO 的产氨速率为 $1386\mu mol_{NH_3}/(g\cdot h)$。对比不同碱（土）金属氢化物与 Mn_4N 形成的复合物，可以看出其合成氨活性顺序为 Mn_4N-LiH＞Mn_4N-BaH_2＞Mn_4N-KH＞Mn_4N-CaH_2＞Mn_4N-NaH＞Mn_4N。在常规合成氨催化剂中，通常需加入碱（土）金属的氧化物或氢氧化物作为助剂来提高活性金属的催化活性，通常认为碱（土）金属的促进效应与其电负性密切相关，即碱（土）金属的电负性越小，则其对过渡金属的促进效应越强。然而，在 Mn_4N-AH 催化剂体系中，碱（土）金属氢化物对 Mn_4N 合成氨活性的顺序显著不同于碱（土）金属（氢）氧化物助剂。如何理解这一现象呢？

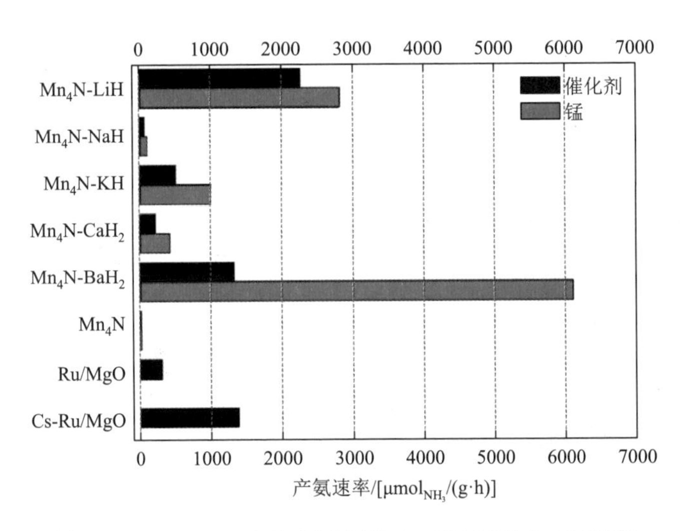

图 5.22　Mn_4N-AH 催化剂及部分 Ru 催化剂的合成氨活性

反应条件：300℃，10bar，空速 60000mL/(g·h)[24]

根据前述的合成氨反应机制[式（5.16）～式（5.18）]，TM-AH 的合成氨催化活性与 N_2 解离、N 转移及加氢产氨各分步骤的反应速率密切相关。对不同的碱（土）金属氢化物对 N_2 活化、N 转移、NH 物种加氢产氨三个分步骤反应速率的影响分别进行研究和对比，可对不同的活性顺序这一现象提供可能的解释。图 5.23（a）示出了不同 Mn_4N-AH 在 N_2 气流中的热重（TG）曲线，可以看出，加热至 400℃时 Mn_4N 自身的增重量可忽略不计，说明尽管 Mn_4N 与 N_2 反应生成 Mn_2N 的反应是热力学可行的[式（5.20）]，但其动力学阻力较大。而 Mn_4N-LiH、Mn_4N-CaH_2 和 Mn_4N-BaH_2 上则出现明显的增重，说明这些氢化物的存在可以显著加速 N_2 的活化解离及“固定”。XRD 表征证实了 Mn_4N-LiH 加氮后生成了 Mn_2N。以每克 Mn 计算，Mn_4N-AH 的增重量由大到小的顺序为 BaH_2＞LiH＞CaH_2。而 NaH、KH 对 Mn_4N 的固氮量影响很小。关于氢化物对 Mn_2N 上 N 转移速率的影响，可从富氮的 Mn_2N 与 AH 混合物的 TPD 结果得到一些信息。如图 5.23（b）所示，Mn_2N-LiH、Mn_2N-CaH_2 和 Mn_2N-BaH_2 在 40℃时即可释放出 H_2，表明这些氢化物均可还原 Mn_2N 生成 N 含量较少的氮化物，

同时自身被氧化为 H_2 以及（亚）氨基化合物。Mn_2N-NaH 或 Mn_2N-KH 的放氢行为则与单纯的 NaH 或 KH 接近，说明在氩气气氛中，NaH 和 KH 不能将 N 原子从 Mn_2N 上移除。而在 H_2 气氛中，除 Mn_2N-CaH_2 外，其余氢化物的存在均能降低 Mn_2N 加氢产氨温度[图 5.23（c）]，这可能是由于 N 转移后生成的 CaNH 难以加氢产氨。结合以上实验证据，可以部分解释碱（土）金属氢化物与氧化物或氢氧化物不同的促进效应这一现象。其中，LiH 和 BaH_2 可以促进 N_2 固定、N 转移及加氢产氨速率，CaH_2 虽然可以加快固氮及 N 转移速率，但加氢产氨速率极慢，NaH、KH 可以加速加氢产氨速率但无法加速固氮及 N 转移过程，因而在所研究的碱（土）金属氢化物中，LiH 和 BaH_2 的加入对于 Mn_4N 的合成氨催化性能提高最为显著。

$$2Mn_4N + N_2 \longrightarrow 4Mn_2N \quad \Delta H_{298K} = -114.6kJ/mol \qquad (5.20)$$

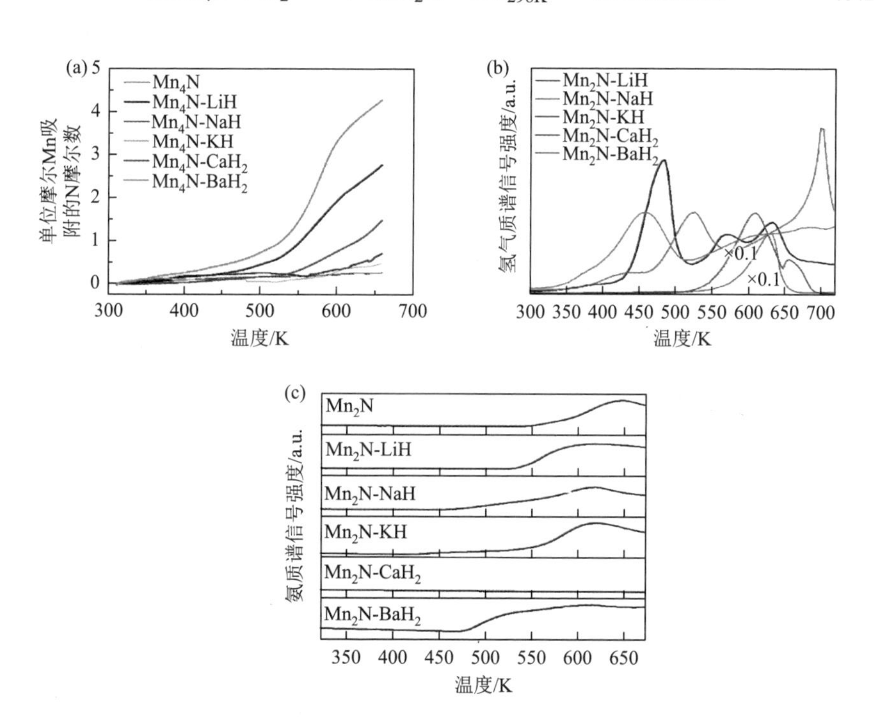

图 5.23　（a）N_2 气氛中 Mn_4N 及 Mn_4N-AH 复合物的 TG 曲线；（b）Mn_2N-AH 在程序升温过程中产生的 H_2 信号；（c）Mn_2N 及 Mn_2N-AH 样品的 H_2-TPR 过程中的产氨信号[124]

TM-AH 催化剂的活性相及其动力学行为（表观活化能、速控步骤等）强烈依赖于温度、空速等反应条件，这是区别于常规合成氨催化剂的又一特征。图 5.24（a）示出了 Mn-LiH 催化剂在总压为 10bar，空速为 60000mL/(g·h)，不同反应温度下的合成氨活性。Mn-LiH 催化的合成氨反应的起始温度约为 150℃，此时的产氨速率为 8μmol$_{NH_3}$/(g·h)，随着反应温度的升高，其活性逐渐增加。图 5.24（b）示出了该催化剂在 150～400℃内的 Arrhenius 曲线，该曲线在 275℃附近存在一个明显的拐点，275℃以下测得的表观活化能为 86.1kJ/mol，275℃以上表观活化能则大幅降至 49.8kJ/mol。这一动力学现象暗示了在 150～275℃和 275～400℃内，Mn-LiH 催化剂的反应机制可能不同。Hosono 等在 Ru/C12A7：e$^-$催化剂上也观察到了类似的现象，拐点温度在 320℃[125]。作者分别考察了 Mn-LiH 在两个温度区间内的 N_2 反应级数[图 5.24（c）]。在低温区（如 225℃），$\gamma(N_2) = 1.6$，同时考虑到较高的表观活化能，推测 N_2 的解离活化很可能是合成氨反应的速控步骤。XRD 测试结果表明此时催化剂的相组成为 Mn_4N 和 LiH（图 5.25）。而在高温区（如 300℃），$\gamma(N_2) = 0.07$，如此小的 N_2 级数表明了在此反应条件下，N_2 的解离吸附已经不再是速控步骤，N 转移或加氢产氨步骤将成为动力学慢步骤。此时，催化剂相组成为 Mn_2N 和 Li_2NH，Mn_4N 已全部氮化为 Mn_2N，而 Li_2NH 物种的累积也暗示了 Li-N-H 的加氢产氨为高温区反应的速控步骤。

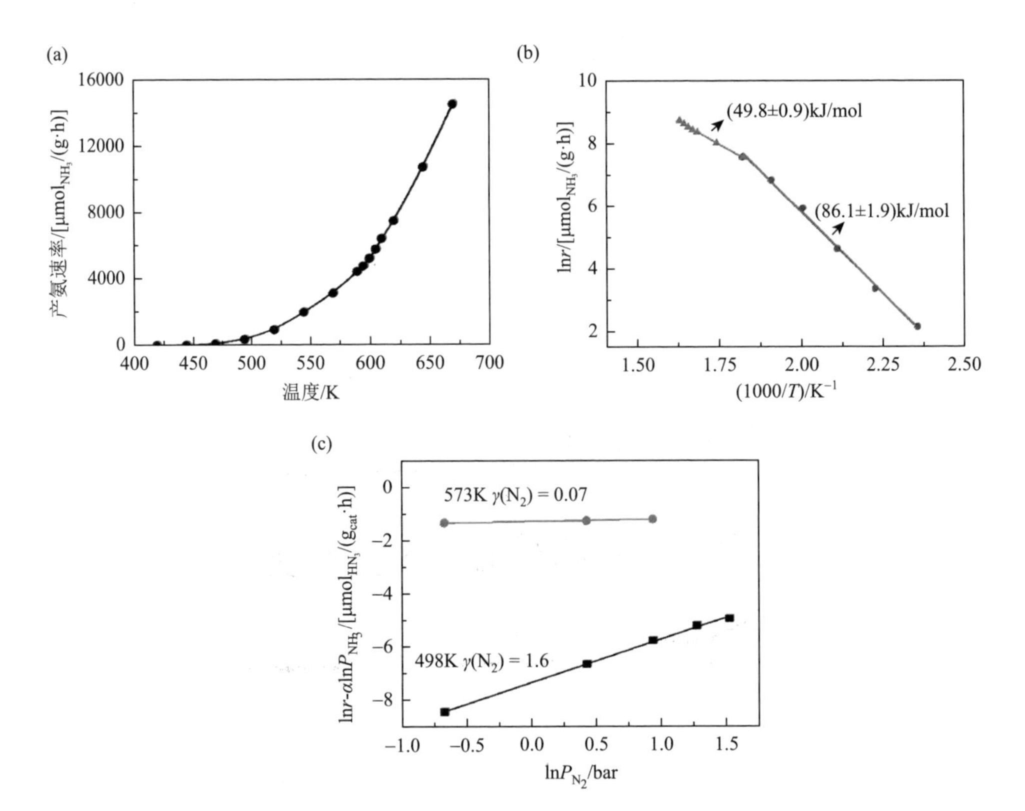

图 5.24 （a）Mn-LiH 催化剂在总压为 10bar、空速为 60000mL/(g·h)、不同温度反应条件下的合成氨活性；（b）150～400℃内的 Arrhenius 曲线；（c）Mn-LiH 在 225℃和 300℃的 N_2 反应级数[124]

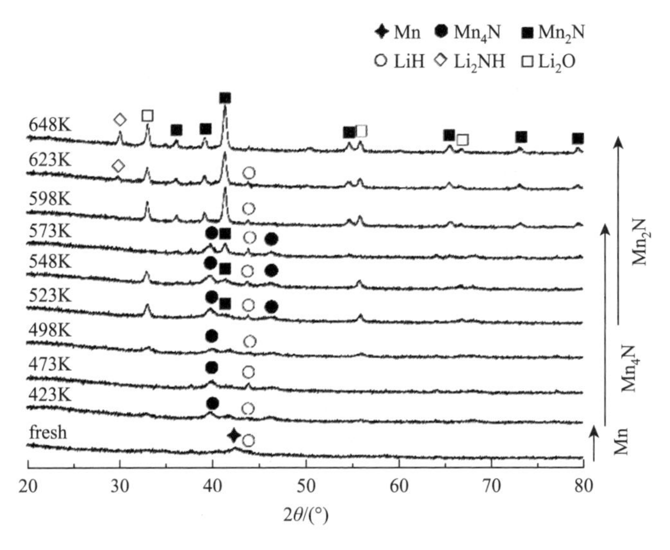

图 5.25 Mn-LiH 催化剂在不同温度反应后样品的 XRD 谱图[124]

除温度外，空速也是影响 Mn-LiH 催化剂的合成氨反应动力学的重要因素。图5.26示出了不同空速条件下Mn-LiH催化剂上的产氨速率及反应后样品的XRD谱图。从图中可以看出，高空速条件下[空速 360000mL/(g·h)]，催化剂相组成为 Mn_4N 和 LiH，未检测到较高氮含量的 Mn_2N 相和 $LiNH_2$、Li_2NH 物相，似乎表明了在高空速反应条件下氮转移和加氢步骤较快，Mn_4N 上的氮活化为高空速时

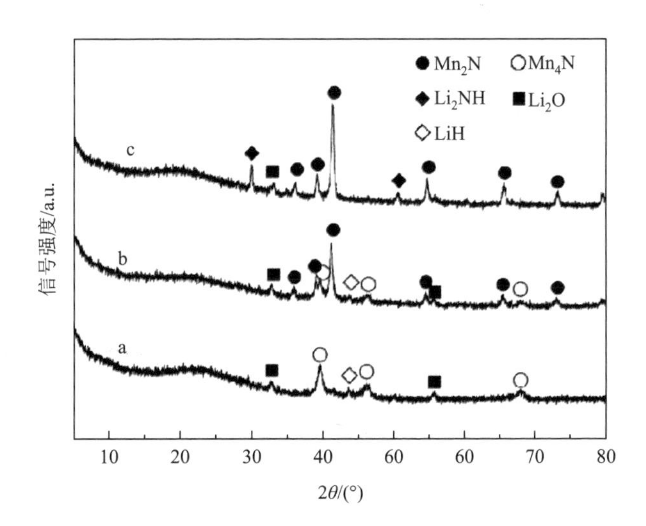

图 5.26 Mn-LiH 催化剂在不同空速条件下[a. 空速 360000mL/(g_{cat}·h)；b. 空速 60000mL/(g_{cat}·h)，c. 空速 20000mL/(g_{cat}·h)]收集样品的 XRD 谱图[124]

反应条件：300℃，压力 10bar

反应的速控步骤；随着反应空速的降低，NH_3 分压逐渐升高，Mn 的氮化程度也逐渐增加；空速为 60000mL/(g·h)时，部分 Mn_4N 被氮化至 Mn_2N；空速进一步降至 20000mL/(g·h)时，Mn_4N 则被完全氮化为 Mn_2N，LiH 相全部转化为 $Li_2NH/LiNH_2$ 相，$Li_2NH/LiNH_2$ 相的出现表明 Li-N-H 加氢产氨可能成为低空速时合成氨反应的速控步骤。

除 Mn 以外，碱（土）金属氢化物对其他过渡金属的合成氨催化活性也有显著的促进效应。当 BaH_2 与金属 Co 复合后，也表现出很好的合成氨催化活性[126]。如图 5.27 所示，BaH_2-Co/CNTs 在 150℃的低温条件下即表现出氨合成活性，350℃时的产氨速率达到 $11.5mmol_{NH_3}/(g_{cat}\cdot h)$，较参比的 BaO-Co/CNTs 催化剂提高了约 30 倍，300℃时其产氨速率则是 Cs-Ru/MgO 的 2.5 倍。其反应机制可能与 TM-LiH 类似，即 Co 与 BaH_2 也可能作为双活性中心实施氨的合成。值得一提的是，在研究 BaH_2 与金属 Co 的相互作用时，Gao 等意外发现 BaH_2 自身在 300℃以上可以和 N_2 反应生成 BaNH 相（图 5.28），这一发现直接导致了后续的基于碱（土）金属氢化物的化学链合成氨过程（5.5 节）。

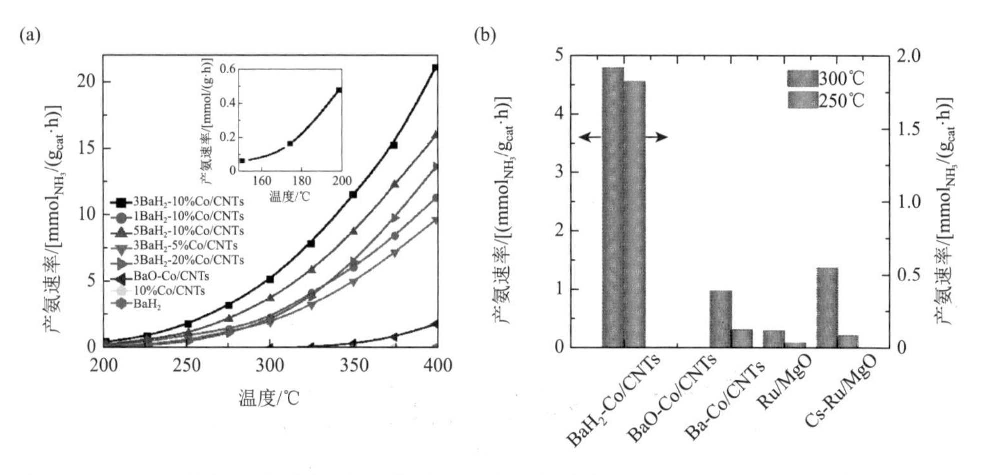

图 5.27 （a）一系列 Co 基催化剂在不同温度下的产氨速率；（b）BaH_2-Co/CNTs 催化剂与文献报道的 Co、Ru 催化剂产氨速率的对比[126]

Hosono 等报道了 Ca_2NH 及 CaH_2 负载的 Ru 催化剂表现出良好的合成氨催化性能，作者认为在合成氨反应条件下载体表面产生了 H^-空位，使其功函从 2.8eV（Ca_2NH）和 4.0eV（CaH_2）降至 2.3eV（理论计算值），成为电子化物，从而使得电子可以较为容易地传递给 Ru，继而反馈到 N_2 分子的反键轨道[127]。碱（土）金属氢化物除了可作为共催化剂、载体以外，还可以作为原料合成一类氧氢化合物（oxyhydride）。如通过高温加热 CaH_2 和 $BaTiO_3$ 的混合物可得到 $BaTiO_{2.5}H_{0.5}$。而含 H^-的 $BaTiO_{2.5}H_{0.5}$ 不仅表现出一定的合成氨活性[110]，也可作为载体用于催化

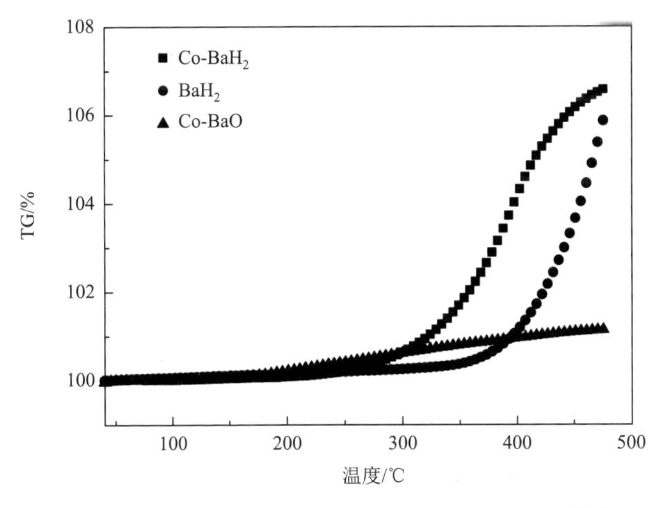

图 5.28　BaH$_2$、Co-BaH$_2$ 及 Co-BaO 的 N_2-TG 曲线[126]

合成氨反应。相较于 $BaTiO_3$ 载体，$BaTiO_{2.5}H_{0.5}$ 负载的 Fe、Co 的活性可提高 70～400 倍[111]。近期，研究者又将 H^- 引入稀土氧化物中，形成 LnHO、SmHO、$BaCeO_{3-x}N_yH_z$ 等氧氢化物，并将其作为载体负载 Ru 金属，也取得了较高的合成氨活性[112, 128]。表 5.2 对比了近期文献报道的含氢化物催化剂的合成氨性能及动力学参数。

表 5.2　目前文献报道的含氢化物催化剂的合成氨性能及部分动力学参数

催化剂	T/℃	P/bar	空速/[mL/(g·h)]	r_{NH_3}/[$mmol_{NH_3}$/(g_{cat}·h)]	E_a/(kJ/mol)	参考文献
Fe-LiH	300	10	60000	4.432	46.5	[118]
Co-LiH	300	10	60000	4.7	52.1	[118]
Cr-LiH	300	10	60000	3.6	63.6	[118]
Mn-LiH	300	10	60000	3.12	50.6	[118]
Mn_4N-NaH	300	10	60000	0.07	98.1	[124]
Mn_4N-KH	300	10	60000	0.509	93.9	[124]
Mn_4N-CaH_2	300	10	60000	0.224	163.8	[124]
Mn_4N-BaH_2	300	10	60000	1.323	128.9	[124]
BaH_2-Co/CNTs	300	10	60000	4.8	58	[126]
Ru/CaH_2	300	9	36000	2.549	51	[127]
Ru/C12A7 : e^-	300	9	36000	0.745	51	[96]
Ru/Ca_2N : e^-	300	9	36000	1.674	60	[127]
Ru/CaNH	300	9	36000	0.053	110	[127]
Ru/Ba-Ca$(NH_2)_2$	300	9	36000	23.3	59.4	[129]

续表

催化剂	T/℃	P/bar	空速/[mL/(g·h)]	r_{NH_3}/[mmol$_{NH_3}$/(g_{cat}·h)]	E_a/(kJ/mol)	参考文献
Co/Ba-Ca$(NH_2)_2$	300	9	36000	6.6	—	[129]
TiH_2	400	50	66000	1.5	71	[110]
Ru/$BaTiO_{2.5}H_{0.5}$	400	10	66000	7.5	83	[111]
Fe/$BaTiO_{2.4}H_{0.6}$	400	10	66000	6	72/54	[111]
Co/$BaTiO_{2.4}H_{0.6}$	400	10	66000	3	—	[111]
0.8wt%Ru/SmHO	400	50	—	50	—	[112]
0.8wt%Ru/GdHO	400	50	—	168	—	[112]
$BaCeO_{3-x}N_yH_z$	300	9	36000	0.5	72	[128]
Ru/$BaCeO_{3-x}N_yH_z$	300	9	36000	5	—	[128]
Fe/$BaCeO_{3-x}N_yH_z$	300	9	36000	1.6	46	[128]
Co/$BaCeO_{3-x}N_yH_z$	300	9	36000	2.3	50	[128]
Ru/$Ce_{0.5}La_{0.5}O_{1.75}$	350	10	72000	31.3	64	[105]
Ru/Pr_2O_3	310	9	18000	1.0	93	[106]
Cs-Ru/MgO	300	10	60000	1.38	—	[118]
Ru/MgO	300	10	60000	0.31	98.3	[118]

5.4.3　碱（土）金属的化学状态及其作用机制探讨

碱（土）金属氧化物或氢氧化物通常作为助催化剂，是合成氨催化剂必不可少的组分。助催化剂简称助剂，是指那些自身无催化活性或催化活性很低的物质，将其加入主催化剂后，可以使主催化剂的活性、选择性、稳定性等性能得以显著改善[130]。20 世纪初期，在开发第一代熔铁合成氨催化剂时，Mittasch 就已发现碱金属 K 等助剂的加入对于催化活性的提高非常必要[123]。如 1wt%～2wt% K 的加入就可以使得催化剂的活性提高 3 个数量级[131]。自熔铁氨合成催化剂开发以来，助剂已广泛应用于催化剂工业。在过去的一个世纪里，关于碱（土）金属助剂的作用已有大量的研究[130, 132, 133]，但关于这些助剂，特别是 K、Cs 和 Ba 的化学状态及其促进作用机制仍是多相催化研究中颇具争议的基础科学问题[83]。

关于合成氨催化剂中碱（土）金属助剂的化学状态，早期部分学者曾猜测 K 是以金属态形式存在的[134]，证据之一是 Fe 可以和 KOH 在高温下反应生成金属 K，但该反应实施的条件与合成氨反应条件并不相同。并且，在合成氨催化剂制备过程中，碱金属或碱土金属通常是以其硝酸盐、碳酸盐或氢氧化物的形式加入，因而普遍认为在合成氨反应条件下碱（土）金属原子应与氧原子键合。van Ommen

等[135]从热力学角度分析了不同含K的化合物，如金属K、KOH、K_2O、KH、KNH_2在合成氨气氛中的稳定性，指出KOH很可能是反应条件下较为稳定的物相，但同时也指出KOH与Fe和/或Al_2O_3之间可能也存在较强的相互作用。借助表面科学手段，Ertl等则认为K不以任何稳定的体相化合物形式存在，而是在金属Fe表面形成一层Fe-O-K表面物种[136]。近年来，原位透射电子显微镜（TEM）技术的发展为碱（土）金属助剂的研究提供了新的手段。Hansen等利用原位TEM技术考察了合成氨反应条件下（552℃，5.2mbar，N_2∶H_2 = 1∶3）Ba-Ru/BN催化剂的形貌变化[92]。他们发现Ba以两种形式存在：一种Ba物种是以（Ba + O）的形式分布在Ru金属表面，另一种则以BaO微晶的形式存在于Ru颗粒的边缘。Rossetti等利用原位X射线吸收技术考察了Cs促进的Ru/C催化剂在H_2气氛中Cs的化学状态，认为在合成氨反应条件下Cs可能以部分还原的形式存在[137]。受限于目前的表征手段，尤其是原位探测技术，碱（土）金属的化学状态仍不十分清楚，这为理解其作用机制带来了极大的困难。因此，关于助剂的作用机制问题，同样存在着许多不同的观点。

按照作用机制的不同，助剂大致可以分为结构助剂和电子助剂。结构助剂的加入可以稳定或增加活性位的数量，或优先暴露某些高活性的晶面；而电子助剂的加入可以提高催化剂活性位的本征活性，即TOF（单位时间内单位活性位上转化反应物的个数）。在合成氨催化剂中，根据碱（土）金属的化学状态、活性金属以及载体种类的不同，人们对碱（土）金属的作用机制提出了多种不同的观点。

20世纪30年代，Emmett等通过物理吸附和化学吸附实验研究了助剂的作用，发现K_2O的加入量虽然很少，却覆盖了相当大的一部分铁表面，但是余下铁表面的比活性提高了，因而K_2O起的是电子助剂的作用[138]。X射线光电子能谱（XPS）结果证实，经活化后的工业合成氨催化剂K的表面浓度约为24%，而体相中K的含量仅为0.35%[139]。70年代前后，日本Tamaru[140, 141]和Ozaki等、Aika等[142, 143]开展了精彩的电子授受型合成氨催化剂的研究，他们将金属态的碱金属（Na、K、Rb、Cs）加入负载型过渡金属催化剂中，发现这类催化剂上氨合成温度可降低到100℃左右。Aika等进一步发现碱金属的促进作用与其电负性是相关的，其促进作用随着碱金属电负性的减小而增大，即Cs＞K＞Na[143]，因此他们认为碱金属具有较好的给电子能力，可以将电子传递给过渡金属，从而加快N_2的解离吸附，而该步骤被认为是合成氨反应的速控步骤。Ertl借助现代表面科学技术手段对Fe单晶表面K的作用机制进行了深入研究[82, 144]。实验结果发现，Fe(100)面上N_2解离化学吸附的初始黏附系数S_0随表面K浓度的增加而增加，Fe(100)表面的功函$\Delta\phi$则随着表面K浓度的增加而下降，表明电子从K转移至Fe表面。此外，Fe(100)表面K的存在使其附近吸附N_2分子的化学吸附热从约30kJ/mol增加至45kJ/mol，同时也降低了N_2分子解离的活化能。金属K的加入导致Fe与N_2分子的相互作用增强，这是由于当电子从 K 转移至 Fe 时，一方面加强了 Fe 与 N_2 的 σ_g 轨道的重叠，另一方面 Fe 的 d 电子转移至 N_2 的 π_g^*反键轨道，从而削弱了 N≡N 键。当 Fe 表面共吸附金属 K 和氧以后，则会降低 N_2 解离化学吸附速率[136]。Hinrichsen 等[145]发现，与不加促进剂的 Ru/MgO 相比，Cs 的加入可加快催化剂的 N_2 同位素交换速率及 N_2 化学吸附或 N 原子结合脱附速率。McClaine 和 Davis[146]采用同位素瞬态动力学分析（SSITKA）技术考察了在 330℃和 400℃、3bar 下 Cs-Ru/MgO 和 Ru/SiO_2 催化剂的本征催化活性，发现前者具有较高的氨合成催化活性，他们同样认为 Cs 的作用是降低了 N_2 解离的活化能。

与此观点不同，Somorjai 等[147-149]研究了合成氨高压反应条件下 K 的加入对 Fe 不同晶面的反应动力学的影响，发现 K 的加入使得 NH_3 的反应级数由 -0.60 ± 0.07 增大到 -0.35 ± 0.08，而 Fe(111)面上 H_2 的反应级数从 0.76 ± 0.09 降低至 0.44 ± 0.06，但表观活化能未发生明显变化，说明 K 的加入并未改变合成氨反应的基元步骤。K 对 N_2 活化解离的贡献仅为 30%，其主要作用是降低了 NH_3 在催化剂表面的化学吸附热（10kJ/mol），加快了产物 NH_3 的脱附，从而暴露出更多的活性位参与到催化反应中。

Spencer 在一篇精彩的评论性的文章[150]中同样质疑了 N_2 分子的解离吸附是合成氨反应的速控步骤以及 K 的促进作用本质是加速 N_2 的解离化学吸附的观点。其论据之一是有文献报道 K 的促进效应在高压反应条件下才显现出来[151]，因而他推测 N 的加氢步骤在一定条件下可能是速控步骤，而 K 的作用是加速了该反应步骤。Szmigiel 等[152]采用程序升温表面反应（TPSR）技术发现 Cs 的加入可以显著降低 Ru/MgO 表面吸附 N 原子加氢生成 NH_3 的温度。

Norskov 等从理论计算方面对碱金属助剂的促进作用进行了研究[76, 153]。他们认为碱金属助剂的促进作用本质上是一种静电作用。当电子从碱金属转移至过渡金属表面时会产生一个电偶极子。密度泛函理论计算结果表明，该偶极子与 Ru(0001)表面上吸附 N_2 分子的过渡态中间物种之间存在相互吸引的作用，从而降低了 N_2 解离吸附的活化能，同时也削弱了表面吸附 NH_x 物种的稳定性。需要指出的是，Norskov 等在计算过程中是以金属态碱金属为考察对象的。我国的蔡启瑞先生对这种观点持赞同态度，并进一步认为偶极-电荷相互作用有利于稳定高位能中间态 N_2H 物种[83]。

在考察碱（土）金属的作用机制时，与其相邻的阴离子是不应当被忽视的因素。例如，已知 KCl 对过渡金属的促进作用远远弱于 K—O。也有报道指出，当 K 或 Ba 与 F 在一起时，其促进效果优于氧化物助剂[154]。如前所述，当碱（土）金属以氢化物形式存在时，其作用效果及作用机制都不同于相应的氧化物或氢氧化物。究其根本原因，可能在于碱（土）金属化合物与过渡金属所形成的局部化学环境不同，由此造成表面吸附物种的吸附能不同。相应地，合成氨反应各基元步骤的活化能也会发生变化，最终影响了总包反应速率。对碱（土）金属相邻的阴离子进行调变，是值得关注的开发新型合成氨催化剂的策略之一。

与O或OH基团不同，碱土金属氢化物中与碱（土）金属阳离子直接键合的H物种具有易变的化合价（–1、0和+1），实验上也观察到了在合成氨反应条件下碱（土）金属氢化物、（亚）氨基化合物等物种之间的相互转化。这一特征使其有别于碱（土）金属氧化物或氢氧化物助剂。在碱（土）金属氢化物参与的合成氨反应中，碱（土）金属阳离子及氢物种均发挥着至关重要的作用。前面提到，单一过渡金属表面的合成氨催化效率受限于吸附物种间的能量对应关系，碱（土）金属氢化物的加入，使得表面吸附NH_x物种不再仅仅依赖于过渡金属的电子性质，更是受到碱（土）金属氢化物的强烈影响。一方面，碱（土）金属氢化物既可作为电子授体，又可作为氮的受体，通过与过渡金属（或氮化物）间的电子转移实现N原子从过渡金属表面转移至碱（土）金属，生成碱（土）金属-N-H物种，同时再生TM活性位，为N_2分子的吸附提供新的位点；随后，碱（土）金属-N-H物种加氢生成氨，并再生氢化物活性位。另一方面，基于团簇实验结果，过渡金属与氢化物的界面处可能生成[Li-H-Fe]等三元氢化物物种，而N_2分子有可能在这些物种上发生（直接或缔合式）解离吸附生成NH_x物种。由此可见，碱（土）金属氢化物与氧化物、氢氧化物在组成与功能上存在较大的差异，这种差异是导致二者不同催化效率及促进机制的本质原因。

5.5 碱（土）金属氢化物与化学链合成氨

5.5.1 化学链合成氨的研究进展

化学链（chemical looping）过程是将目标反应拆解为两个或多个分步反应，使各分步反应在不同的空间、时间或反应条件下分别进行，在此过程中，常常需要借助某种“反应载体”的反应和再生完成整个化学循环。化学链不同于催化过程，载体也不同于催化剂。二者形式上最大的区别在于催化过程中采用反应物共进料模式，而化学链过程则大多采取分步进料模式；在催化过程中，催化剂的相结构基本保持不变，而在化学链过程中，“反应载体”的结构组成在每一个步骤中都会发生变化。通过将合成氨反应拆解为固氮和（加氢或加水）产氨等分步骤，可对各步骤的最佳反应条件分别进行优化，从而改变催化过程中反应物种在活性中心上竞争吸附转化的化学状态，也可起到“干扰”反应物种吸附能量间的对应关系的作用[155]。化学链合成氨是当前合成氨研究领域的新动向。根据氢源的不同，化学链合成氨过程大致可分为以下两类。

1. 以水为氢源的 $N_2 + H_2O$ 的化学链合成氨（简称 H_2O-CL）

此过程通过金属与氧和氮的键合转换实施氨的合成[图 5.29（a）]。在此过程中，金属通过化合价的变化实现固氮及产氨反应。近期比较具有代表性的工作为 Steinfeld 等提出通过式（5.21）和式（5.22）两步反应实施的合成氨工艺。与 Haber-Bosch 合成氨过程相比，该工艺可在常压下进行，并且省去了高能耗的天然气或煤重整制氢环节。但从 Al_2O_3 到 AlN[式（5.21）]是强吸热反应，需要 1500℃的高温条件才能进行，这部分能量可通过太阳能聚热来提供[156, 157]。

$$\text{固氮：} Al_2O_3 + 3C + N_2 \longrightarrow 2AlN + 3CO \quad \Delta H^{\ominus}_{298K} = 708.1\text{kJ/mol} \tag{5.21}$$

$$\text{产氨：} 2AlN + 3H_2O \longrightarrow Al_2O_3 + 2NH_3 \quad \Delta H^{\ominus}_{298K} = -274.1\text{kJ/mol} \tag{5.22}$$

随后，Michalsky 等对以 AlN-Al_2O_3、Mo_2N-MoO_2、Cr-Cr_2N-Cr_2O_3、Mn-Mn_5N_2-MnO、Li-Li_3N-LiOH、Mg-Mg_3N_2-MgO[158-161]等为载氮体材料的化学链合成氨过程开展了较为系统的研究。然而，操作温度仍然很高（>1000℃），并伴有二氧化碳排放。Fe_2O_3[162]、TiO_2[163]等可作为催化剂在一定程度上改善 AlN 与 H_2O 反应放氨的动力学性能。此外，将热化学与电化学过程进行耦合也是化学链合成氨的一种方式。Jaramillo 等利用金属 Li 极易与 N_2 反应生成 Li_3N 的特点进行化学固氮，再由 Li_3N 和 H_2O 反应生成 LiOH 和 NH_3，而金属 Li 的再生通过电解 LiOH 实现，构成（电）化学链合成氨循环[164]。该过程的电流效率很高（88.5%），但能耗较大。综上所述，从 $N_2 + H_2O$ 出发的化学链过程受限于金属氧化物较高的热力学稳定性，因此需要高温或外界电能的输入，使得能耗较大。

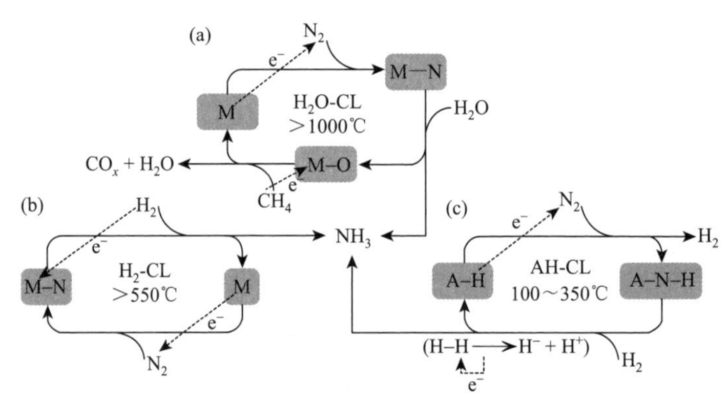

图 5.29　化学链合成氨的三种类型[22]

（a）H_2O-CL；（b）H_2-CL；（c）AH-CL

2. 以 H_2 为氢源的 $N_2 + H_2$ 的化学链合成氨（简称 H_2-CL）

以 N_2 和 H_2 为原料的化学链合成氨过程[图 5.29（b）]早在 19 世纪就已被提

出，如在加热的氮化钛上通过交替通入 N_2 和 H_2 而实现产氨过程[165]。Haber 和 van Oordt 在其专利中也提到利用金属锰-氮化锰及氢化钙-氮化钙的互相转化实施合成氨反应[166]。近年来，Michalsky 等对 Mn_4N-$Mn_6N_{2.58}$、Fe_4N-Fe、Ca_3N_2-Ca_2NH、Sr_2N-SrH_2 等多种材料的化学链合成氨过程开展了较为系统的研究[155]。然而，受限于较高的热力学稳定性和较差的动力学性能，总体来说，这些材料的操作温度，尤其是氮化温度仍然很高。从热力学角度分析，寻找合适的载氮体材料缩小加氮与加氢或水解放氨反应的ΔG 的差值可使得化学链各步反应在较低温度条件下进行。在动力学方面，由于化学链反应过程中涉及晶格 O^{2-}、N^{3-}等离子在固相中的传输以及相变过程，反应速率较慢，如 $Mn_4N/Mn_6N_{2.58}$ 的氮化及加氢放氨的热力学较为适中，但实验测得的产氨速率很慢，550℃下产氨速率仅为 $55\mu mol_{NH_3}/(g\cdot h)$ [155]。Hargreaves 等报道了 Li 的加入可以加速 Mn_3N_2 的加氢产氨速率[167]。Ca_3N_2-Ca_2NH 和 Sr_2N-SrH_2 在 550℃和常压下的产氨速率分别仅为 $98\mu mol_{NH_3}/(g\cdot h)$ 和 $81\mu mol_{NH_3}/(g\cdot h)$ 。Miyaoka 等报道 Li_3N 在 300℃和 5bar H_2 气流中可生成 LiH 和 NH_3，然而该工作中未实现 N_2 的活化以及 Li_3N 的再生，因而未构成化学链合成氨循环[168]。近期，他们发现金属 Li 与 14 族元素形成的合金 Li_xM（M = C, Si, Sn）在 500℃以下可以实现固氮反应生成 Li_3N，而在 H_2 气流中，可以释放出 NH_3 并再生 Li_xM，从而构成化学链合成氨循环[169]。

5.5.2　基于碱（土）金属氢化物的化学链合成氨过程

如 5.4.2 节所述，过渡金属与碱（土）金属氢化物可构成双活性中心协同催化合成氨反应[118, 124, 126]。在研究其合成氨反应机制过程中，作者发现碱（土）金属氢化物可与 N_2 反应生成相应的金属亚氨基化物，这一反应本质上就是固氮过程，而金属亚氨基化物可视为载氮体。基于此研究发现以及碱（土）金属氢化物与（亚）氨基化合物的化学转化，Gao 等提出了一种以碱（土）金属亚氨基化合物作为载氮体的新型化学链合成氨过程[图 5.29（c）]：即碱（土）金属氢化物首先与 N_2 发生反应生成相应的亚氨基化合物，随后亚氨基化合物加氢释放出 NH_3 并再生氢化物[式（5.23）和式（5.24）]，氢化物和亚氨基化物在反应过程中循环消耗与再生[22]。

固氮：
$$4AH_x + xN_2 \longrightarrow 2xA_{2/x}NH + xH_2 \tag{5.23}$$

加氢放氨：
$$xA_{2/x}NH + 2xH_2 \longrightarrow 2AH_x + xNH_3 \tag{5.24}$$

总包反应：
$$N_2 + 3H_2 \longrightarrow 2NH_3 \tag{5.25}$$

式中，A 为 Li、Mg、Ca、Ba 等；x 为 A 的表观价态。

根据热力学估算（图 5.30），在二元碱（土）金属氢化物中，LiH、MgH_2、

CaH_2、BaH_2与N_2反应生成相应亚氨基化合物（Li_2NH、MgNH、CaNH、BaNH）或氮化物（Mg_3N_2）的吉布斯自由能变化（ΔG）在0～450℃内均为负值，即这些氢化物的固氮反应是热力学自发进行的过程。而NaH、KH由于不存在稳定的亚氨基化合物[170]，因此将不能按式（5.23）实施固氮过程。碱（土）金属亚氨基化合物或氮化物加氢产氨的ΔG则多为正值，顺序由小到大依次为Li_2NH＜BaNH＜CaNH＜MgNH＜Mg_3N_2。虽然Na和K不存在稳定的亚氨基化物形式，但存在氨基化物即$NaNH_2$、KNH_2。$NaNH_2$、KNH_2加氢产氨也是热力学可行的过程。根据反应的ΔG可以计算出不同温度下（亚）氨基化物或氮化物加氢产氨反应的平衡常数，如100℃时Li_2NH、BaNH加氢产氨的平衡常数分别为1.3×10^{-3}和2.4×10^{-4}，因而平衡时NH_3的浓度很低，分别为1300ppm和240ppm。而CaNH的平衡常数仅为1.2×10^{-6}，NH_3的平衡浓度仅为1.2ppm。MgNH和Mg_3N_2加氢产氨的热力学则更为不利。$NaNH_2$、KNH_2的平衡氨浓度则较高，分别达到62%和33%。综合考虑氢化物-亚氨基化合物的固氮及加氢产氨的热力学性能，LiH-Li_2NH、BaH_2-BaNH的热力学性能较为适中，有可能在较低温度范围内实施化学链合成氨过程。

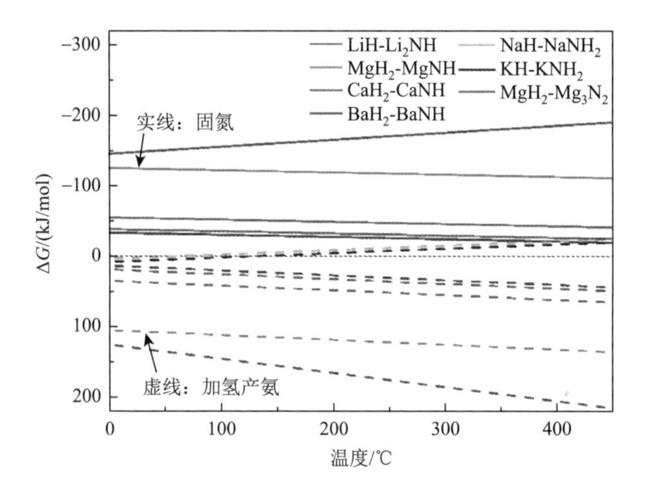

图5.30　0～450℃内，碱（土）金属氢化物/亚氨基化合物固氮（实线）及加氢产氨（虚线）步骤的吉布斯自由能变化随温度的变化趋势[22]

计算过程中未考虑固体熵贡献

5.5.3　碱（土）金属氢化物与N_2和H_2的分步反应

以上对二元碱（土）金属氢化物的固氮及加氢产氨反应的热力学进行了分析，接下来需要从实验上予以验证。程序升温-质谱联用（TPR-MS）及热重（TG）技术可以用于考察碱（土）金属氢化物或亚氨基化合物分别与N_2和H_2的相互作用。

图5.31（a）示出了LiH、CaH_2、BaH_2在氩气以及N_2中的TPR-MS图。在氩气气流中，LiH、CaH_2、BaH_2的自身热分解温度均高于500℃，而在N_2气流中，这三个氢化物在较低温度时可发生固氮反应，即氢化物与N_2发生氧化还原反应生成H_2及相应的亚氨基化合物（图5.31）。如LiH与N_2反应生成H_2的起点温度约在370℃，而CaH_2和BaH_2固氮产氢温度可进一步降低至300℃以下。N_2流中的TG结果（N_2-TG）进一步证明，LiH在400℃以上、BaH_2和CaH_2在300℃以上即可发生明显的增重（固氮），且增重速率顺序为LiH＜CaH_2＜BaH_2。MgH_2也能在300～400℃内发生固氮反应，但固氮产物并不是MgNH而是Mg_3N_2。目前关于碱（土）金属氢化物固氮的动力学机制尚不清楚，碱（土）金属阳离子对氢化物固氮速率影响的本质原因也有待进一步深入研究。

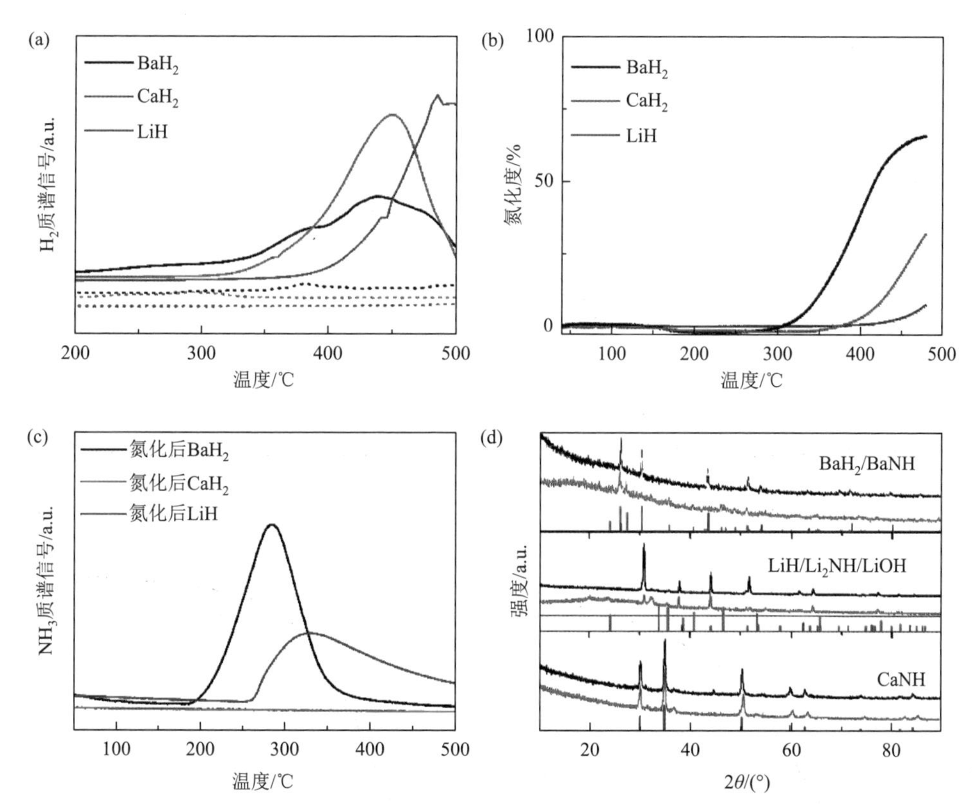

图5.31　（a）LiH、CaH_2、BaH_2的N_2-TPR-MS谱图（实线）和Ar-TPR-MS谱图（虚线）；（b）N_2-TG曲线；（c）氮化后样品的H_2-TPR-MS谱图；（d）氮化及加氢后样品的XRD谱图[22]

H_2-TPR-MS结果[图5.31（c）和（d）]显示，固氮后形成的亚氨基化合物，如Li_2NH和BaNH分别在250℃和200℃以上可以实现加氢产氨，加氢后固体产物则分别是LiH和BaH_2。而CaNH在500℃以下的温度区间内未检测到NH_3的生成，这与前述的热力学分析是一致的，表明生成 CaH_2 的难度较大。因而，亚氨基化物加氢产氨速率的顺序由快到慢是：BaNH＞Li_2NH＞＞CaNH。这些实验结果与以上热力学分析是一致的，即在二元碱（土）金属氢化物-亚氨基化物中，LiH-Li_2NH 和 BaH_2-BaNH 体系可实施高效化学链合成氨过程。

通过测量不同温度下氢化物固氮反应速率，可获得 BaH_2 的固氮反应的表观活化能约为 109kJ/mol，表明 N_2 在 BaH_2 上的解离转化的动力学阻力较大，致使固氮反应的起点温度要在 300℃以上。而从热力学上分析，LiH 和 BaH_2 可在常温常压下固氮（图 5.30）。要加快氢化物的固氮速率，需要加入合适的催化剂。实验发现，过渡金属 Fe、Co、Ni 等的加入，可显著加速氢化物的固氮以及加氢产氨的速率。N_2-TG 结果显示，Fe、Co、Ni 的加入使得 LiH 和 BaH_2 的起始固氮温度降低了 100～200℃[图 5.32（a）和（b）]。动力学分析结果表明，Ni 的加入使得 BaH_2 固氮反应的表观活化能大幅降至 46kJ/mol，从而加快了固氮反应速率。相同含量的 Fe、Co、Ni 对 BaH_2 固氮速率的促进效果非常接近，而 Co 和 Ni 对 LiH 的促进效果则

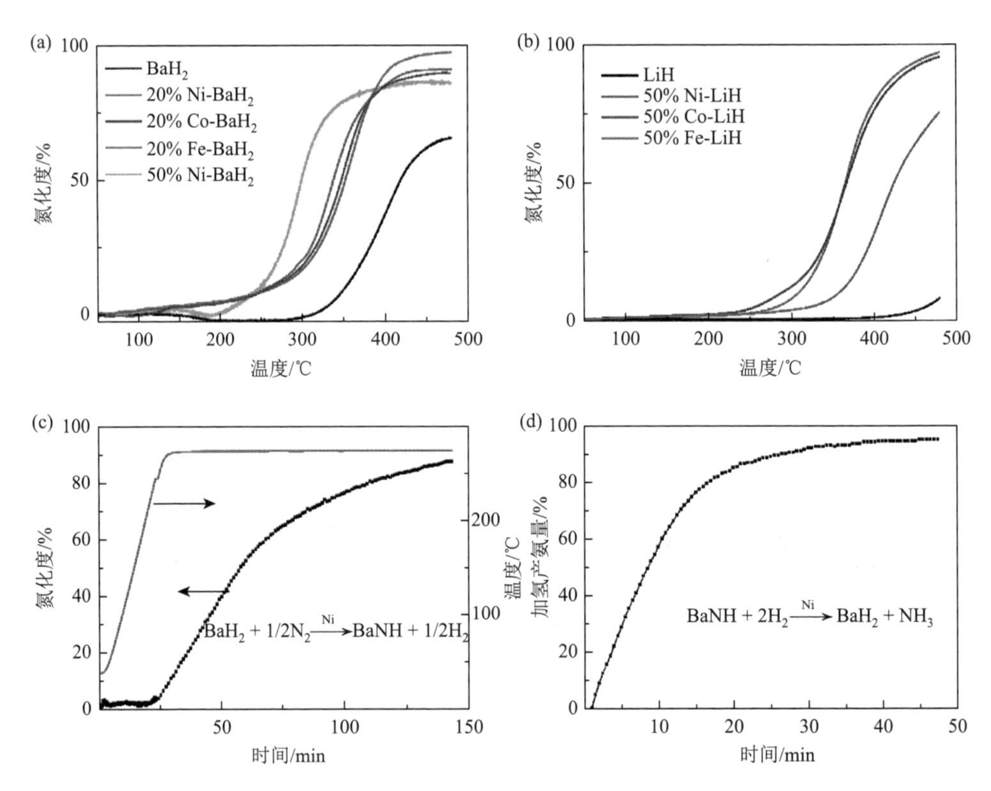

图 5.32 （a）Fe、Co、Ni 的加入对 BaH_2 固氮速率的影响；（b）Fe、Co、Ni 的加入对 LiH 固氮速率的影响；（c）265℃时 Ni-BaH_2 固氮程度随时间的变化；（d）265℃时 Ni-BaNH 加氢产氨量随时间的变化[22]

优于 Fe[图 5.32（a）和（b）]。固氮后样品的物相为过渡金属与相应的亚氨基化合物。对于加氢产氨步骤，在 265℃氢气流中反应 10min 即可将 Ni-BaNH 中约 60% 的 N 转化为 NH_3[图 5.32（d）]。加氢后的产物物相则为金属 Ni 和 BaH_2。动力学测试结果显示，Ni 的加入使得加氮后 BaH_2 加氢产氨的表观活化能从 41.6kJ/mol 降至 33.5kJ/mol。以上结果表明，过渡金属的加入降低了固氮和加氢产氨步骤的表观活化能，大幅提高了两个步骤的反应速率。

5.5.4　化学链过程的构筑

基于以上热力学分析和实验证据，LiH-Li_2NH 和 BaH_2-BaNH 体系具有适中的固氮及加氢产氨反应热力学性能及较好的动力学性能，在中低温区间内有可能实施化学链合成氨过程。图 5.33 是化学链产氨速率测量系统的示意图，在测试过程中，通过四通阀将 N_2 和 H_2 交替流过载氮体，加氢过程中的产氨量通过电导率仪测得，产氨速率可通过式（5.26）得到。测试时，固氮及加氢步骤的反应温度、压力和时间可以保持一致，也可以不同。在 300℃和 1bar 时，BaH_2 的化学链产氨速率为 $200\mu mol_{NH_3}/(g \cdot h)$，而 LiH 在 350℃和 1bar 时的产氨速率为 $100\mu mol_{NH_3}/(g \cdot h)$。需要指出的是，如果实施催化反应，在相同压力和温度条件下，LiH 和 BaH_2 上未检测到催化产氨速率。在过渡金属 Fe、Co 和 Ni 的催化作用下，LiH-Li_2NH 和 BaH_2-BaNH 体系的化学链产氨速率均得到大幅度提高。并且相同含量的 Fe、Co、Ni 的催化效果非常接近。如 300℃和 1bar 时，20% Fe、20% Co、20% Ni 的加入分别使得 BaH_2 的化学链产氨速率提高 7.5 倍、8.3 倍和 9 倍。进一步提高金属 Ni 的含量至 50%时，产氨速率可达 $3100\mu mol_{NH_3}/(g \cdot h)$。由于通过机械球磨法制备的 Ni-$BaH_2$

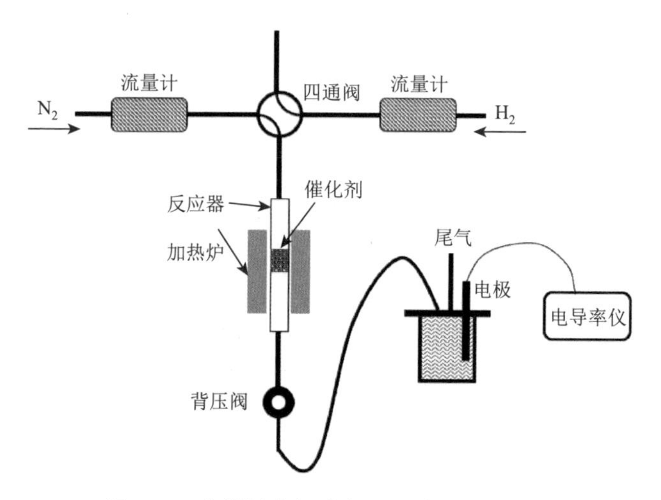

图 5.33　化学链产氨速率测量系统的示意图

比表面积较低（仅 $6m^2/g$），为提高 $Ni\text{-}BaH_2$ 体系的分散程度，将其负载于氧化铝载体，可提高材料的比表面积，从而进一步提高产氨速率至 $5800\mu mol_{NH_3}/(g\cdot h)$。在 1bar 和 100℃的低温条件下，$Ni\text{-}BaH_2/Al_2O_3$ 也可实现氨的合成[约 $2\mu mol_{NH_3}/(g\cdot h)$]。尽管其产氨速率很低，但显示了该氢化物材料在低温化学链合成氨过程中的潜力。

$$产氨速率[\mu mol_{NH_3}/(g\cdot h)]=\frac{氨产量(\mu mol_{NH_3})}{(加氮时间+加氢时间)(h)\times 催化剂质量(g)} \tag{5.26}$$

与催化过程相比，氢化物的化学链产氨速率明显提高。如图 5.34（a）所示，在催化过程中，Ni-LiH 和 $Ni\text{-}BaH_2$ 在 300℃以上才表现出合成氨催化性能；而在化学链过程中，产氨起始温度可降至 150℃以下。低温条件下的化学链产氨速率也优于常规 Fe、Ru 等催化剂。在 250℃常压下，$Ni\text{-}BaH_2/Al_2O_3$ 的化学链产氨速率较高活性 Cs-Ru/MgO 在 10bar 下的催化产氨速率高约一个数量级[图 5.34(b)]。需要指出的是，在合成氨催化剂中，Ni 通常被认为是活性极低的催化剂[171]，这一方面是由于 Ni 具有较低的 N 吸附能，根据能量限制关系，Ni 表面上 N_2 的解离活化能较高，因而反应速率较慢；另一方面，由于 H 在 Ni 表面吸附较强，

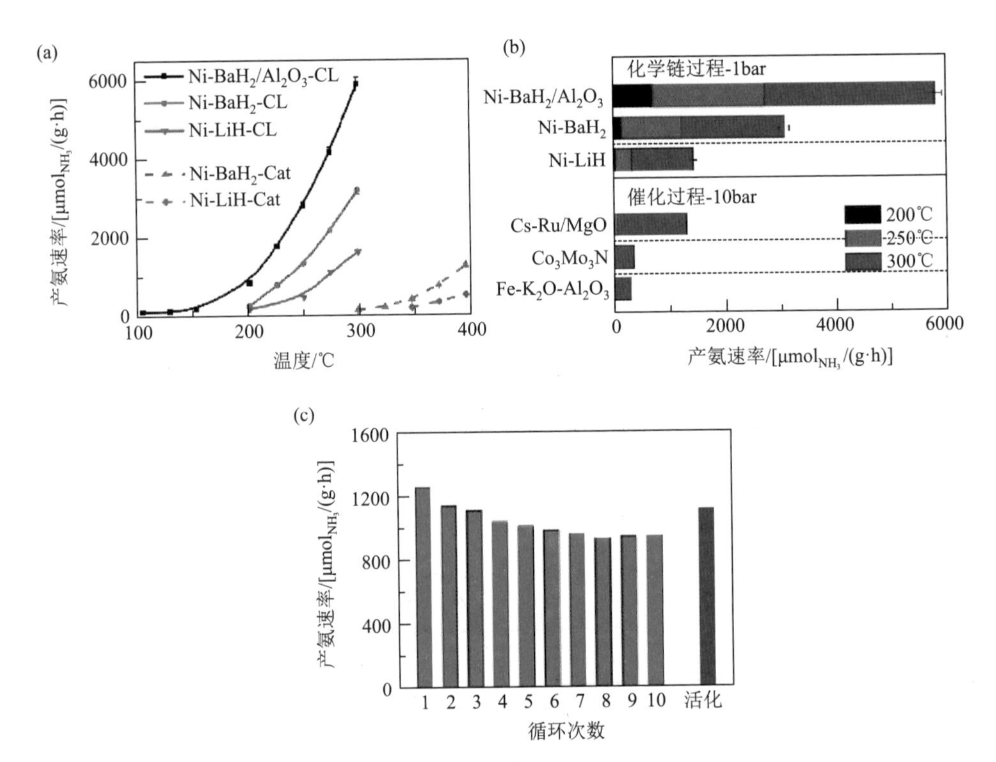

图 5.34 (a)Ni-AH 上化学链产氨速率与催化产氨速率的对比；(b)Ni-AH 化学链产氨速率（1bar）与常规 Ru、Fe、Co 催化剂产氨速率（10bar）的对比；（c）$Ni\text{-}BaH_2$ 载氮体的产氨稳定性测试[22]

与 N_2 发生竞争吸附，减少了 N_2 吸附位点。而在化学链过程中，N_2 和 H_2 交替进料，从而避免了 N_2 和 H_2 的竞争吸附问题；此外，团簇实验结果显示 BaH_2 与 Ni 的表界面处可能存在类似前面提到的[Li-H-Fe]的三元氢化物物种[Ni-H-Ba]，而这些物种在 N_2 活化解离及加氢过程中的作用是需要进一步探究的问题。

载氮体的稳定性是影响其化学链产氨性能的另一重要指标。图 5.34（c）是 Ni-BaH_2 载氮体的产氨稳定性测试结果在 1bar 和 250℃时，经过 8 次化学链循环，Ni-BaH_2 的产氨速率从初始的约 $1200\mu mol_{NH_3}/(g\cdot h)$ 缓慢降至 $900\mu mol_{NH_3}/(g\cdot h)$，随后保持稳定。XRD 表征结果显示，多次化学链循环后，Ni 和 BaH_2 的衍射峰均明显增强，表明反应过程中 Ni 与 BaH_2 发生了相分离及颗粒团聚现象，这可能是其产氨速率逐渐下降的重要原因。通过对经过 10 次化学链循环后的样品进行机械球磨，可使得样品的颗粒减小，从而在一定程度上恢复了载氮体的化学链产氨性能。如何增强过渡金属催化剂与载氮体的相互作用，提高化学链过程的稳定性是研究者需要思考的问题。

基于金属亚氨基化物作为载氮体材料可在较为温和的条件下实现合成氨过程，作者构筑了一种可再生能源驱动的“绿色”化学链合成氨工艺。如图 5.35 所示，该工艺流程大致包含如下步骤：①通过空分得到高纯 N_2，利用可再生能源产生的电能进行电解水制 H_2；②将 N_2 和 H_2 交替通入固定床反应器中，进行化学链

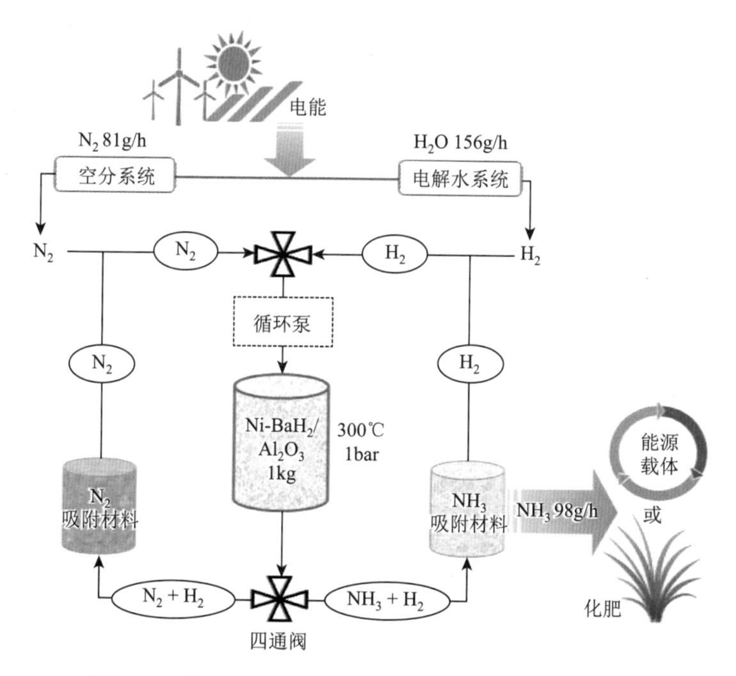

图 5.35　基于可再生能源的化学链合成氨系统示意图[22]

合成氨；③由于固氮过程中产生一定量的 H_2，这部分 H_2 可经固态储氢材料（如 $LaNi_5$ 等）进行吸收；④在加氢放氨阶段，尾气流经固态储氨材料（如碱土金属卤化物等[7]）而收集氨；⑤当储氢（或氨）材料达到吸附饱和后，通过改变温度、压力等参数将 H_2 及 NH_3 释放出来，而储氢及储氨材料可循环使用。

和传统的合成氨催化工艺相比，该工艺使用条件较为温和（200～400℃，1～10bar），所需设备简单，或将适合小规模、分布式产氨过程。图 5.36 和图 5.37 示出了 $Ni\text{-}BaH_2/Al_2O_3$ 材料作为载氮体的化学链过程和 H-B 过程的流程图及能耗。需要指出的是，此处的能耗分析并不是全流程模拟，部分能耗数据来自文献，其余部分通过流程模拟及热力学计算得到。通过能耗分析，可以看出，化学链合成氨工艺相对于 H-B 工艺能耗更低。

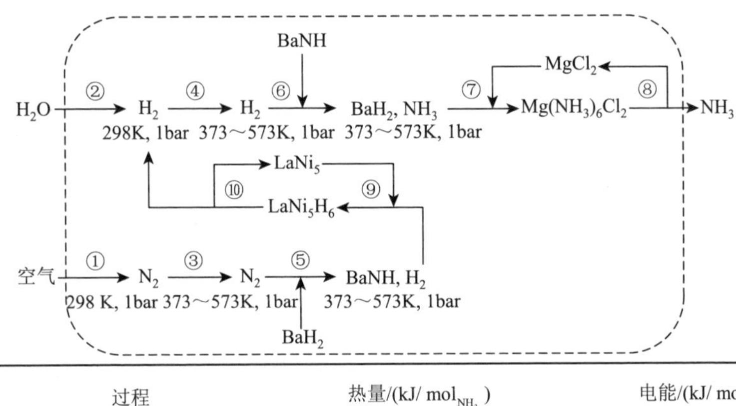

	过程	热量/(kJ/ mol_{NH_3})	电能/(kJ/ mol_{NH_3})
①	空气分离		23.8
②	电解水		603.5
③	热交换	1.1～4.0（373～573K）	
④	热交换	4.3～15.8（373～573K）	
⑤	固氮	–46.2	
⑥	加氢产氨	0.3	
⑦	NH_3 吸附	–36.3	
⑧	NH_3 脱附	36.3	
⑨	H_2 吸附	–16	
⑩	H_2 脱附	16	

图 5.36　化学链合成氨过程的流程图及其能耗[22]

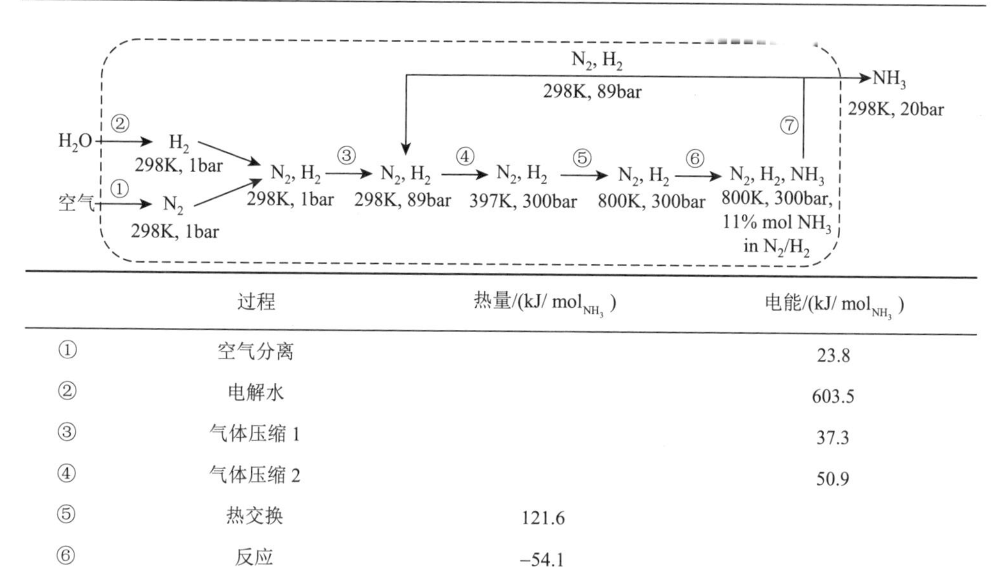

	过程	热量/(kJ/ mol_{NH_3})	电能/(kJ/ mol_{NH_3})
①	空气分离		23.8
②	电解水		603.5
③	气体压缩 1		37.3
④	气体压缩 2		50.9
⑤	热交换	121.6	
⑥	反应	−54.1	
⑦	NH_3 分离	21.6	

图 5.37 催化合成氨过程的流程图及其能耗[22]

碱（土）金属氢化物/亚氨基化合物作为一类新型的载氮体材料，具有较为适中的固氮和加氢产氨热力学性能及良好的动力学性能，因此在化学链合成氨过程中显示出高的产氨速率，这为开发低温化学链合成氨过程开辟了新的方向。但由于此类载氮体材料的加氢产氨过程为$\Delta G>0$ 的反应，因而平衡时氨的浓度较低。此外，经过多次化学循环后催化剂与氢化物载氮体材料的相分离问题是制约其稳定性的关键因素。基于对氢化物载氮体材料的热力学分析以及动力学调变，包括催化剂的筛选、反应条件的优化、反应系统的设计、传质传热过程的强化等，有可能开发出性能更优、成本低廉的化学链合成氨过程，从而为基于可再生能源、分布式、小型化的合成氨过程提供可行的解决方案。

5.6 总结与展望

氨的合成与分解是催化研究中的经典课题，其中合成氨反应更是被誉为多相催化中的领头羊（bellwether）反应[172]以及永恒的探索课题（a never ending story）[173]。尽管目前合成氨催化剂及其工艺已经非常成熟，近年来对于可再生能源制氨以及寻找新型高能量密度能源载体的巨大社会需求使得这一研究课题得以复兴。得益于过去几十年来人们对这一反应基础研究的不断深入，为进一步开发更加高效的催化剂及其工艺提供了许多新的思路。

本章着重介绍了作者所在课题组在多相催化氨分解及合成氨、化学链合成氨等方面的一些研究进展。基于前期碱（土）金属氮基储氢材料的研究基础，以碱（土）金属作为桥梁，将碱（土）金属氢化物及（亚）氨基化合物与氨分解及合成氨反应关联起来，较为系统地考察了碱（土）金属氢化物、（亚）氨基化合物与过渡金属的相互作用，构筑了一类新型的催化剂体系，为合成氨催化剂家族增添了新的成员。

在碱（土）金属氢化物及（亚）氨基化合物中，碱（土）金属原子与 H 或 N 原子键合，这是区别于多相催化中常见的碱（土）金属与 O 键合的本质特征，由此导致的热力学性质的差异是使这些碱（土）金属化合物功能性迥异的关键因素。从催化活性上看，碱（土）金属氢化物或（亚）氨基化合物的存在可大幅度提高过渡金属，尤其是前过渡金属（如 V、Cr、Mn 等）的合成氨或氨分解反应活性。而在类似的反应条件下，碱（土）金属氧化物或氢氧化物对过渡金属，特别是对前过渡金属的促进作用则相对较弱。从作用机制上看，碱（土）金属氧化物或氢氧化物通常被认为是电子助剂或结构助剂，即通过调变过渡金属的电子结构或增加活性位数目等提高催化剂活性；而碱（土）金属氢化物或（亚）氨基化合物则可能作为活性金属的共催化剂（co-catalyst）直接参与催化循环，它在反应过程中不断转化和再生，如生成[Li-N-H]、[Li-H-Fe]、[Li-N-Fe]等物种，从而改变了过渡金属表面的催化反应历程，降低了反应能垒，加快了反应速率。而形成这些物种的驱动力与氢化物或氨基化合物的热力学、动力学性质密切相关。表 5.3 对比了氢化物与常规过渡金属合成氨催化剂在组成、动力学性质及作用机制等方面的一些差异。

表 5.3　氢化物与常规过渡金属合成氨催化剂的对比

项目	氢化物催化剂	常规过渡金属催化剂
活性金属	Cr，Mn，Fe，Ru，Co，Ni 等	Fe，Ru，Co，Mo，CoMo 合金等
碱（土）金属的化学状态	氢化物	氧化物或氢氧化物
表观活化能	45～90kJ/mol	70～140kJ/mol
N_2 的反应级数	0～1	≈1
H^-的作用机制	电子和质子供体	—
碱（土）金属的作用机制	第二活性中心	给电子效应，静电偶极作用，结构效应等
N_2 活化的可能活性位	过渡金属原子与 H^- 共同构成活性中心	过渡金属的 C7 或 B5 位

碱（土）金属氢化物中负氢（H^-）物种的存在使其具有较强的还原性，而 N_2 的化学还原需要电子的输入。部分碱（土）金属氢化物，如 LiH、BaH_2 等自身就可以与 N_2 发生氧化还原反应生成相应的亚氨基化合物（Li_2NH、BaNH）以及 H_2，

其中亚氨基化合物可视为载氮体；而碱（土）金属亚氨基化合物又能够和 H_2 反应释放 NH_3 并再生氢化物。这种氢化物与亚氨基化合物之间的化学转化构成了一个独特的合成氨化学链过程。由于氢化物和亚氨基化合物的固氮或加氢产氨反应的热力学性质较为适中，与已有的化学链合成氨过程相比，可以在较为温和的条件下实施。在动力学方面，则可通过加入过渡金属和选择合适的载体进一步提高该化学链过程的产氨速率。

碱（土）金属氢化物及氨基化合物在合成氨及氨分解反应中表现出一系列独特的化学行为，对其深入理解无疑会为开发更加高效的合成氨及氨分解过程提供有益的启示。结合多种催化剂先进表征技术，如原位电子显微镜、同步辐射 X 射线吸收等可以获取原位反应条件下材料的结构变化等重要信息，为从原子层面上认识氢化物或氨基化合物的动态变化及作用机制提供实验证据。然而这项工作难度较大，这是因为氢化物及氨基化合物的化学性质非常活泼，需要建立可靠的样品转移、处理及表征方法。而通过理论计算模拟与实验验证相结合，可从原子水平上深入理解催化作用的本质，具有不可替代的优势。基于大数据分析的机器学习以及更进一步的人工智能技术，或许能加快合成氨催化剂的设计与开发。由于组成与结构上的多样性，对此类材料的优化组合，建立可靠可控的制备方法，从热力学和动力学两个层面调控反应进程，也是值得进一步研究的方向。

参 考 文 献

[1] Guo J P，Chen P. NH_3 as an energy carrier. Chem，2017，3：709-712.

[2] Erisman J W，Sutton M A，Galloway J，et al. How a century of ammonia synthesis changed the world. Nat Geosci，2008，1：636-639.

[3] Liu H Z. Ammonia synthesis catalyst 100 years：Practice，enlightenment and challenge. Chin J Catal，2014，35：1619-1640.

[4] Wang Q R，Guo J P，Chen P. Recent progress towards mild-condition ammonia synthesis. J Energy Chem，2019，36：25-36.

[5] Liu C Y，Aika K I. Ammonia absorption into alkaline earth metal halide mixtures as an ammonia storage material. Ind Eng Chem Res，2004，43：7484-7491.

[6] Christensen C H，Sorensen R Z，Johannessen T，et al. Metal ammine complexes for hydrogen storage. J Mater Chem，2005，15：4106-4108.

[7] Sorensen R Z，Hummelshoj J S，Klerke A，et al. Indirect，reversible high-density hydrogen storage in compact metal ammine salts. J Am Chem Soc，2008，130：8660-8668.

[8] Rees N V，Compton R G. Carbon-free energy：A review of ammonia-and hydrazine-based electrochemical fuel cells. Energy Environ Sci，2011，4：1255-1260.

[9] Yang J，Muroyama H，Matsui T，et al. Development of a direct ammonia-fueled molten hydroxide fuel cell. J Power Sources，2014，245：277-282.

[10] Ganley J C. An intermediate-temperature direct ammonia fuel cell with a molten alkaline hydroxide electrolyte. J

Power Sources，2008，178：44-47.

[11] Sorensen R Z，Nielsen L J E，Jensen S，et al. Catalytic ammonia decomposition：Miniaturized production of CO_x-free hydrogen for fuel cells. Catal Commun，2005，6：229-232.

[12] Hejze T，Besenhard J O，Kordesch K，et al. Current status of combined systems using alkaline fuel cells and ammonia as a hydrogen carrier. J Power Sources，2008，176：490-493.

[13] Chen P，Xiong Z T，Luo J Z，et al. Interaction of hydrogen with metal nitrides and imides. Nature，2002，420：302-304.

[14] Leng H Y，Ichikawa T，Hino S，et al. Investigation of reaction between $LiNH_2$ and H_2. J Alloys Compd，2008，463：462-465.

[15] Gregory D H. Lithium nitrides，imides and amides as lightweight，reversible hydrogen stores. J Mater Chem，2008，18：2321-2330.

[16] Miceli G，Bernasconi M. First-principles study of the hydrogenation process of Li_2NH. J Phys Chem C，2011，115：13496-13501.

[17] 冯光熙，黄祥玉，申泮文，等. 稀有气体、氢、碱金属. 1版. 北京：科学出版社，1984.

[18] Titherley A W. Sodium，potassium and lithium amides. J Chem Soc，1894，65：504-522.

[19] Hu Y H，Ruckenstein E. Ultrafast reaction between Li_3N and $LiNH_2$ to prepare the effective hydrogen storage material Li_2NH. Ind Eng Chem Res，2006，45：4993-4998.

[20] Leng H Y，Ichikawa T，Hino S，et al. Synthesis and decomposition reactions of metal amides in metal-N-H hydrogen storage system. Journal of Power Sources，2006，156：166-170.

[21] Chen P，Xiong Z T，Luo J Z，et al. Interaction between lithium amide and lithium hydride. J Phys Chem B，2003，107：10967-10970.

[22] Gao W B，Guo J P，Wang P K，et al. Production of ammonia via a chemical looping process based on metal imides as nitrogen carriers. Nat Energy，2018，3：1067-1075.

[23] Marx R. Preparation and crystal structure of lithium nitride hydride，Li_4NH，Li_4ND. Z Anorg Allg Chem，1997，623：1912-1916.

[24] Bergstrom F W，Fernelius W C. The chemistry of the alkali amides. Chem Rev，1933，12：43-179.

[25] Santoru A，Pistidda C，Sorby M H，et al. KNH_2-KH：A metal amide-hydride solid solution. Chem Commun，2016，52：11760-11763.

[26] Cao H，Guo J，Chang F，et al. Transition and alkali metal complex ternary amides for ammonia synthesis and decomposition. Chem Eur J，2017，23：9766-9771.

[27] Hino S，Ichikawa T，Kojima Y. Thermodynamic properties of metal amides determined by ammonia pressure-composition isotherms. J Chem Thermodyn，2010，42：140-143.

[28] Juza R. Amides of the alkali and the alkaline earth metals. Angew Chem Int Ed，1964，3：471-481.

[29] Jacobs H，Hadenfeldt C. Crystal-structure of barium amide，$Ba(NH_2)_2$. Z Anorg Allg Chem，1975，418：132-140.

[30] Wegner B，Essmann R，Jacobs H，et al. Synthesis of barium imide from the elements and orientational disorder of anions in band studied by neutron-diffreaction from 8K to 294K. J Less-Common Met，1990，167：81-90.

[31] Yu P，Guo J P，Liu L，et al. Effects of alkaline earth metal amides on Ru in catalytic ammonia decomposition. J Phys Chem C，2016，120：2822-2828.

[32] Wang Q R，Guan Y Q，Gao W B，et al. Thermodynamic properties of ammonia production from hydrogenation of alkali and alkaline earth metal amides. ChemPhysChem，2019，20：1376-1381.

[33] Yamamoto H，Miyaoka H，Hino S，et al. Recyclable hydrogen storage system composed of ammonia and alkali

metal hydride. Int J Hydrogen Energy，2009，34：9760-9764.

[34] Liang C H，Li W Z，Wei Z B，et al. Catalytic decomposition of ammonia over nitrided $MoN_x/\alpha\text{-}Al_2O_3$ and $NiMoN_y/\alpha\text{-}Al_2O_3$ catalysts. Ind Eng Chem Res，2000，39：3694-3697.

[35] Bradford M C J，Fanning P E，Vannice M A. Kinetics of NH_3 decomposition over well dispersed Ru. J Catal，1997，172：479-484.

[36] Hansgen D A，Vlachos D G，Chen J G G. Using first principles to predict bimetallic catalysts for the ammonia decomposition reaction. Nat Chem，2010，2：484-489.

[37] Dahl S，Tornqvist E，Chorkendorff I. Dissociative adsorption of N_2 on Ru(0001)：A surface reaction totally dominated by steps. J Catal，2000，192：381-390.

[38] Jacobsen C J H，Dahl S，Hansen P L，et al. Structure sensitivity of supported ruthenium catalysts for ammonia synthesis. J Mol Catal A：Chem，2000，163：19-26.

[39] Karim A M，Prasad V，Mpourmpakis G，et al. Correlating particle size and shape of supported $Ru/\gamma\text{-}Al_2O_3$ satalysts with NH_3 decomposition activity. J Am Chem Soc，2009，131：12230-12239.

[40] Zhang J，Xu H Y，Li W Z. Kinetic study of NH_3 decomposition over Ni nanoparticles：The role of La promoter，structure sensitivity and compensation effect. Appl Catal A，2005，296：257-267.

[41] Mavrikakis M，Hammer B，Norskov J K. Effect of strain on the reactivity of metal surfaces. Phys Rev Lett，1998，81：2819-2822.

[42] Egeberg R C，Chorkendorff I. Improved properties of the catalytic model system Ni/Ru(0001). Catal Lett，2001，77：207-213.

[43] Yin S F，Zhang Q H，Xu B Q，et al. Investigation on the catalysis of CO_x-free hydrogen generation from ammonia. J Catal，2004，224：384-396.

[44] Li G，Nagasawa H，Kanezashi M，et al. Graphene nanosheets supporting Ru nanoparticles with controlled nanoarchitectures form a high-performance catalyst for CO_x-free hydrogen production from ammonia. J Mater Chem A，2014，2：9185-9192.

[45] 段学志，周静红，钱刚，等. Ru/CNFs 催化剂催化氨分解制氢. 催化学报，2010，31：979-986.

[46] Yin S F，Xu B Q，Wang S J，et al. Nanosized Ru on high-surface-area superbasic ZrO_2-KOH for efficient generation of hydrogen via ammonia decomposition. Appl Catal A，2006，301：202-210.

[47] Garcia-Garcia F R，Alvarez-Rodriguez J，Rodriguez-Ramos I，et al. The use of carbon nanotubes with and without nitrogen doping as support for ruthenium catalysts in the ammonia decomposition reaction. Carbon，2010，48：267-276.

[48] Armenise S，Roldan L，Marco Y，et al. Elucidation of catalyst support effect for NH_3 decomposition using Ru nanoparticles on nitrogen-functionalized carbon nanofiber monoliths. J Phys Chem C，2012，116：26385-26395.

[49] Chang F，Guo J P，Wu G T，et al. Covalent triazine-based framework as an efficient catalyst support for ammonia decomposition. RSC Adv，2015，5：3605-3610.

[50] Hayashi F，Toda Y，Kanie Y，et al. Ammonia decomposition by ruthenium nanoparticles loaded on inorganic electride C12A7：e^-. Chem Sci，2013，4：3124-3130.

[51] Ju X H，Liu L，Yu P，et al. Mesoporous Ru/MgO prepared by a deposition-precipitation method as highly active catalyst for producing CO_x-free hydrogen from ammonia decomposition. Appl Catal B，2017，211：167-175.

[52] Wang S J，Yin S F，Li L，et al. Investigation on modification of Ru/CNTs catalyst for the generation of CO_x-free hydrogen from ammonia. Appl Catal B，2004，52：287-299.

[53] Zhang J，Xu H Y，Jin X L，et al. Characterizations and activities of the nano-sized Ni/Al_2O_3 and $Ni/La\text{-}Al_2O_3$

catalysts for NH_3 decomposition. Appl Catal A，2005，290：87-96.

[54] Zhang J，Xu H Y，Ge Q J，et al. Highly efficient Ru/MgO catalysts for NH_3 decomposition：Synthesis，characterization and promoter effect. Catal Commun，2006，7：148-152.

[55] Nagaoka K，Honda K，Ibuki M，et al. Highly active $Cs_2O/Ru/Pr_6O_{11}$ as a catalyst for ammonia decomposition. Chem Lett，2010，39：918-919.

[56] Nagaoka K，Eboshi T，Abe N，et al. Influence of basic dopants on the activity of Ru/Pr_6O_{11} for hydrogen production by ammonia decomposition. Int J Hydrogen Energy，2014，39：20731-20735.

[57] Mukherjee S，Devaguptapu S V，Sviripa A，et al. Low-temperature ammonia decomposition catalysts for hydrogen generation. Appl Catal B，2018，226：162-181.

[58] Garcia-Bordeje E，Armenise S，Roldan L. Toward practical application of H_2 generation from ammonia decomposition guided by rational catalyst design. Cat Rev Sci Eng，2014，56：220-237.

[59] Schuth F，Palkovits R，Schlogl R，et al. Ammonia as a possible element in an energy infrastructure：Catalysts for ammonia decomposition. Energy Environ Sci，2012，5：6278-6289.

[60] David W I F，Makepeace J W，Callear S K，et al. Hydrogen production from ammonia using sodium amide. J Am Chem Soc，2014，136：13082-13085.

[61] Guo J P，Wang P K，Wu G T，et al. Lithium imide synergy with 3d transition-metal nitrides leading to unprecedented catalytic activities for ammonia decomposition. Angew Chem Int Ed，2015，54：2950-2954.

[62] Chen P，Zhu M. Recent progress in hydrogen storage. Mater Today，2008，11：36-43.

[63] Garroni S，Santoru A，Cao H J，et al. Recent progress and new perspectives on metal amide and imide systems for solid-state hydrogen storage. Energies，2018，11：1027.

[64] Xiong Z T，Wu G T，Hu J J，et al. Ca-Na-N-H system for reversible hydrogen storage. J Alloys Compd，2007，441：152-156.

[65] Essmann R，Jacobs H，Tomkinson J. Neutron vibrational spectroscopy of imide ions（NH^{2-}）in Barium imide（BaNH）. J Alloys Compd，1993，191：131-134.

[66] Yamaguchi S，Miyaoka H，Ichikawa T，et al. Thermal decomposition of sodium amide. Int J Hydrogen Energy，2017，42：5213-5219.

[67] Chang F，Guo J P，Wu G T，et al. Influence of alkali metal amides on the catalytic activity of manganese nitride for ammonia decomposition. Catal Today，2017，286：141-146.

[68] Gao W B，Guo J P，Chen P. Hydrides，amides and imides mediated ammonia synthesis and decomposition. Chin J Chem，2019，37：442-451.

[69] Boisen A，Dahl S，Norskov J K，et al. Why the optimal ammonia synthesis catalyst is not the optimal ammonia decomposition catalyst. J Catal，2005，230：309-312.

[70] Makepeace J W，Wood T J，Hunter H M A，et al. Ammonia decomposition catalysis using non-stoichiometric lithium imide. Chem Sci，2015，6：3805-3815.

[71] Bramwell P L，Lentink S，Ngene P，et al. Effect of pore confinement of $LiNH_2$ on ammonia decomposition catalysis and the storage of hydrogen and ammonia. J Phys Chem C，2016，120：27212-27220.

[72] Makepeace J W，Wood T J，Marks P L，et al. Bulk phase behavior of lithium imide-metal nitride ammonia decomposition catalysts. Phys Chem Chem Phys，2018，20：22689-22697.

[73] Tapia-Ruiz N，Segales M，Gregory D H. The chemistry of ternary and higher lithium nitrides. Coord Chem Rev，2013，257：1978-2014.

[74] Lotz C R，Sebba F. Energies of activation for decomposition of ammonia catalysed by the nitrides of the 4th series

transition elements. Trans Faraday Soc，1957，53：1246-1252.

[75] Ganley J C, Thomas F S, Seebauer E G, et al. A priori catalytic activity correlations: The difficult case of hydrogen production from ammonia. Catal Lett，2004，96：117-122.

[76] Dahl S，Logadottir A，Jacobsen C J H，et al. Electronic factors in catalysis：The volcano curve and the effect of promotion in catalytic ammonia synthesis. Appl Catal A，2001，222：19-29.

[77] Guo J P，Chen Z，Wu A A，et al. Electronic promoter or reacting species? The role of $LiNH_2$ on Ru in catalyzing NH_3 decomposition. Chem Commun，2015，51：15161-15164.

[78] Yu P, Guo J P, Liu L, et al. Ammonia decomposition with manganese nitride-calcium imide composites as efficient catalysts. ChemSusChem，2016，9：364-369.

[79] Kishida K, Kitano M, Inoue Y, et al. Large oblate hemispheroidal ruthenium particles supported on calcium amide as efficient catalysts for ammonia decomposition. Chem Eur J，2018，24：7976-7984.

[80] Chang F，Wu H，van der Pluijm R，et al. Effect of pore confinement of $NaNH_2$ and KNH_2 on hydrogen generation from ammonia. J Phys Chem C，2019，123：21487-21496.

[81] Smil V. Detonator of the population explosion. Nature，1999，400：415.

[82] Ertl G. Surface science and catalysis-studies on the mechanism of ammonia synthesis：The P. H. Emmett award address. Catal Rev Sci Eng，1980，21：201-223.

[83] 万惠霖. 固体表面物理化学若干研究前沿. 厦门：厦门大学出版社，2006：96-131.

[84] Strongin D R，Carrazza J，Bare S R，et al. The importance of C7 sites and surface roughness in the ammonia-synthesis reaction over iron. J Catal，1987，103：213-215.

[85] Dahl S，Logadottir A，Egeberg R C，et al. Role of steps in N_2 activation on Ru(0001). Phys Rev Lett，1999，83：1814-1817.

[86] Honkala K，Hellman A，Remediakis I N，et al. Ammonia synthesis from first-principles calculations. Science，2005，307：555-558.

[87] Li J P，Wang W Y，Chen W X，et al. Sub-nm ruthenium cluster as an efficient and robust catalyst for decomposition and synthesis of ammonia：Break the "size shackles". Nano Res，2018，11：4774-4785.

[88] Ma X L, Liu J C, Xiao H, et al. Surface single-cluster catalyst for N_2-to-NH_3 thermal conversion. J Am Chem Soc，2018，140：46-49.

[89] Liu J C，Ma X L，Li Y，et al. Heterogeneous Fe_3 single-cluster catalyst for ammonia synthesis via an associative mechanism. Nat Commun，2018，9：1610.

[90] Bielawa H，Hinrichsen O，Birkner A，et al. The ammonia-synthesis catalyst of the next generation：Barium-promoted oxide-supported ruthenium. Angew Chem Int Ed，2001，40：1061-1063.

[91] Lin B Y，Heng L，Fang B Y，et al. Ammonia synthesis activity of alumina-supported ruthenium catalyst enhanced by alumina phase transformation. ACS Catal，2019，9：1635-1644.

[92] Hansen T W，Wagner J B，Hansen P L，et al. Atomic-resolution *in situ* transmission electron microscopy of a promoter of a heterogeneous catalyst. Science，2001，294：1508-1510.

[93] Chen H B，Lin J D，Cai Y，et al. Novel multi-walled nanotubes-supported and alkali-promoted Ru catalysts for ammonia synthesis under atmospheric pressure. Appl Surf Sci，2001，180：328-335.

[94] Xiao J P，Pan X L，Guo S J，et al. Toward fundamentals of confined catalysis in carbon nanotubes. J Am Chem Soc，2015，137：477-482.

[95] You Z X，Inazu K，Aika K I，et al. Electronic and structural promotion of barium hexaaluminate as a ruthenium catalyst support for ammonia synthesis. J Catal，2007，251：321-331.

[96] Kitano M，Inoue Y，Yamazaki Y，et al. Ammonia synthesis using a stable electride as an electron donor and reversible hydrogen store. Nat Chem，2012，4：934-940.

[97] Ma Z W，Zhao S L，Pei X P，et al. New insights into the support morphology-dependent ammonia synthesis activity of Ru/CeO_2 catalysts. Catal Sci Technol，2017，7：191-199.

[98] Forni L，Molinari D，Rossetti I，et al. Carbon-supported promoted Ru catalyst for ammonia synthesis. Appl Catal A，1999，185：269-275.

[99] Liang C H，Wei Z B，Xin Q，et al. Ammonia synthesis over Ru/C catalysts with different carbon supports promoted by barium and potassium compounds. Appl Catal A，2001，208：193-201.

[100] Zhao J M，Zhou J D，Yuan M W，et al. Controllable synthesis of Ru nanocrystallites on graphene substrate as a catalyst for ammonia synthesis. Catal Lett，2017，147：1363-1370.

[101] Guo S J，Pan X L，Gao H L，et al. Probing the electronic effect of carbon nanotubes in catalysis：NH_3 synthesis with Ru nanoparticles. Chem Eur J，2010，16：5379-5384.

[102] Aika K，Takano T，Murata S. Preparation and characterization of chlorine-free ruthenium catalyst and the promoter effect in ammonia synthesis. 3. A magnesia-supported Ruthenium catalyst. J Catal，1992，136：126-140.

[103] Niwa Y，Aika K. The effect of lanthanide oxides as a support for ruthenium catalysts in ammonia synthesis. J Catal，1996，162：138-142.

[104] Lin B Y，Liu Y，Heng L，et al. Morphology effect of ceria on the catalytic performances of Ru/CeO_2 catalysts for ammonia synthesis. Ind Eng Chem Res，2018，57：9127-9135.

[105] Ogura Y，Sato K，Miyahara S，et al. Efficient ammonia synthesis over a Ru/$La_{0.5}Ce_{0.5}O_{1.75}$ catalyst pre-reduced at high temperature. Chem Sci，2018，9：2230-2237.

[106] Sato K，Imamura K，Kawano Y，et al. A low-crystalline ruthenium nano-layer supported on praseodymium oxide as an active catalyst for ammonia synthesis. Chem Sci，2017，8：674-679.

[107] Ogura Y，Tsujimaru K，Sato K，et al. Ru/$La_{0.5}Pr_{0.5}O_{1.75}$ catalyst for low-temperature ammonia synthesis. ACS Sustain Chem Eng，2018，6：17258-17266.

[108] Lu Y F，Li J，Tada T，et al. Water durable electride Y_5Si_3：Electronic structure and catalytic activity for ammonia synthesis. J Am Chem Soc，2016，138：3970-3973.

[109] Inoue Y，Kitano M，Kishida K，et al. Efficient and stable ammonia synthesis by self-organized flat Ru nanoparticles on calcium amide. ACS Catal，2016，6：7577-7584.

[110] Kobayashi Y，Tang Y，Kageyama T，et al. Titanium-based hydrides as heterogeneous catalysts for ammonia synthesis. J Am Chem Soc，2017，139：18240-18246.

[111] Tang Y，Kobayashi Y，Masuda N，et al. Metal-dependent support effects of oxyhydride-supported Ru，Fe，Co catalysts for ammonia synthesis. Adv Energy Mater，2018，8：1801772.

[112] Yamashita H，Broux T，Kobayashi Y，et al. Chemical pressure-induced anion order-disorder transition in LnHO enabled by hydride size flexibility. J Am Chem Soc，2018，140：11170-11173.

[113] Abild-Pedersen F，Greeley J，Studt F，et al. Scaling properties of adsorption energies for hydrogen-containing molecules on transition-metal surfaces. Phys Rev Lett，2007，99：016105.

[114] Vojvodic A，Norskov J K. New design paradigm for heterogeneous catalysts. Natl Sci Rev，2015，2：140-143.

[115] Vojvodic A，Medford A J，Studt F，et al. Exploring the limits：A low-pressure，low-temperature Haber-Bosch process. Chem Phys Lett，2014，598：108-112.

[116] Iwamoto M，Akiyama M，Aihara K，et al. Ammonia synthesis on wool-like Au，Pt，Pd，Ag，or Cu electrode catalysts in nonthermal atmospheric-pressure plasma of N_2 and H_2. ACS Catal，2017，7：6924-6929.

[117] Mehta P，Barboun P，Herrera F A，et al. Overcoming ammonia synthesis scaling relations with plasma-enabled catalysis. Nat Catal，2018，1：269-275.

[118] Wang P K，Chang F，Gao W B，et al. Breaking scaling relations to achieve low-temperature ammonia synthesis through LiH-mediated nitrogen transfer and hydrogenation. Nat Chem，2017，9：64-70.

[119] Munter T R，Bligaard T，Christensen C H，et al. BEP relations for N_2 dissociation over stepped transition metal and alloy surfaces. Phys Chem Chem Phys，2008，10：5202-5206.

[120] Scholten J J F，Zwietering P. Kinetics of the chemisorption of nitrogen on ammonia-synthesis catalysts. Trans Faraday Soc，1957，53：1363-1370.

[121] Wang P，Xie H，Guo J，et al. The formation of surface lithium-iron ternary hydride and its function on catalytic ammonia synthesis at low temperatures. Angew Chem Int Ed，2017，56：8716-8720.

[122] Saitoh H，Takagi S，Matsuo M，et al. Li_4FeH_6：Iron-containing complex hydride with high gravimetric hydrogen density. APL Mater，2014，2：076103.

[123] Mittasch A. Early studies of multicomponent catalysts. Adv Catal，1950，2：81-104.

[124] Chang F，Guan Y Q，Chang X H，et al. Alkali and alkaline earth hydrides-driven N_2 activation and transformation over Mn nitride catalyst. J Am Chem Soc，2018，140：14799-14806.

[125] Kitano M，Kanbara S，Inoue Y，et al. Electride support boosts nitrogen dissociation over ruthenium catalyst and shifts the bottleneck in ammonia synthesis. Nat Commun，2015，6：9.

[126] Gao W B，Wang P K，Guo J P，et al. Barium hydride-mediated nitrogen transfer and hydrogenation for ammonia synthesis：A case study of cobalt. ACS Catal，2017，7：3654-3661.

[127] Kitano M，Inoue Y，Ishikawa H，et al. Essential role of hydride ion in ruthenium-based ammonia synthesis catalysts. Chem Sci，2016，7：4036-4043.

[128] Kitano M，Kujirai J，Ogasawara K，et al. Low-temperature synthesis of perovskite oxynitride-hydrides as ammonia synthesis catalysts. J Am Chem Soc，2019，141：20344-20353.

[129] Kitano M，Inoue Y，Sasase M，et al. Self-organized ruthenium-barium core-shell nanoparticles on a mesoporous calcium amide matrix for efficient low-temperature ammonia synthesis. Angew Chem Int Ed，2018，57：2648-2652.

[130] Hutchings G J. Promotion in heterogeneous catalysis：A topic requiring a new approach？Catal Lett，2001，75：1-12.

[131] Arabczyk W，Jasinska I，Jedrzejewski R. Iron catalyst for ammonia synthesis doped with lithium oxide. Catal Commun，2009，10：1821-1823.

[132] Mross W D. Alkali doping in heterogeneous catalysis. Catal Rev Sci Eng，1983，25：591-637.

[133] Ertl G，Knozinger H，Schuth F，et al. Handbook of Heterogeneous Catalysis. Weinheim：Wiley-VCH，2008：1593-1624.

[134] Kunsman C H. A new source of positive ions. Science，1925，62：269-270.

[135] van Ommen J G，Bolink W J，Prasad J，et al. Nature of potassium compound acting as a promoter in iron-alumina catalysts for ammonia synthesis. J Catal，1975，38：120-127.

[136] Paal Z，Ertl G，Lee S B. Interactions of potassium，oxygen and nitrogen with polycrystalline iron surfaces. Appl Surf Sci，1981，8：231-249.

[137] Rossetti I，Sordelli L，Ghigna P，et al. EXAFS-XANES evidence of *in situ* cesium reduction in Cs-Ru/C catalysts for ammonia synthesis. Inorg Chem，2011，50：3757-3765.

[138] Emmett P H，Brunauer S. Accumulation of alkali promoters on surfaces of iron synthetic ammonia catalysts. J Am Chem Soc，1937，59：310-315.

[139] Ertl G，Prigge D，Schloegl R，et al. Surface characterization of ammonia-synthesis catalysts. J Catal，1983，79：359-377.

[140] Sudo M，Ichikawa M，Soma M，et al. Catalytic synthesis of ammonia over electron donor-acceptor complexes of alkali metals with graphite or phthalocyanines. J Phys Chem，1969，73：1174-1175.

[141] Ichikawa M，Sudo M，Tamaru K，et al. Catalytic synthesis of ammonia by graphite-alkali metal complexes containing transition-metal chloride. J Chem Soc，Chem Commun，1972：176-177.

[142] Ozaki A，Aika K，Hori H. New catalyst system for ammonia synthesis. Bull Chem Soc Jpn，1971，44：3216-3216.

[143] Aika K，Ozaki A，Hori H. Activation of nitrogen by alkali-metal promoted transition-metal. 1. Ammonia synthesis over ruthenium promoted by alkali-metal. J Catal，1972，27：424-431.

[144] Ertl G. Primary steps in catalytic synthesis of ammonia. J Vac Sci Technol A，1983，1：1247-1253.

[145] Hinrichsen O，Rosowski F，Hornung A，et al. The kinetics of ammonia synthesis over Ru-based catalysts. 1. The dissociative chemisorption and associative desorption of N_2. J Catal，1997，165：33-44.

[146] McClaine B C，Davis R J. Isotopic transient kinetic analysis of Cs-promoted Ru/MgO during ammonia synthesis. J Catal，2002，210：387-396.

[147] Bare S R，Strongin D R，Somorjai G A. Ammonia synthesis over iron single-crystal catalysts：The effects of alumina and potassium. J Phys Chem，1986，90：4726-4729.

[148] Strongin D R，Bare S R，Somorjai G A. The effects of aluminum oxide in restructuring iron single crystal surfaces for ammonia synthesis. J Catal，1987，103：289-301.

[149] Strongin D R，Somorjai G A. The effects of potassium on ammonia synthesis over iron single-crystal surfaces. J Catal，1988，109：51-60.

[150] Spencer M S. On the rate-determining step and the role of potassium in the catalytic synthesis of ammonia. Catal Lett，1992，13：45-54.

[151] Altenburg K，Bosch H，Vanommen J G，et al. The role of potassium as a promoter in iron catalysts for ammonia synthesis. J Catal，1980，66：326-334.

[152] Szmigiel D，Bielawa H，Kurtz M，et al. The kinetics of ammonia synthesis over ruthenium-based catalysts：The role of barium and cesium. J Catal，2002，205：205-212.

[153] Mortensen J J，Hammer B，Norskov J K. Alkali promotion of N_2 dissociation over Ru(0001). Phys Rev Lett，1998，80：4333-4336.

[154] Lin J D，Huang G Y，Xu Z X，et al. Effects of fluoxide on activities of Ru-based ammonia synthesis catalysts. Acta Chim Sinica，2004，62：1717-1720.

[155] Michalsky R，Avram A M，Peterson B A，et al. Chemical looping of metal nitride catalysts：Low-pressure ammonia synthesis for energy storage. Chem Sci，2015，6：3965-3974.

[156] Galvez M E，Halmann M，Steinfeld A. Ammonia production via a two-step Al_2O_3/AlN thermochemical cycle. 1. Thermodynamic，environmental，and economic analyses. Ind Eng Chem Res，2007，46：2042-2046.

[157] Galvez M E，Frei A，Halmann M，et al. Ammonia production via a two-step Al_2O_3/AlN thermochemical cycle. 2. Kinetic analysis. Ind Eng Chem Res，2007，46：2047-2053.

[158] Michalsky R，Pfromm P H. Chromium as reactant for solar thermochemical synthesis of ammonia from steam，nitrogen，and biomass at atmospheric pressure. Solar Energy，2011，85：2642-2654.

[159] Michalsky R，Pfromm P H. An ionicity rationale to design solid phase metal nitride reactants for solar ammonia production. J Phys Chem C，2012，116：23243-23251.

[160] Michalsky R，Parman B J，Amanor-Boadu V，et al. Solar thermochemical production of ammonia from water，

air and sunlight：Thermodynamic and economic analyses. Energy，2012，42：251-260.

[161] Michalsky R，Pfromm P H，Steinfeld A. Rational design of metal nitride redox materials for solar-driven ammonia synthesis. Interface Focus，2015，5：20140084.

[162] Wu Y，Jiang G D，Zhang H B，et al. Fe_2O_3，a cost effective and environmentally friendly catalyst for the generation of NH_3-a future fuel-using a new Al_2O_3-looping based technology. Chem Commun，2017，53：10664-10667.

[163] Gao Y，Wu Y，Zhang Q，et al. N-desorption or NH_3 generation of TiO_2-loaded Al-based nitrogen carrier during chemical looping ammonia generation technology. Int J Hydrogen Energy，2018，43：16589-16597.

[164] McEnaney J M，Singh A R，Schwalbe J A，et al. Ammonia synthesis from N_2 and H_2O using a lithium cycling electrification strategy at atmospheric pressure. Energy Environ Sci，2017，10：1621-1630.

[165] Jennings J R. Catalytic Ammonia Synthesis：Fundamentals and Practice. New York：Plenum Press，1991.

[166] Haber F，van Oordt G. On the formation of ammonia from the elements. Z Anorg Chem，1905，44：341-378.

[167] Laassiri S，Zeinalipour-Yazdi C D，Catlow C R A，et al. The potential of manganese nitride based materials as nitrogen transfer reagents for nitrogen chemical looping. Appl Catal B，2018，223：60-66.

[168] Goshome K，Miyaoka H，Yamamoto H，et al. Ammonia synthesis via non-equilibrium reaction of lithium nitride in hydrogen flow condition. Mater Trans，2015，56：410-414.

[169] Yamaguchi S，Ichikawa T，Wang Y M，et al. Nitrogen dissociation via reaction with lithium alloys. ACS Omega，2017，2：1081-1088.

[170] Ichikawa T，Isobe S. The structural properties of amides and imides as hydrogen storage materials. Z Kristallogr，2008，223：660-665.

[171] Hagen S，Barfod R，Fehrmann R，et al. New efficient catalyst for ammonia synthesis：Barium-promoted cobalt on carbon. Chem Commun，2002：1206-1207.

[172] Boudart M. Ammonia synthesis：The bellwether reaction in heterogeneous catalysis. Top Catal，1994，1：405-414.

[173] Schlogl R. Catalytic synthesis of ammonia-a “never-ending story”？ Angew Chem Int Ed，2003，42：2004-2008.

后　记

20 年前一个偶然的实验现象吸引着笔者投身于氢化物与氢气、氮气、氨气之间相互作用的研究。日积月累，愈发体会到氢化物的魅力：高能、多变、丰富及神秘。

本书所包含的研究成果源于杰出的同事、学生和合作伙伴的共同创造与努力。尤其是熊智涛博士和吴国涛博士，他们在储氢课题研究初期进行了大量的、原创性的探索，积累了丰富的知识与经验，为新型储氢材料体系的建立做出了重要贡献。储氢材料与合成氨催化均是挑战性很强的研究课题，这锻炼并造就了一批青年人从莘莘学子成长为优秀的科研工作者：Chua Yong Shen、何腾、王建辉、李文、郑学丽、徐维亮、郭建平、陈君儿、曹湖军、陈维东、王培坤、于培、李曌、张淼、王涵、常菲、高文波、裴启俊、张炜进、于洋……我为他们骄傲！这两项挑战性的研究也促使我们融入到国际合作攻关研究计划中。在此非常感谢 Hui Wu 博士（美国国家标准与技术研究院）、Tom Autrey 博士（美国西北太平洋国家实验室）、吴安安副教授（厦门大学）和 IPHE 及 IEA hydrogen TCP Task-40 储氢项目的合作伙伴在材料合成、结构测试与解析、反应机制模拟等方面给予的帮助。

本书仅就氢化物的某些侧面进行了探讨。氢化物不仅是载氢体、催化剂和还原剂，还可作为离子导体、超导材料甚至核聚变材料。

从应用角度抽离来看待氢化物，它源自宇宙中最早诞生的元素（H）与其核聚变衍生之产物的化合！它的存在与地球所处的状态与环境，即地心聚变、宇宙辐射、大气屏蔽、天体运动等息息相关，蕴含了一些我们还未能触及、尚未探索的秘密。

未来它会带给我们什么样的惊喜和启示？令人期待。

2021 年 3 月 2 日